BIM 建模（活页式）

重庆工商职业学院城市建设工程学院 编

贾晓东　罗　杨◎主　编

武黎明　冯　力　林　昕◎副主编

罗洁滢　王　健◎参　编

图书在版编目（CIP）数据

BIM 建模：活页式 / 贾晓东，罗杨主编. —成都：
西南交通大学出版社，2022.7
ISBN 978-7-5643-8789-1

Ⅰ. ①B… Ⅱ. ①贾… ②罗… Ⅲ. ①建筑设计 – 计算机辅助设计 – 应用软件 Ⅳ. ①TU201.4

中国版本图书馆 CIP 数据核字（2022）第 133081 号

BIM Jianmo (Huoye Shi)
BIM 建模（活页式）

贾晓东　罗　杨　主编

责任编辑	姜锡伟
封面设计	吴　兵

出版发行	西南交通大学出版社 （四川省成都市金牛区二环路北一段 111 号 　西南交通大学创新大厦 21 楼）
邮政编码	610031
发行部电话	028-87600564　　028-87600533
网址	http://www.xnjdcbs.com
印刷	四川玖艺呈现印刷有限公司

成品尺寸	185 mm × 260 mm
印张	17.5
字数	395 千
版次	2022 年 7 月第 1 版
印次	2022 年 7 月第 1 次
书号	ISBN 978-7-5643-8789-1
定价	49.00 元

课件咨询电话：028-81435775
图书如有印装质量问题　本社负责退换
版权所有　盗版必究　举报电话：028-87600562

前言 PREFACE

2017年，住房和城乡建设部正式批准《建筑信息模型施工应用标准》为国家标准，编号为GB/T 51235—2017，自2018年1月1日起实施。该标准是我国第一部建筑工程施工领域的BIM应用标准，与行业BIM技术政策及住房和城乡建设部发布的《2016—2020年建筑业信息化发展纲要》相呼应。

Autodesk公司于2003年为Revit推出了BIM理念，从而奠定了其在三维可视化建筑软件中的地位。本书考虑到软件对电脑的运行要求等特点，采用了Revit2016作为讲解软件，详细介绍了Revit建模过程。

本书具有以下特点：

1. 配套高清晰度教学视频，提高了学习效率

为了便于读者更加高效地学习本书内容，每章均配套了大量的高清教学视频。这些视频和本书涉及的项目文件、族文件等配套资源均可以通过扫描书中相应的二维码观看或下载。

2. 内容涵盖建筑建模、1+X证书考试内容和BIM等级考试内容

本书针对现在建筑市场的需求，对BIM技术进行了关于房屋建筑的建模技术讲解；同时针对教育部"1+X建筑信息模型考试"编写了部分模拟试题，供在校学生训练，提高过级率，获取建模技能；另外，书中还编入了"图学会BIM等级考试"模拟考题，供社会考生进行学习和训练。

3. 项目案例典型，实战性强，有很高的应用价值

本书建筑工程贯穿一个已经完工并交付使用的"小别墅项目"案例来讲解，具有很强的实用性，也有很高的实际应用价值和参考性。实训部分提供了证书、岗位、比赛等多个方面的实训任务，可以让学习者从多个方面掌握BIM建模技术，更好地与社会需求接轨。

4. 使用快捷键，提高了工作效率

本书的操作完全按照设计制图的要求，很多操作都提供了快捷键的用法。

本书由重庆工商职业学院贾晓东老师和罗杨老师主编并统稿，重庆工商职业学院林昕老师、武黎明老师、冯力老师和罗洁滢老师提供了数字资源，具体编写任务分工如下：贾晓东编写模块 1、3~7，罗杨老师编写模块 2，林昕参与制作了模块 5 的数字资源，武黎明老师参与制作了模块 6 的数字资源，冯力老师参与制作了模块 1 的数字资源，罗洁滢老师参与制作了模块 2 的数字资源，深圳市斯维尔科技有限公司重庆公司王健对本书的技术部分进行了支持。

本书在编写过程中，得到了重庆工商职业学院学生李思榆、黄杰在文本编辑、图片处理和视屏录制等方面的帮助，在此一并致以诚挚的谢意。

本书在编写过程中参考了有关资料和著作，在此向相关作者表示感谢。虽然我们对本书中所述内容都尽量核实，并多次进行文字校对，但因水平有限，书中可能还存在不足之处，恳请读者批评、指正。

另外，本书的出版还得到了重庆工商职业学院重庆市高水平专业群——"建筑室内设计专业群"建设经费资助。版权归重庆工商职业学院城市建设工程学院所有。

作　者

2022 年 4 月

目录 CONTENT

模块 1　BIM 基础 001
　　任务 1　BIM 基础知识 001
　　任务 2　Revit 软件的运行 021
　　任务 3　Revit 的基本命令 042

模块 2　土建建模 058
　　任务 4　操作环境及模板设置 058
　　任务 5　标高轴网 065
　　任务 6　墙体创建 092
　　任务 7　幕墙创建 107
　　任务 8　门窗创建 117
　　任务 9　楼板创建 122
　　任务 10　屋面创建 130
　　任务 11　洞口创建 136
　　任务 12　楼梯栏杆创建 147
　　任务 13　房间创建 163

模块 3　场地与内建 169
　　任务 14　场地构建 169
　　任务 15　内建族 178

模块 4　模型表现形式 181
　　任务 16　视图样式设置 181
　　任务 17　渲染创建 191

模块 5　结构建模（1+X） 201
　　任务 18　族创建 201
　　任务 19　结构框架创建 217
　　任务 20　钢筋创建 230

模块 6　成果输出（1+X） ·· 232
　　任务 21　统计明细表 ·· 232
　　任务 22　图纸输出 ·· 239

模块 7　综合实训 ·· 253
　　任务 23　1+X 框架结构模拟实训 ···································· 253
　　任务 24　BIM 等级考试模拟实训 ···································· 257
　　任务 25　建筑综合项目实训 ·· 264
　　任务 26　市政综合项目实训 ·· 270

参考文献 ·· 274

模块 1　BIM 基础

任务 1　BIM 基础知识

BIM 基础知识

1.1　BIM 的概念与内涵

1. BIM 的概念

首先来学习什么是 BIM。BIM 从字面上理解，"B"指的是 Building，"I"指的是 Information，"M"指的是 Modeling。所以，BIM 从字面上理解就是建筑信息模型。

但是，BIM 是不是就是这样一个简单的建筑三维信息模型呢？不是的。

按照美国国家标准技术研究院的定义：BIM 是指以三维数字技术为基础，集成了建筑工程项目各种相关信息的工程数据模型；BIM 是对工程项目设施实体与功能特性的数字化表达。

其中，信息的内涵不仅仅是指几何形状描述的视觉信息，还包含非几何信息，比如成本信息、物理信息、工期信息、管理信息等。具备什么样的信息就可能具备什么样的工程能力。信息有原生的（从设计模型中带来的），也有后续的，还有可能是计算出来的。

而现在，随着 BIM 技术的发展，各种软件不断更新，新的应用也越来越多。广义上的 BIM 也包含越来越多的内容，比如智慧工地、智能检测、激光扫描等，形成了一个缤纷多彩的 BIM 世界（图 1.1-1），所以，BIM 的本质是工程数字化。

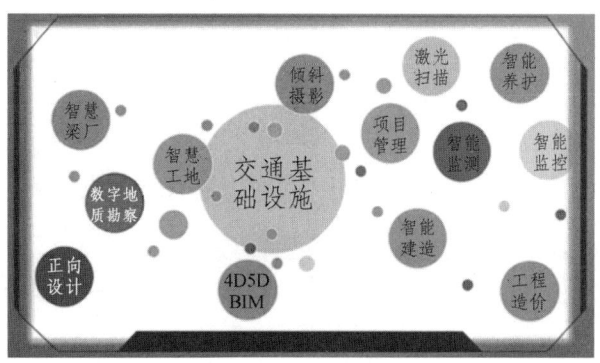

图 1.1-1　BIM 世界

2. BIM 技术的发展

BIM 是怎么发展起来的呢？应该说它的雏形起源于两条线：

第一条是为了解决二维的局限性而延伸出来的三维技术，最早的设计师都是用手工绘图，到了 20 世纪 80 年代计算机辅助设计软件出现，设计师甩掉了图板，用上了 CAD（计算机辅助设计），用电脑绘图出图，一直应用到了现在（图 1.1-2）。CAD 为整个行业带来很多便利，但还是存在很多弊端，其中最大的弊端就是设计图是一个信息孤岛。各阶段、各参与方、各干各的，业主想的，设计院设计出来的，到最后施工单位竣工出来的成果往往不一样，甚至出现了一些匪夷所思的奇葩建筑。例如图 1.1-3 所示为施工方将设计图纸上的建筑云线挖成了洞；图 1.1-4 所示建筑少了楼梯平台；图 1.1-5 所示的建筑，门都是悬空的，简直就是"跳楼门"，完全不合理。

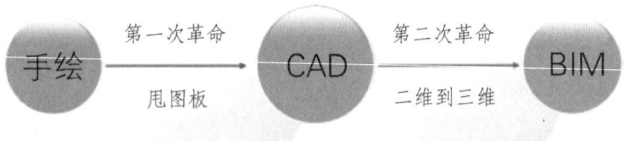

图 1.1-2　绘图技术的两次革命

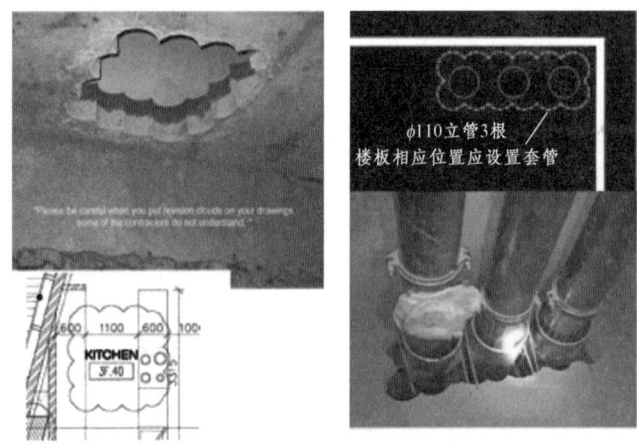

图 1.1-3　建筑云线变成洞

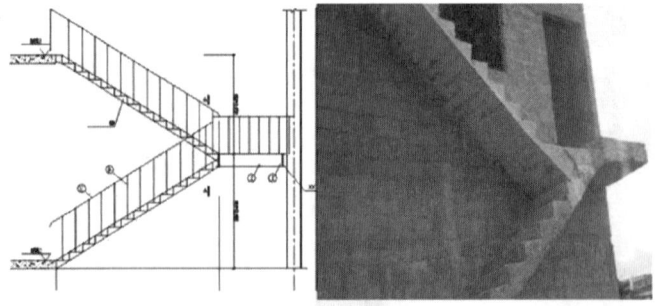

图 1.1-4　楼梯无平台

图 1.1-5 "跳楼门"

这些建筑非常奇葩,如何避免出现这样奇葩的建筑?BIM 三维技术就很好地解决了这一问题。

例如:根据图 1.1-6(a)的 CAD 图可能轻易看不出问题;但是根据图 1.1-6(b)BIM 的三维模型就很容易看出,图中的门和楼梯设计有问题。上述奇葩建筑很容易在三维模型中发现问题,从而可在施工之前解决问题。

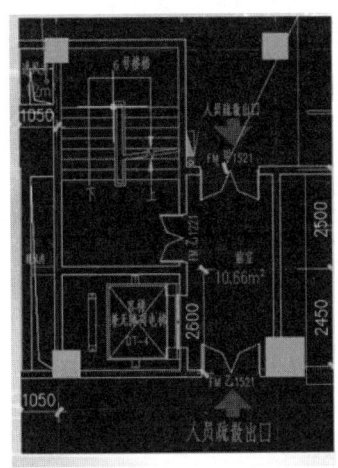 

(a)CAD 图　　　　　　　　(b)BIM 三维模型

图 1.1-6　CAD 图和 BIM 三维模型对比

第二条是为了解决建筑信息化而提出的建筑信息体系。

BIM 技术发展到今天,已经不是狭义上的模型、软件或建模技术了。应该说,BIM 技术是一种思维,一种新的理念,以及相关的方法、技术、平台和软件(图 1.1-7)。

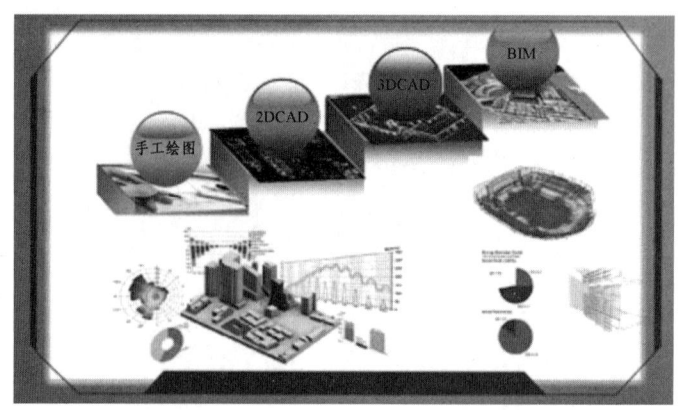

图 1.1-7　BIM 是一种思维模式

3. BIM 技术的应用

目前，BIM 技术已经不仅仅是用在建筑设计阶段了，也不是简单的建模了；现在 BIM 技术可以和 VR/AR/MR、无人机等新技术结合应用。比如：BIM+VR 会使未来玩游戏的场景变成进入虚拟世界一展拳脚；BIM+MR 可让未来的家装或者工业设计不再停留在图纸上，设计师直接进入实地现场进行设计。

1.2　BIM 的技术特点

BIM 技术主要有 4 个特点：可视化、协调性、模拟性和优化型。

1. 可视化（Visualization）

对建筑行业来说，可视化的真正运用，其作用是非常大的。例如，经常拿到的施工图纸只是构件的信息在图纸上采用线条绘制表达，但是其真正的构造形式就需要靠建筑从业人员自己去想象了。这对于复杂结构是相当困难的，尤其对于一些非专业的业主来说更是难上加难。

BIM 提供了可视化的窗口，将以往的线条构件变成一种三维的立体事物图像，展示在人们面前。而且，BIM 与设计效果图是有显著区别的：效果图不含有构件的大小、位置和颜色以外的其他信息，它缺乏构件之间的互动性和反馈性；而 BIM 的可视化是一种能够同构件之间形成互动和反馈的可视化。由于整个过程都能做到可视化，可视化的结果不仅可以由效果图展示，更重要的是项目设计、建造运营中的沟通、讨论、决策都可以在可视化的状态下进行。利用 BIM 的可视化，从图到物、从物到图、识图、审图都不再困难。

2. 协调性（Coordination）

协调是建筑业中的重点内容。不管是施工单位、业主单位还是设计单位，都在做着协调及配合的工作。一旦项目在实施过程中遇到问题，就要将各方人士组织起来开协调会，找出产生问题的原因及解决方法，进行变更。例如：在设计时往往由于各专业设计师的沟通不到位，会出现各个专业之间的碰撞问题（图 1.2-1），给排水管道在布置时，由于施工图纸是各专业绘制在各自的施工图纸上的，真正施工时，可能在管线布置处正好有结构设计的梁、柱等构件，阻碍了管线的布置，像这样的碰撞若只能在问题出现之后再协调解决，将会相当麻烦（图 1.2-2）。而 BIM 的协调性服务，就可以帮助处理这种问题，从图 1.2-2（b）中可以看出，通过三维模型可直接对碰撞内容进行调整。当然，BIM 的协调作用不仅能解决各专业之间的碰撞问题，还能解决电梯井布置与其他物资之间的协调、防火分区与其他设计布置的协调、地下排水布置与其他设计布置的协调等许多问题。

图 1.2-1　构件碰撞（一）

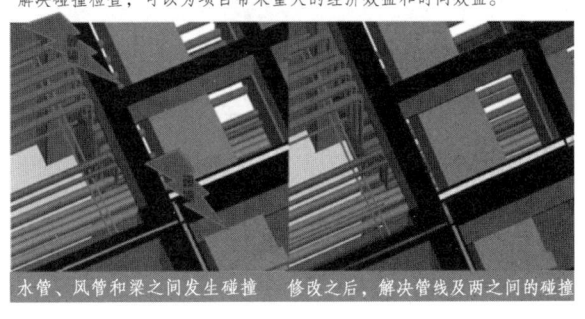

(a) 　　　　　　　　(b)

图 1.2-2　构件碰撞（二）

3. 模拟性（Simulation）

BIM 并不是只能模拟设计出来的建筑模型，它还可模拟不能够在真实世界中进行操作的过程，例如：在设计阶段，BIM 可以对设计中需要模拟的一些效应进行试验，如节能模拟、紧急疏散模拟、日照模拟、热能传导模拟等；在招投标和施工阶段，BIM 可进行 4D 模拟，即三维模型加上项目工期，也就是说，它可根据施工的组织设计模拟实际施工，从而确定合理的施工方案来指导施工（图 1.2-3 ~ 图 1.2-6）。同时，BIM 还可以进行 5D 模拟（图 1.2-7），也就是基于 4D 模型，再加上造价控制，从而实现成本控制。

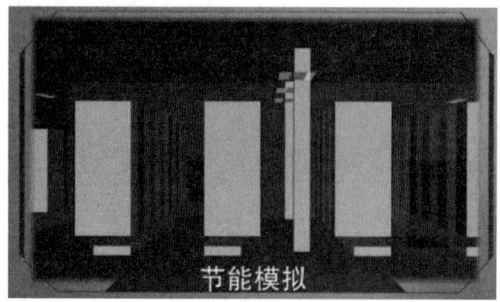
图 1.2-3　节能模拟
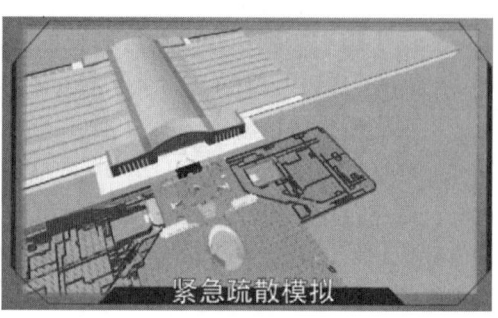
图 1.2-4　紧急疏散模拟

图 1.2-5　日照模拟
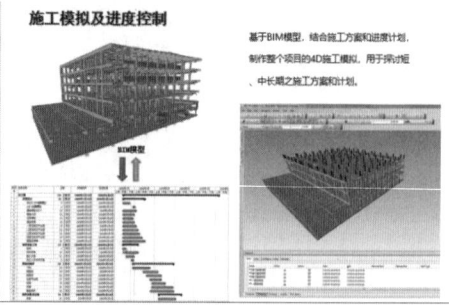
图 1.2-6　4D 模拟

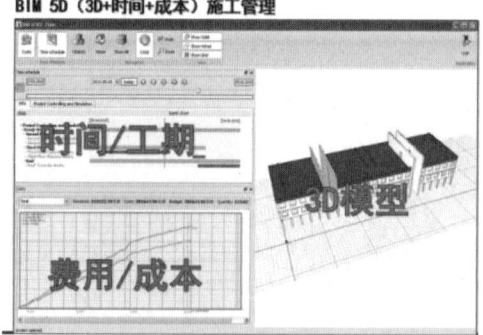
图 1.2-7　5D 模拟

在后期运营阶段，BIM 还可模拟一些紧急情况的处理方式，例如发生地震时人员的逃生模拟以及发生火灾时消防人员的疏散模拟（图 1.2-8）等。

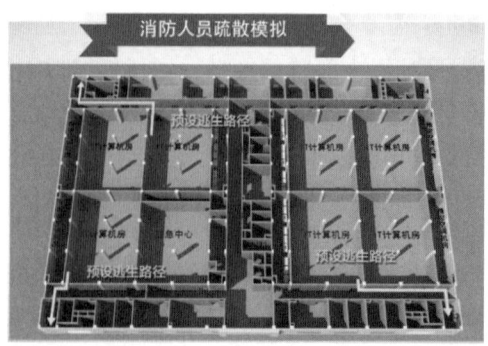
图 1.2-8　消防模拟

4. 优化性（Optimization）

实际上，工程项目的整个设计、施工、运营的过程，就是一个不断优化的过程。

优化是建筑行业从业人员的经常性工作。优化和 BIM 技术没有直接的必然联系，但是在 BIM 的基础上可以做更好的优化。优化受三种因素的制约——信息、复杂程度和时间。没有准确的信息，就得不出合理的优化结果，BIM 模型提供了建筑物的实际存在，如几何信息、物理信息、规则信息等，也包括了变化以后的实际存在。复杂程度较高时，参与人员本身的能力无法掌握所有的信息，必须借助一定的科学技术和设备，现代建筑物的复杂程度大多超过参与人员本身的能力极限，BIM 技术及其配套的各种优化工具提供了对复杂项目进行优化的可能。

裙楼、幕墙、屋顶、大空间等常见的异型设计（图 1.2-9、图 1.2-10），其内容占整个建筑的比例不高，但是占投资和工作量的比例却往往要大得多，而且通常也是施工难度较大、施工问题较多的部分。对这些内容的设计、施工方案进行优化，可以显著地缩短工期和降低造价。

图 1.2-9　异型结构优化

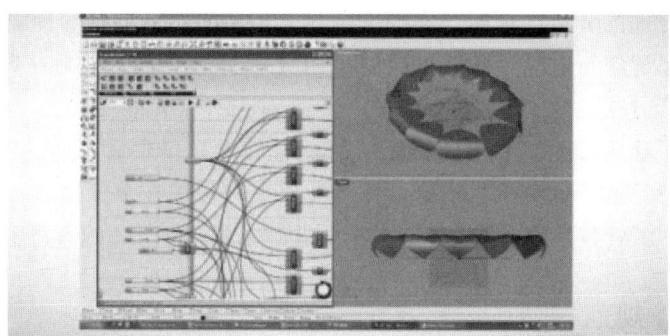

图 1.2-10　杭州奥体中心设计

1.3　BIM 的价值

2015 年，美国道奇数据分析机构对全球 40 个业主单位的 183 位建筑师、68 位工程师、100 家工程总承包单位进行了 BIM 效益调查（图 1.3-1）。调查结果显示：10% 左右的建设工程在利用 BIM 后会在工期上有所节省，虽然规划和设计阶段时间会相对传统工程增加，但是总工期会减少；60%的项目返工减少；使用了 BIM 技术的团队或者项目的质量安全管理能力有明显提升；施工阶段 BIM 技术的应用，获得的投资回报会更多；会大幅提升项目的协调能力，减轻项目业主的管理压力；工程竣工的 BIM 模型，为后期业主方的运营起到很大的作用。

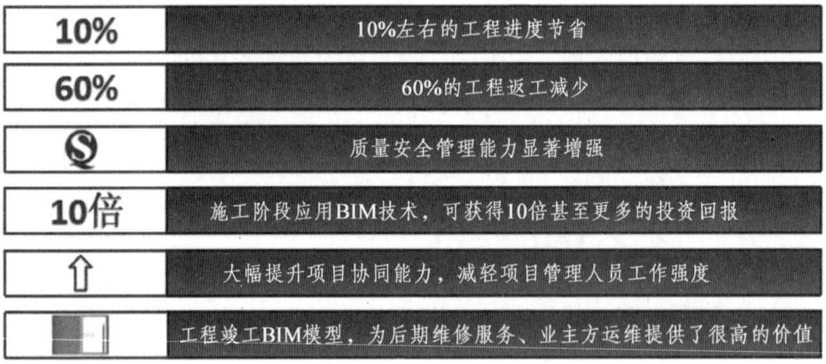

10%	10%左右的工程进度节省
60%	60%的工程返工减少
S	质量安全管理能力显著增强
10倍	施工阶段应用BIM技术，可获得10倍甚至更多的投资回报
⇧	大幅提升项目协同能力，减轻项目管理人员工作强度
	工程竣工BIM模型，为后期维修服务、业主方运维提供了很高的价值

图 1.3-1　数据分析

应该说，BIM 技术带来的效应是显著的。BIM 的可视化、信息共享、协同工作，使得使用 BIM 技术的项目，在性能上，能够更好地理解设计概念，各参与方共同解决问题；在效率上，减少了信息的转换错误和损失，加快了建设周期；在质量上，减少了错漏碰缺，减少了浪费和重复劳动；在安全上，提升了施工现场安全性；在可预测性上，可预测建设成本和时间，从而可为项目减少变更、缩短工期、节约成本。

因此，在建筑行业推广 BIM 技术，其价值体现在以下四个方面：

（1）实现了建设项目全生命周期信息共享：BIM 技术支持项目全生命周期各阶段、各参与方、各专业间的信息共享、协同工作和精细化管理。

（2）实现了建设项目全生命周期的可预测和可控制：BIM 技术支持环境经济、耗能、安全等多方面的分析、模拟，实现了项目全生命周期全方位的预测和控制。

（3）促进了建筑行业生产方式的改变：BIM 技术支持设计、施工与管理一体化，促进了行业生产方式的变革。

（4）推动了建筑行业工业化的发展：BIM 连接项目全生命周期各阶段的数据、过程和资源，支持行业产业链的贯通，为工业化发展提供了技术保障。

当然，随着 BIM 技术的发展，BIM 的应用会越来越广，BIM 的效益也会越来越显著。

1.4　BIM 规范

BIM 技术如今已在各行各业得到了较为广泛的应用，本节简要介绍国内外的 BIM 规范。

1. 国外 BIM 规范

在国外，美国发展 BIM 技术是比较早的，也较早发布了 BIM 的标准。早在 2007 年，美国就发布了国家 BIM 标准的第 1 版（图 1.4-1）；2012 年 5 月，美国发布了国家

BIM 标准的第 2 版。相比较第 1 版来说，第 2 版形成了较为完整的 BIM 标准体系。之后，英国、芬兰、加拿大等也相继于 2012 年发布了 BIM 标准，而挪威、芬兰、新加坡也于 2013 年发布了相应的 BIM 标准和手册。

图 1.4-1　美国 BIM 标准

2. 国内 BIM 规范

2015 年 6 月，我国在住房和城乡建设部《关于推进建筑信息模型应用的指导意见》中明确指出：到 2020 年末，建筑行业甲级勘察、设计单位以及特级、一级房屋建筑工程施工企业应掌握并实现 BIM 与企业管理系统和其他信息技术的一体化集成应用。到 2020 年末，在新立项项目勘察设计、施工、运营维护中，集成应用 BIM 的项目比率达到 90%。

随后，我国也发布了一系列国家 BIM 标准体系。

（1）《建筑工程信息模型应用统一标准》（GB/T 51212—2016）。

该标准于 2017 年 7 月 1 日开始实施，它对 BIM 模型在整个项目生命周期中该怎么建立，怎么共享，怎么使用，作出了统一的规定。

此标准只规定了核心原则，没有规定具体的实施细节，其他所有的 BIM 标准都要以这个标准为基本原则制定。

（2）《建筑信息模型施工应用标准》（GB/T 51235—2017）。

该标准于 2018 年 1 月 1 日起实施，面向施工和监理，规定了在施工过程中该如何使用 BIM 模型中的信息，以及如何向他人交付施工模型信息，包括深化设计、施工模拟、预加工、进度管理、成本管理等方面。其内容相较于《建筑工程信息模型应用统一标准》（GB/T 51212—2016）来说更加具体。

（3）《建筑工程设计信息模型制图标准》（JGJ/T 448—2018）。

该标准为行业标准，于 2019 年 6 月 1 日起实施。

（4）其他地方标准。

除了上述的三项标准外，各地区也有自己的标准和手册，如重庆市也于 2017 年先后颁布了多项设计、施工、交付的 BIM 标准。另外，除了相关标准紧跟国家步伐外，各地区也会出台相关政策对建筑信息模型的应用进行引导。

只有熟悉这些标准和手册，准确把握政策方向，我们建立的模型才能获得市场的认可。

1.5 BIM软件的分类及其优缺点

目前，市场上BIM软件较多，但大致可以分为两类：基础建模软件和应用软件。

1.5.1 BIM建模软件

国内主流的BIM建模软件大致包括以下四类：Autodesk公司的Revit软件、Civil 3D、Bentley和Dassault Systemes（图1.5-1）。

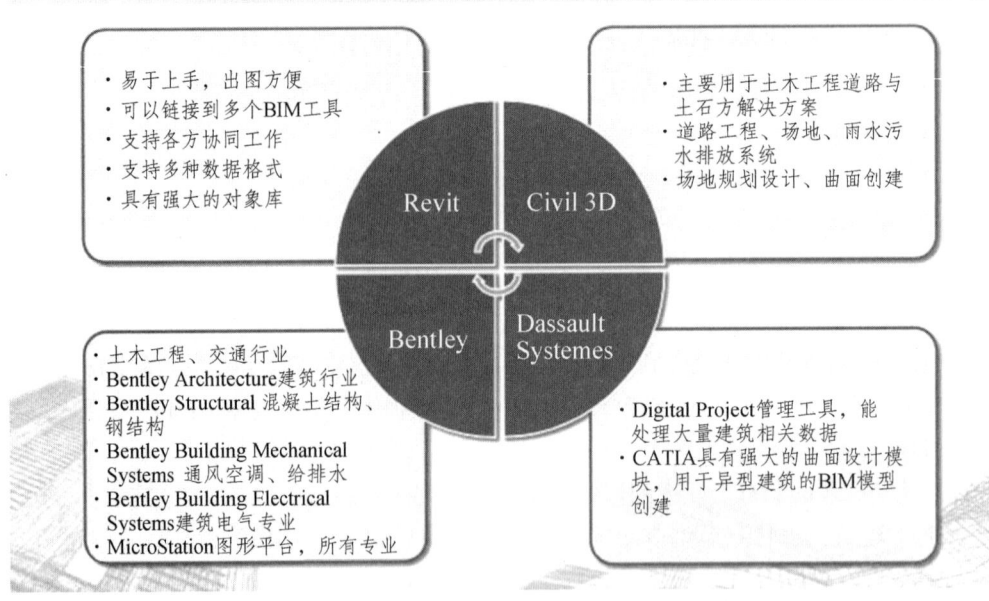

图1.5-1　BIM软件分类

1. Revit

Revit主要是针对建筑设计的三维设计软件，具有易于上手、出图方便、可以链接到多个BIM工具、支持各方协同工作、支持多种数据格式、有强大的对象库等特点，但其输出的图形存在渲染效果较低、模型的交互性较差等缺点。

2. Civil 3D

Civil 3D能够帮助从事交通运输、土地开发和水利项目的土木工程专业人员保持协调一致，更轻松、更高效地探索设计方案，分析项目的性能，并提供相互一致的、更高质量的模型。另外，Civil 3D还可以用于土石方解决方案、道路工程、场地、雨水污水排放系统、场地规划设计、曲面创建等场景。

3. Bentley

Bentley下属还有多款软件。Bentley产品在工厂设计（包括石油化工、电力医药等）

和基础设施（包括道路、桥梁、市政、水利等）领域都有无可争辩的优势。

4. Dassault Systemes

Dassault Systemes 主要提供 3D 体验平台，其应用涵盖 3D 建模、社交和协作、信息智能与仿真。Dassault 的 CATIA 系列软件是全球最高档的机械设计制造软件，在航空航天、汽车等领域具有接近垄断的市场地位，运用到工程建设行业，无论是对复杂形体还是超大规模建筑的建模表现能力和信息管理能力，都比传统的建筑软件有明显的优势，特别是曲面设计、异型建筑的模型创建。但其在工程建设行业项目特点和人员特点的对接问题上，则有不足之处。

1.5.2　BIM 应用软件

BIM 的应用类软件较多：

（1）造价管理类软件有广联达、斯维尔、鲁班等。其中：广联达的 GTJ2021 也是建模软件，可以按造价规范进行工程量统计；BIM5D 软件可以对基础模型进行进度计划排布，并且能计算相关费用；还有相应的场布和施工模拟软件，都可利用 Revit 建立的基础模型进行现场布置和施工模拟。

（2）可视化类软件。例如：Lumion 可以利用基础模型进行渲染，做方案和效果图效果较好，但其最大的缺点是对设备要求较高；Fuzor 可以对基础模型进行拆解，制作施工动画或者进行施工模拟，具有操作简单、速度快的优点。

（3）碰撞检查类软件。Autodesk Navisworks、Bentley Projectwise Navigator 和 Fuzor 都可以对建筑、结构与管线模型进行碰撞检查，并对其模型进行修改、优化，让后期的施工变更大量减少。

1.6　BIM 建模精度等级

各类 BIM 标准都必然涉及对 BIM 模型的工作深度和表达力度的控制与管理。对信息模型的精细度管控是 BIM 标准中最核心的内容，它不仅规范了行业中从业者的工作标准，同时还影响着行业本身的发展趋势。在国际现行的多数 BIM 标准中，对信息模型的精细度都采用"分级管控"的方法；当前分级的指标在不同标准中有着不同的称谓，如美国标准中直译为发展等级。

我国广东省编写的《广东省建筑信息模型应用统一标准》以及台湾大学编写的《BIM 模型发展程度规范》，采用的提法都是"发展等级"；而在英国的《建筑工程建设 BIM 技术草案》、韩国的《建筑信息模型指南》以及我国香港房屋署的《BIM 使用指南》中都将其称作"细度等级"。

近年来，随着 BIM 技术在我国的推广，美国标准中的 Level of Development 完整含义被译作"发展精细度等级"（LOD）。LOD 是目前被沿用最多的关于信息模型精细度的管控系统。

美国的 LOD 标准有着目前国际上最全面的系统性和完整性，与其他多数国家和地区的标准中将模型精细度等级标准嵌入 BIM 统一标准作为某一章节的做法不同，当前的美国 LOD 标准是由美国建筑师协会提出的,它相对独立于美国国家 BIM 标准。

2019 年 6 月施行的《建筑信息模型设计交付标准》(GB/T 51301—2018),是我国 BIM 标准模型精细度管控规则的核心文本,标准中明确了作为模型精细度(LOD)分级管控指标的术语。模型单元根据精细度一共被分成 4 级,即项目级 LOD1.0、功能级 LOD2.0、构建级 LOD3.0 和零件级 LOD4.0,分级标准的定义非常清晰,如表 1.6-1 所示。如果仔细研究这 4 个精细度等级,会发现这些分级精度并不是均匀分布的,在 LOD2.0 和 LOD3.0 之间存在着一个明显的技术难度断层。

表 1.6-1 建筑精度基本等级划分

等级	英文名	代号	包含的最小模型单元
1.0 级模型精细度	Level of Model Definition 1.0	LOD1.0	项目级模型单元
2.0 级模型精细度	Level of Model Definition 2.0	LOD2.0	功能级模型单元
3.0 级模型精细度	Level of Model Definition 3.0	LOD3.0	构件级模型单元
4.0 级模型精细度	Level of Model Definition 4.0	LOD4.0	零件级模型单元

项目级和功能级都是相对粗略的,而构件级到零件级则指向了非常高的设计精度。这样的分级规则与我国当前的 BIM 发展现状非常匹配。前两级适用于尚处于初级阶段的项目标准和团队水平,这类项目往往并不苛求 BIM 工作对项目提供精细的帮助,通常要求"用到"BIM 技术就可以了;后两级则适用于对 BIM 技术有高阶掌握甚至有创新能力的团队所完成的、对 BIM 应用有明确深度要求的项目。

在行业实操过程中,对 BIM 实施计划的编制、技术条款拟定以及合同计价等,都可以通过国标 LOD 标准的分级得到更准确的评估。而在分级"断层"的两端,恰恰平衡着对行业下限的保护以及对行业上限的指引。

其实,上述 LOD 分级系统只是模型进行管控规则的宏观分析指标,在实操中的精细度管控并不直接应用 LOD 分级,而是采用《建筑信息模型设计交付标准》中的"几何表达精度"等级和"信息深度"等级。

这样的系统框架,从信息分类的角度上更加清晰明确,甚至比美国、欧洲等的标准更能判别模型的精度要求。

1.7 模型设计流程

Revit 项目的建模流程,与 1+X 建筑信息模型初级考试的第三个大题解题思路相同。一般情况下,建筑项目的建模流程从整体上可大致分为 13 个步骤。

1. 启动软件

双击 Revit2016 软件的图标启动软件,如图 1.7-1 所示。可以发现:左上角项目目录下分别为打开项目、新建项目、构造样板、建筑样板、结构样板、机械样板,族目录下分别为打开族、新建族、新建概念体量;右侧目录下的项目部分对应的是最近使用的一些项目的文件,族部分对应的是最近使用的族的文件。

图 1.7-1　启动软件

2. 新建项目并保存

点击新建项目，选择建筑样板，完成后保存项目，如图 1.7-2 所示。保存时文件的命名，以该项目的名称为主。

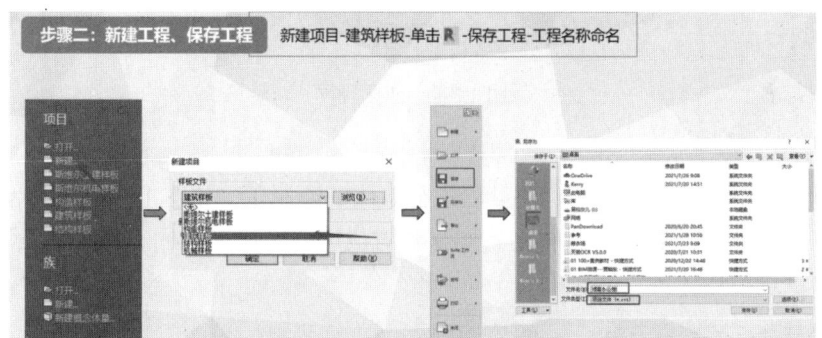

图 1.7-2　新建项目并保存

3. 创建标高

标高的创建需要参照建筑项目的立面图纸进行，并且需要在创建标高的过程中注意标高的命名、标头的对齐线、标头位置的调整以及 2D 和 3D 的切换，如图 1.7-3 所示。

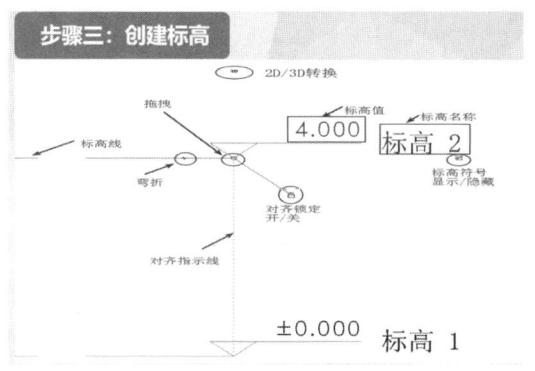

图 1.7-3　创建标高

4. 创建轴网

标高创建完成后，便可以进行轴网的创建，如图 1.7-4 所示。轴网的创建需要参照建筑项目的平面图纸进行，每一楼层的轴网可能存在偏差，需要我们在绘制轴网的过程中进行调整。也可以将 CAD 图纸导入 Revit 中调整后，通过拾取命令进行轴网创建。

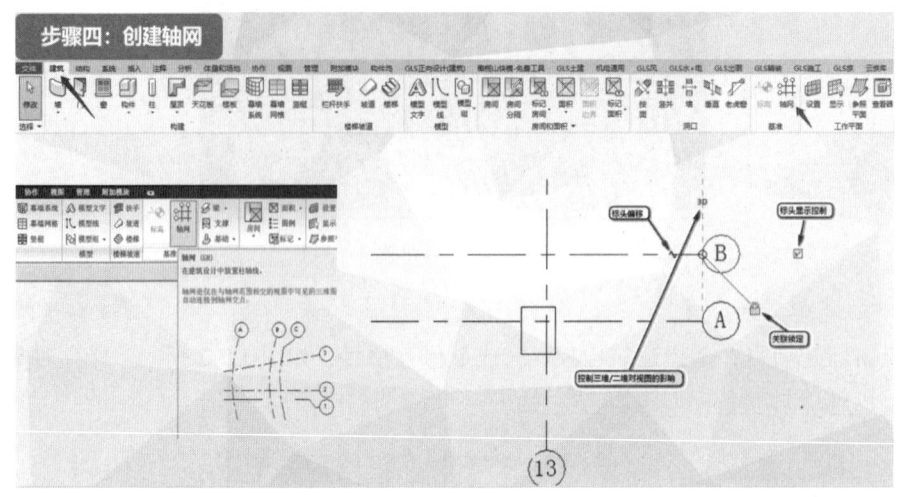

图 1.7-4 创建轴网

5. 创建墙体

在标高与轴网创建完成后，便可以进行墙体的绘制了，如图 1.7-5 所示。绘制墙体需要我们关注墙体的功能、材料，不同材料对应的墙体厚度不同，将这些设置完成后再参照图纸进行墙体的绘制。

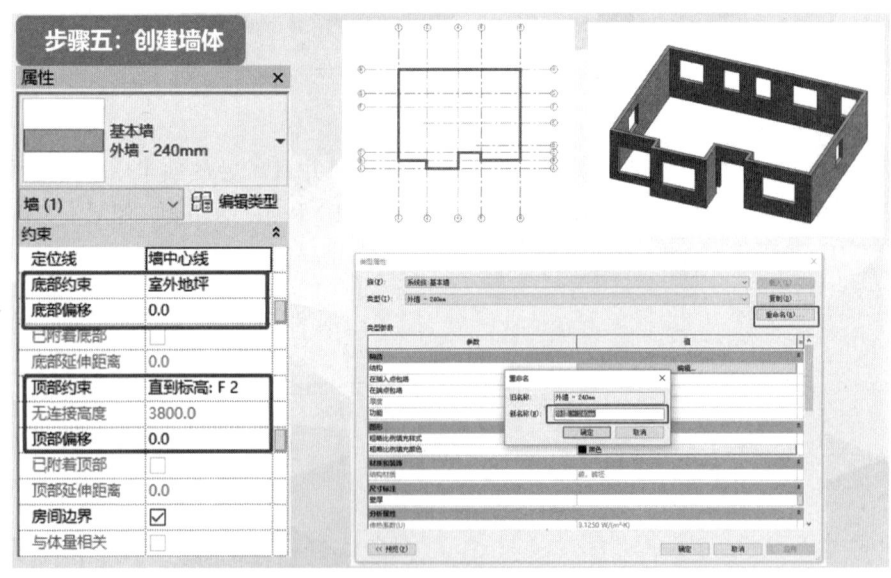

图 1.7-5 创建墙体

6. 门窗的创建

门窗的创建需要结合说明以及平面图纸立面图的位置进行，且需要注意门窗的类型，提前进行设置，然后再在墙体上放置，如图 1.7-6 所示。

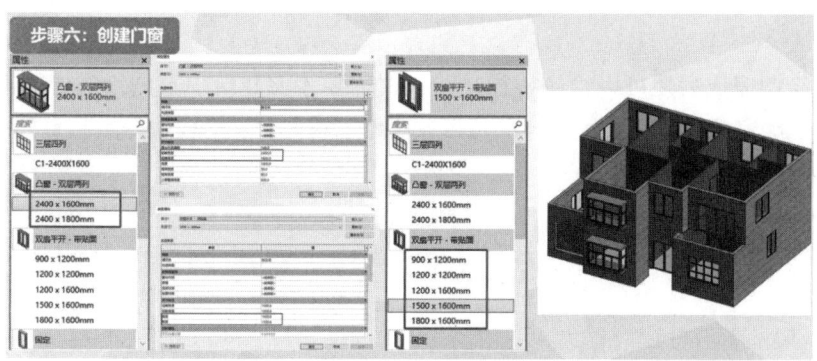

图 1.7-6 创建门窗

7. 创建楼板

楼板的创建通过楼板建筑命令实现。楼板的厚度以及材质需要参照说明进行设置，并根据建筑项目平面及立面图确定其位置，如图 1.7-7 所示。

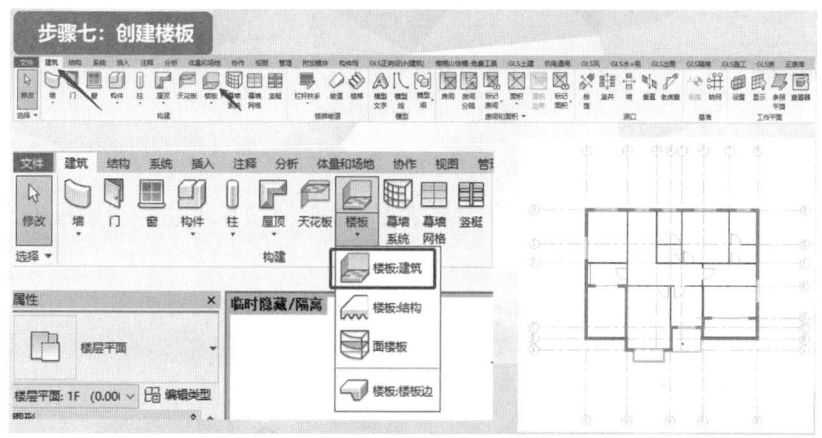

图 1.7-7 创建楼板

8. 创建屋顶

各楼层的墙体、门窗、楼板创建完成后就可以绘制屋顶了，如图 1.7-8 所示。绘制屋顶时，需要注意屋顶的厚度、坡度等要点。

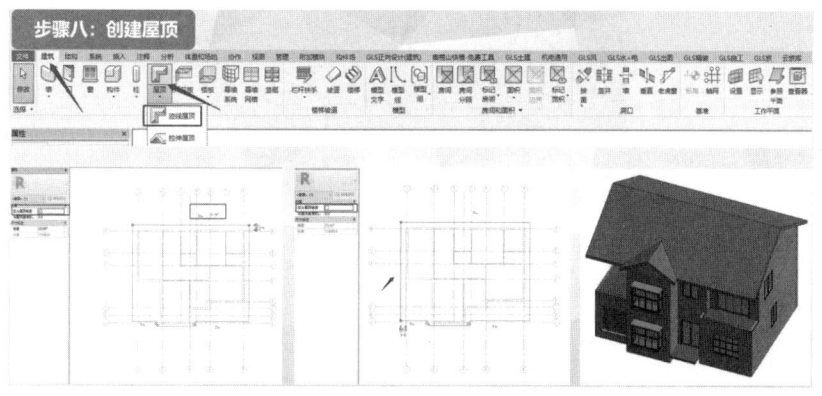

图 1.7-8 创建屋顶

9. 创建楼梯

屋顶绘制完成后便可以绘制楼梯。绘制时需要参照建筑项目图纸的立面以及各楼层平面图，确定楼梯的位置，楼梯的宽度、高度、踢面数、踏板数等数据，如图1.7-10所示。

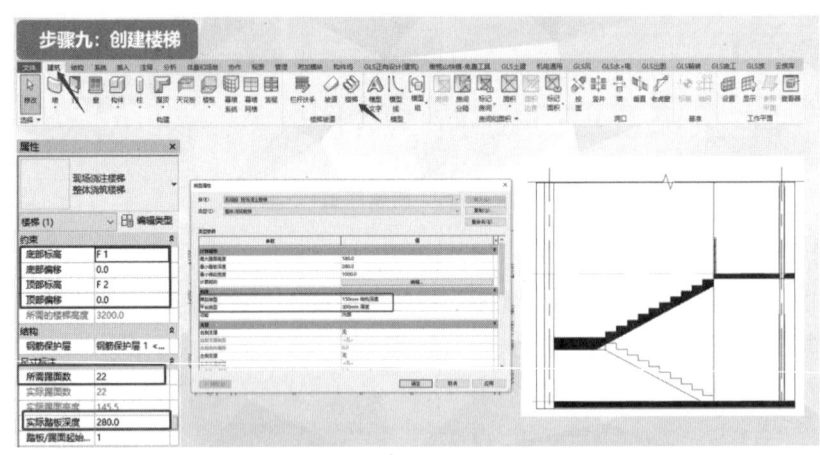

图 1.7-9　创建楼梯

10. 创建坡道、台阶、栏杆扶手

这三种构件的创建需要修改材质、厚度或高度等要求。坡道、台阶根据设计要求还可以修改表面材质，如图1.7-10所示。

图 1.7-10　创建坡道、台阶、栏杆

11. 创建场地

创建场地时需要注意项目所在场地的周边环境，包括树木、草丛、周边建筑等，同时需要注意场地的材质、标高、宽度、高度等数据，如图1.7-11所示。

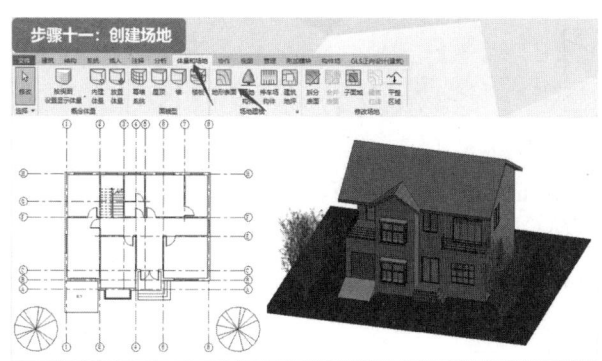

图 1.7-11　创建场地

12. 建筑出图

建筑出图需要根据要求选择图纸的版式，我们常用的有 A1/A2/A3/A4 等 4 种图纸样式，并需要注意图纸的命名和视图范围的选取，平面图、立面图、剖面图的做法，以及视图中标注等必要的修改，如图 1.7-12 所示。

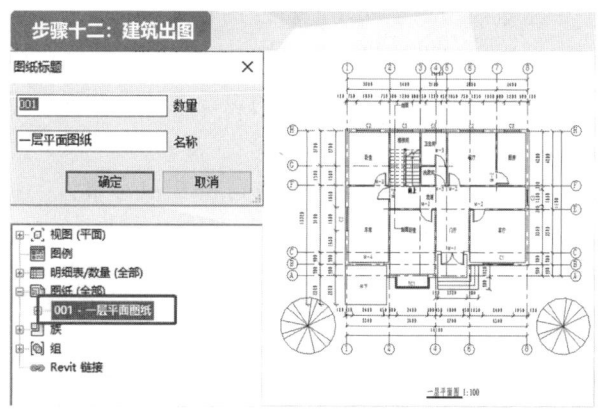

图 1.7-12　建筑出图

13. 项目的整体效果图

当建筑项目模型绘制完成后，便可进行渲染操作，得到项目的一些真实效果，如图 1.7-13 所示。可以实现的有隐藏线效果、着色效果、真实效果和渲染效果。

图 1.7-13　项目效果图

1.8 任务练习

一、单选题

1. BIM 的正式英文全称是（　　）。
   A. Building Information Model
   B. Building Information Modeling
   C. Building Information Management
   D. Building Integration Model

2. 关于 BIM 的描述，下列正确的是（　　）。
   A. BIM 概念在行业内正式提出是 2004 年
   B. BIM 就是一系列软件
   C. BIM 是对建筑全生命周期的管理过程
   D. BIM 就是三维模型

3. 依据美国国家 BIM 标准（NBIMS），以下关于 BIM 的说法，正确的是（　　）。
   A. BIM 是一个建筑模型物理和功能特性的数字表达
   B. BIM 是一个设施（建设项目）物理和功能特性的数字表达
   C. BIM 包含相关设施的信息，是只能为该设施从设计到施工过程的决策提供可靠依据的过程
   D. 在项目的不同阶段，不同利益相关方可在 BIM 中插入、提取信息，但是不能修改信息

4. 以下不属于 BIM 模型的特征的有（　　）。
   A. 三维数字化模型
   B. 构件对象化
   C. 构件属性化
   D. 模型组件化

5. 关于 ND 概念描述错误的是（　　）。
   A. 4D 表示 3D 模型+时间
   B. 5D 表示 4D 模型+成本
   C. 6D 及以上行业内还未达成共识
   D. BIM 5D 管理还处于概念阶段，国内没有相应软件产品出现

6. 以下四个阶段中，最早开始应用 BIM 理念和工具的阶段是（　　）。
   A. 规划阶段
   B. 设计阶段
   C. 施工阶段
   D. 运维阶段

7. 建筑专业的模型精度（LOD）范围正确的是（　　）。
   A. 100～400

B. 200~600

C. 50~500

D. 100~500

8. 关于BIM技术的应用价值，说法不正确的是（　　）。

　　A. 促进建筑行业技术能力的提升

　　B. 有助于工程项目管理精益化水平的提高

　　C. 可以降低装配式建筑的建筑成本

　　D. 推进工程项目管理信息化水平的进步

9. 关于BIM的价值及作用，下列说法错误的是（　　）。

　　A. 用于工程设计

　　B. 实现集成项目交付IPO

　　C. 实现三维设计

　　D. 以上说法都不对

10. 下列不属于项目中运用BIM技术的价值的是（　　）。

　　A. 精确计划，减少浪费

　　B. 虚拟施工，有效协同

　　C. 碰撞检测，减少返工

　　D. 几何信息添加，信息集成

答案：1~5. BCBDD　　6~10. ADCDD

二、多选题

1. 建立BIM建筑模型的必要步骤是（　　）。

　　A. 标高设定

　　B. 建立构件

　　C. 定义属性

　　D. 渲染

　　E. 动画制作

2. BIM模型按照阶段和应用范围来分可以有（　　）。

　　A. 设计模型

　　B. 施工模型

　　C. 造价模型

　　D. 竣工模型

　　E. 初步模型

3. 下列属于BIM应用范围的有（　　）。

　　A. 碰撞检测

　　B. 管线综合

　　C. 虚拟现实

　　D. 4D模拟

　　E. BIM 5D管理

4. 以下软件中属于 BIM 核心建模软件的有（   ）。

   A. AutoCAD

   B. Revit

   C. Navisworks

   D. ArchiCAD

   E. ProjectWise

5. 关于模型精细度的表述错误的是（   ）。

   A. 为了让建筑模型和信息更好地服务于设计需要，应该让模型的细度越高越好

   B. 建筑工程设计信息模型 LOD 的英文表述是 Level of Development 或者 Level of detail

   C. 地方或国家出台 BIM 相关标准是为了统一大家所采用的软件和工作内容

   D. 施工图设计一般要求模型精细度为 LOD200

   E. 我国国家层面的 BIM 标准已经在前几年的发展中出台了多项，基本已经满足了当前 BIM 应用的要求

答案：1. ABC   2. ABCD   3. ABCDE   4. BD   5. ACDE

任务 2　Revit 软件的运行

Revit 软件的运行

2.1　软件的启动与关闭

与其他标准 Windows 应用程序一样，安装完成 Revit 后，单击"Windows 开始菜单→所有程序→Autodesk→Revit→Revit"命令，或双击桌面 Revit 快捷图标即可启动 Revit。

提示：在 Windows 开始菜单中，Revit 还提供了一种启动"Revit 查看模式"的快捷方式。使用该方式启动的 Revit，主要用于浏览和查看 RVT 模型。在该模式下允许用户访问 Revit 的全部功能，但不能保存或另存为任何项目。在做任何项目变更后，Revit 也将禁止导出、打印项目，以防止因用户误操作而造成的项目误修改。

启动完成后，会显示为图 2.1-1 所示的"最近使用的文件"界面。在该界面中，Revit 会分别按时间顺序依次列出最近使用的项目文件和最近使用的族文件的缩略图和名称。用鼠标单击缩略图将打开对应的项目或族文件。移动鼠标指针至缩略图上不动时，将显示该文件所在的路径及文件大小、最近修改日期等详细信息。第一次启动 Revit 时，会显示软件自带的基本样例项目及高级样例项目两个样例文件，以方便用户感受 Revit 的强大功能。在"最近使用的文件"界面中，还可以单击相应的快捷图标打开、新建项目或族文件，也可以查看相关帮助以和在线帮助快速掌握 Revit 的使用。

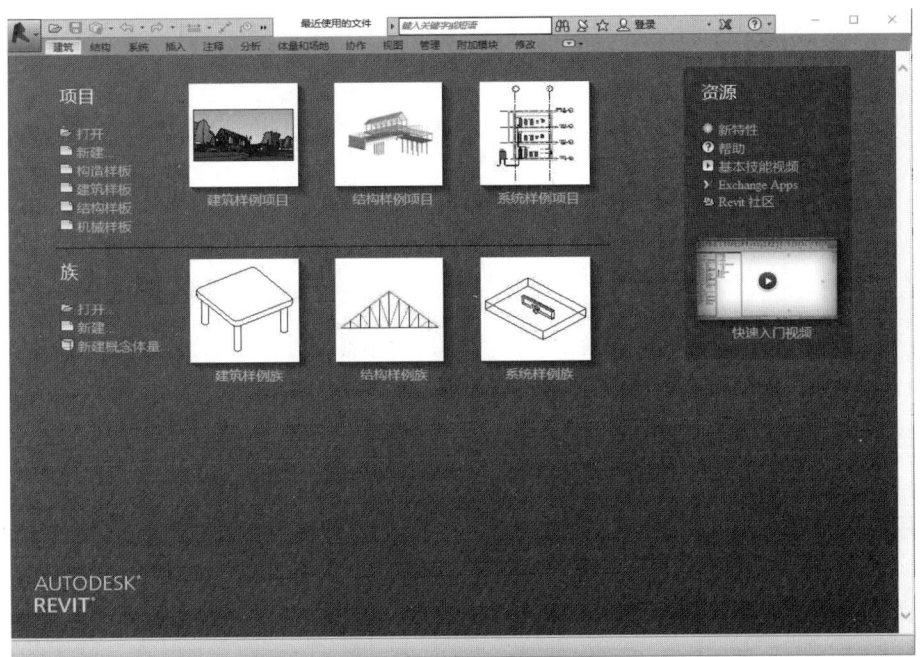

图 2.1-1　Revit 启动界面

提示：Revit 会显示 4 个最近打开的项目或族文件。如果最近打开的项目文件或族文件被删除、重命名或移动至其他位置，则在启动时会自动从最近使用的项目列表中删除该文件。

如果在启动 Revit 时，不希望显示"最近使用的文件"界面，则可以按下述步骤来设置：

（1）启动 Revit，单击左上角应用程序按钮，在菜单中选择位于右下角的"选项"按钮，弹出 Revit"选项"对话框。

（2）如图 2.1-2 所示，在"选项"对话框中，切换至"用户界面"选项卡，取消勾选"启动时启用'最近使用的文件'页面"复选框，设置完成后单击"确定"按钮，退出"选项"对话框。

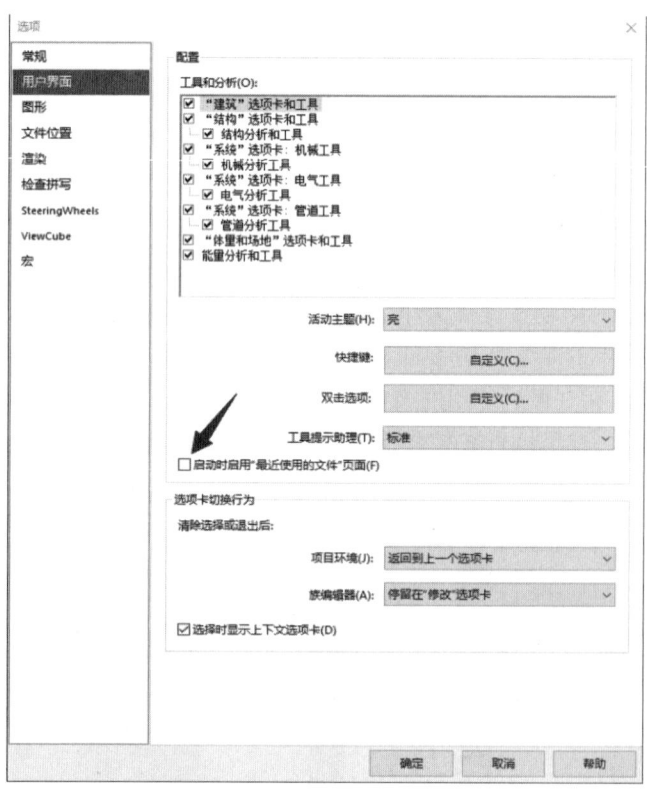

图 2.1-2　"选项"对话框

（3）单击应用程序按钮，在菜单中单击右下角的"退出 Revit"选项，退出 Revit 并重新启动 Revit，此时将不再显示"最近使用的文件"界面，仅显示空白界面。

（4）使用相同的方法，再次勾选"选项"对话框"用户界面"选项卡中的"启动时启用'最近使用的文件'页面"复选框，并单击"确定"按钮，将重新启用"最近使用的文件"界面。

在"选项"对话框的"用户界面"选项卡中，还可以指定 Revit 的界面主题样式。其主题样式类似于 Windows 中的"桌面主题"。通过单击"活动主题"后面的下拉列表可选择其他主题样式。Revit 提供了"暗"和"亮"两种主题样式。读者可自行选择自己喜欢的界面主题样式。

2.2 项目的新建与保存

1. 新建项目与保存

进入 Revit 软件后,在项目的下方点击"新建",根据不同专业的需要选择一个合适的样板。本书此处选择建立一个建筑样板,选择"项目",点击"确定"(图 2.2-1)。这样就新建了一个项目并进入了工作状态。这时可以建立自己想要的三维模型,创建完毕之后点击"保存"。

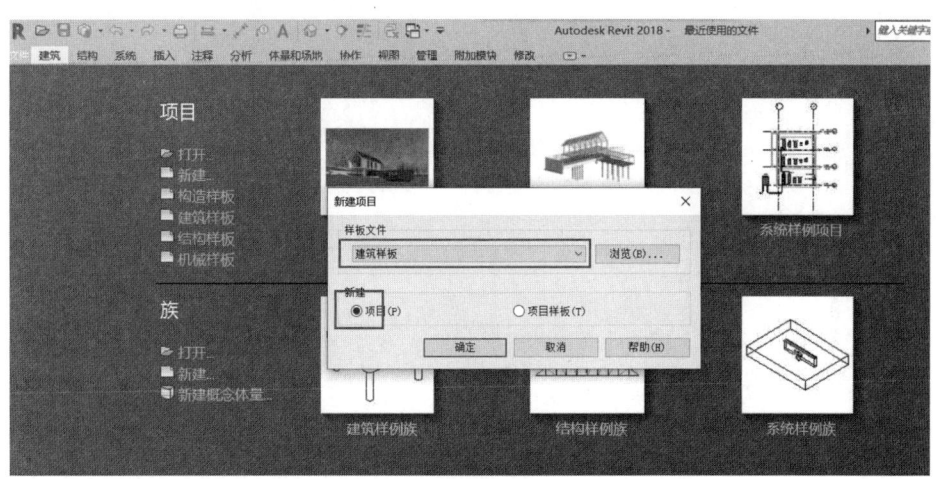

图 2.2-1 新建项目文件

2. 项目样板文件的创建和编辑

(1)创建样板文件。根据需要选择一个合适的样板,如构造样板,在构造样板的基础上重新选择项目样板,点击"确定"。这样项目样本文件也建立好了(图 2.2-2)。

图 2.2-2 创建样板文件

(2)编辑样板文件。在英文输入法下,用键盘输入快捷键 VV,调出"可见性/图形替换"窗口。在这里面可以设置样板的模型对象,如每一类模型的线宽、截面的线宽、线的颜色等,也可设置注释对象的线宽和颜色等。如选择"坡道",点击"坡道"

后的"投影/表面"的"线替换",可以设置线的宽度、颜色,还可以调整投影或表面的填充图案和透明度(图 2.2-3),设置完毕后点击"确定"。完成之后点击"保存"。

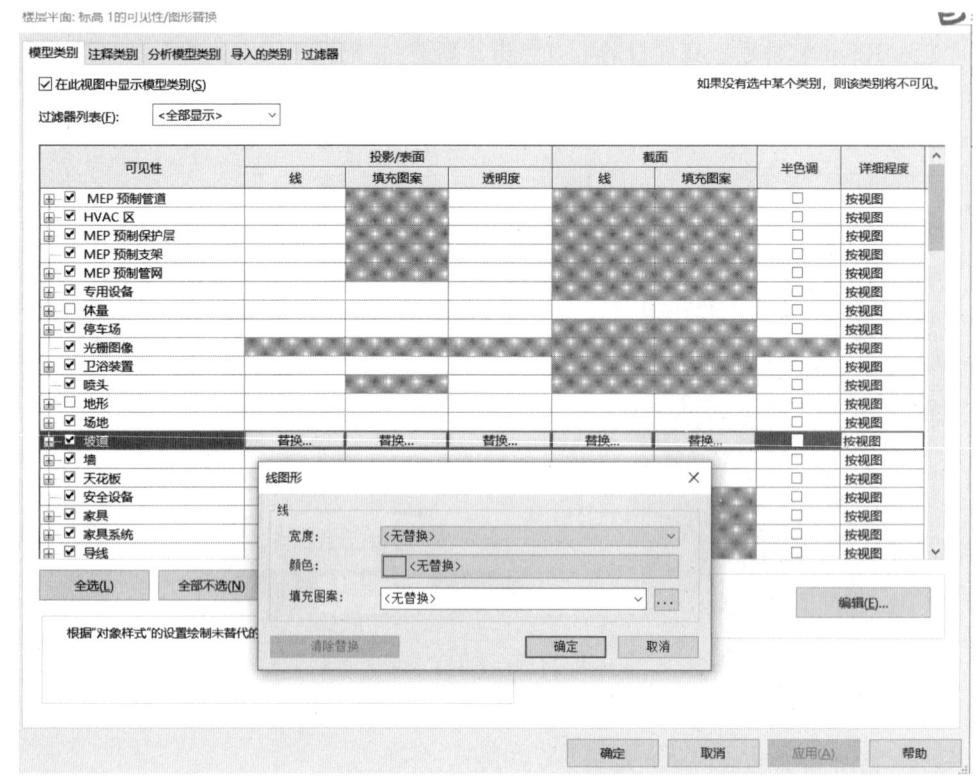

图 2.2-3　编辑样板文件

提示: 保存时,点击"选项",设置最大备份数。我们可以看到系统默认的备份是 20 个,这会占用过多的磁盘空间,可以将其修改为 2。点击"确定"并保存。这样,样板文件就保存好了。

3. 族文件的创建

打开 Revit 软件,在"族"一栏中,点击"新建",根据要创建不同族的类型选择一个样板文件(图 2.2-4)。在族样板文件中,软件已经预先定义了该类型的一些通用参数以及特征。如门、窗的样板族已经定义了自动剪切墙体,注释的族文件已经定义了注释文字的大小等参数,这时只需要在此基础上进行细节尺寸的设置和添加即可。预先设置的族文件大大方便了族的创建,同时也比较容易保证族文件在项目中的正常使用。

4. 概念体量文件的创建

打开 Revit 软件,在"族"一栏中,单击"新建概念体量",选择"公制体量",点击"打开"(图 2.2-5)。在工作窗口中进行概念体量的创建和编辑工作,创建完毕之后仍然点击"保存"。

图 2.2-4 创建族文件

图 2.2-5 创建概念体量文件

概念体量的后缀名和族文件的后缀名一样都是 rfa。同样的后缀名其实就意味着概念体量文件从本质上来说就是族文件，所以要将概念体量文件插入具体的项目文件中才能正常使用。族文件通常是创建一些具体的图元构件，如门、窗等；概念体量文件通常是创建一些系统，然后载入项目文件中进行更深层次的设置和处理。

2.3 界面介绍

上一节介绍了项目的新建与保存。接下来，将对 Revit 软件的界面进行介绍。

Revit 使用了 Ribbon 界面，用户可以根据自己的需要修改界面布局。例如，可以将功能区设置为四种显示之一，还可以同时显示若干个项目视图，或修改项目浏览器的默认位置。

图 2.3-1 所示为在项目编辑模式下 Revit 的界面形式。

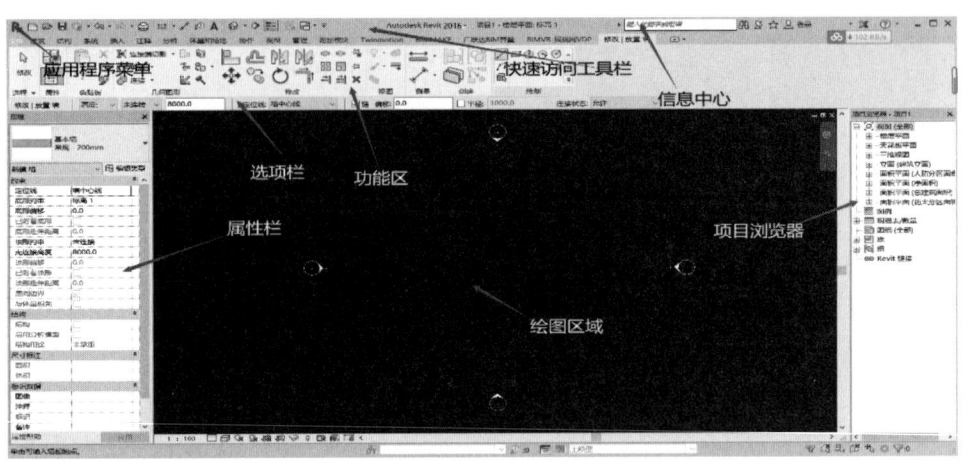

图 2.3-1　Revit 工作界面

1. 应用程序菜单

单击左上角的应用程序菜单按钮可以打开应用程序菜单列表，如图 2.3-2 所示。

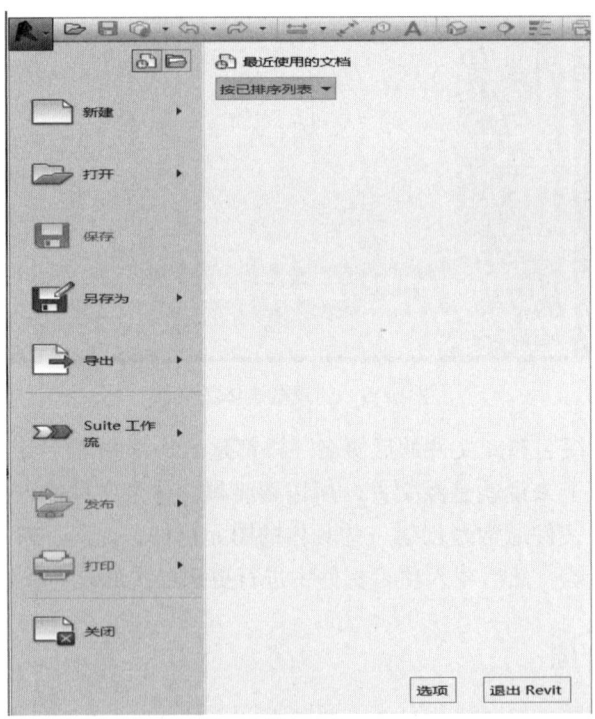

图 2.3-2　应用程序菜单

应用程序菜单按钮类似于传统界面下的"文件"菜单，包括"新建""保存""打印""退出 Revit"等。在应用程序菜单中,可以单击各菜单右侧的箭头查看每个菜单项的展开选择项,然后再单击列表中各选项执行相应的操作。

单击应用程序菜单右下角的"选项"按钮,可以打开"选项"对话框。如图 2.3-3 所示,在"用户界面"选项中,用户可根据自己的工作需要自定义出现在功能区域的选项卡命令,并自定义快捷键。

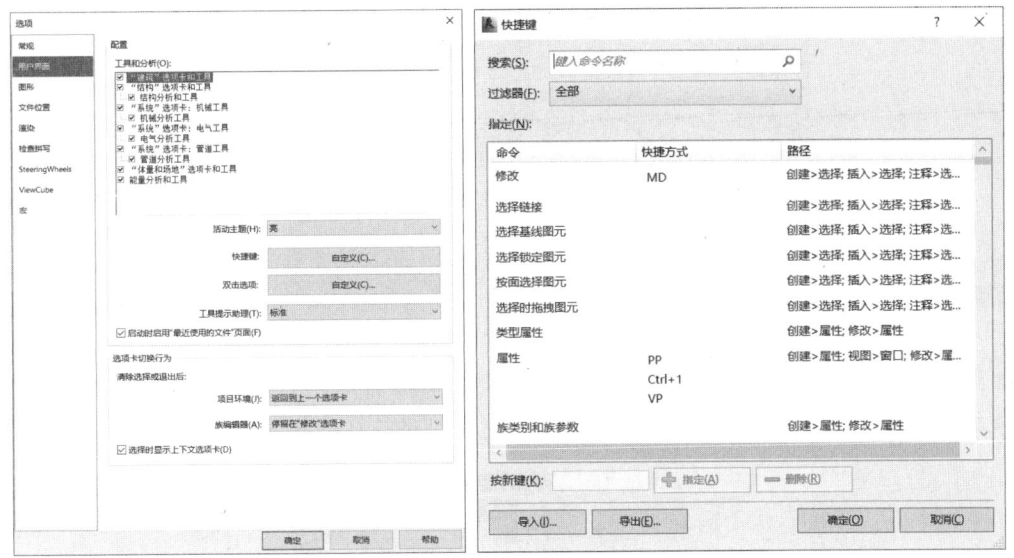

图 2.3-3 自定义快捷键

提示:在 Revit 中使用快捷键时直接按键盘对应字母即可,输入完成后无须输入空格或回车(注意与 AutoCAD 等软件的操作区别)。本书后续章节将对操作中使用到的每一个工具说明默认快捷键。

2. 功能区

功能区提供了在创建项目或族时所需要的全部工具。在创建项目文件时,功能区显示如图 2.3-4 所示。功能区主要由选项卡、工具面板和工具组成。

图 2.3-4 功能区

单击工具可以执行相应的命令,进入绘制或编辑状态。在本书后面的任务中,会按选项卡、工具面板和工具的顺序描述操作中该工具所在的位置。例如,要执行"门"工具,将描述为"建筑"→"构件"→"门"。

如果同一个工具图标中存在其他工具或命令,则会在工具图标下方显示下拉箭头,单击该箭头可以显示附加的相关工具。图 2.3-5 所示为楼板工具中包含的附加工具。

图 2.3-5 附加工具菜单

提示：如果工具按钮中存在下拉箭头，直接单击工具图标将执行最常用的工具，即列表中的第一个工具。

Revit 根据各工具的性质和用途，分别将其组织在不同的面板中。如图 2.3-6 所示，如果存在与面板中工具相关的设置选项，则会在面板名称栏中显示下箭头设置按钮。单击该箭头，可以打开对应的设置对话框，对工具进行详细的通用设定。

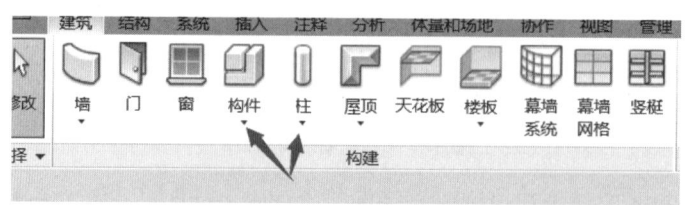

图 2.3-6 工具设置选项

用鼠标左键按住并拖动工具面板标签位置时，可以将该面板拖拽到功能区上其他任意位置，使之成为浮动面板。若要将浮动面板返回到功能区，则移动鼠标至面板之上，当浮动面板右上角显示控制柄时，如图 2.3-7 所示，单击"将面板返回到功能区"符号即可将浮动面板重新返回工作区域。注意：工具面板仅能返回其原来所在的选项卡中。

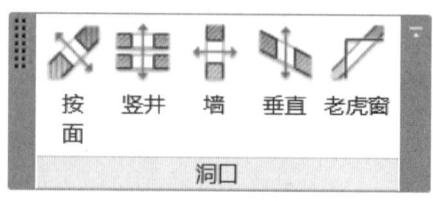

图 2.3-7 浮动面板

Revit 提供了 3 种不同的单击功能区面板显示状态。单击选项卡右侧的功能区状态切换符号，可以将功能区视图在显示完整的功能区、最小化到面板平铺、最小化至选项卡状态间循环切换。如图 2.3-8 所示为最小化到面板平铺时功能区的显示状态。

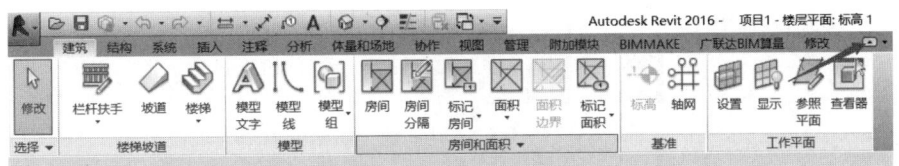

图 2.3-8　功能区状态切换按钮

3. 快速访问工具栏

除可以在功能区域内单击工具或命令外，Revit 还提供了快速访问工具栏，用于执行经常使用的命令。默认情况下快速访问工具栏包含如表 2.3-1 所列项目。

表 2.3-1　快速访问工具栏

快速访问工具栏	说明
（打开）	打开项目、族、注释、建筑构件或 IFC 文件
（保存）	用于保存当前的项目、族、注释或样板文件
（撤销）	用于在默认情况下取消上次的操作，显示在任务执行期间执行的所有操作的列表
（恢复）	恢复上次取消的操作；另外，还可显示在执行任务期间所执行的所有已恢复操作的列表
（切换窗口）	点击下拉箭头，然后单击要显示切换的视图
（三维视图）	打开或创建视图，包括默认三维视图、相机视图和漫游视图
（同步并修改设置）	用于将本地文件与中心服务器上的文件进行同步
（自定义快速访问工具栏）	用于自定义快速访问工具栏上显示的项目；要启用或禁用项目，可在"自定义快速访问工具栏"下拉列表上该工具的旁边单击

可以根据需要自定义快速访问工具栏中的工具内容，根据自己的需要重新排列顺序。例如，要在快速访问工具栏中创建墙工具，如图 2.3-9 所示，右键单击功能区的"墙"工具，在弹出的快捷菜单中选择"添加到快速访问工具栏"即可将墙及其附加工具同时添加到快速访问工具栏。使用类似的方式，在快速访问工具栏中右键单击任意工具，选择"从快速访问工具栏中删除"，可以将工具从快速访问工具栏中移除。

图 2.3-9　添加到快速访问工具栏

快速访问工具栏可以显示在功能区下方，在快速访问工具栏上单击"自定义快速访问工具栏"下拉菜单"在功能区下方显示"即可，如图 2.3-10（a）所示。

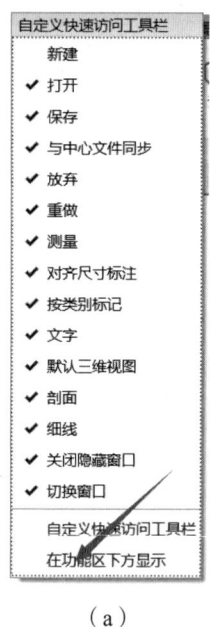 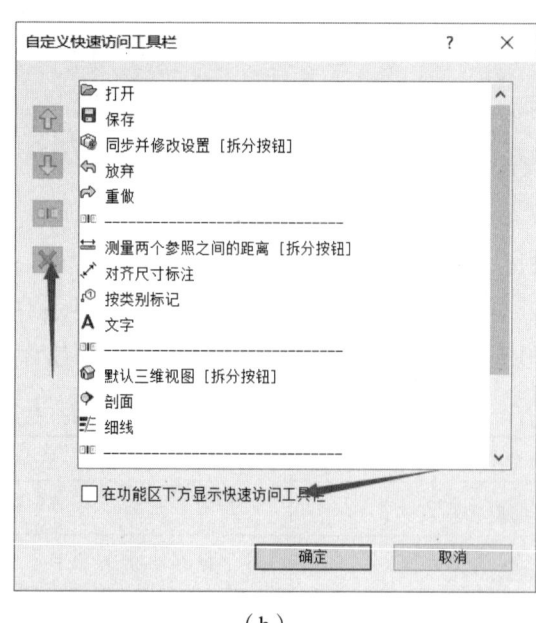

(a)　　　　　　　　　　　　(b)

图 2.3-10　自定义快速访问工具栏

单击"自定义快速访问工具栏"下拉菜单，在列表中选择"自定义快速访问工具栏"选项，将弹出"自定义快速访问工具栏"对话框，见图 2.3-10（b）。使用该对话框，可以重新排列快速访问工具栏中的工具显示顺序，并根据需要添加分隔线。勾选该对话框中的"在功能区下方显示快速访问工具栏"选项也可以修改快速访问工具栏的位置。

4. 选项栏

选项栏默认位于功能区下方，用于设置当前正在执行操作的细节设置。选项栏的内容比较类似于 AutoCAD 的命令提示行，其内容因当前所执行的工具或所选图元的不同而不同。图 2.3-11 所示为使用墙工具时，选项栏的设置内容。

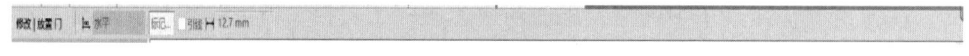

图 2.3-11　选项栏

可以根据需要将选项栏移动到绘图区域的底部，在选项栏上单击鼠标右键，然后选择"固定在底部"选项即可。

5. 项目浏览器

项目浏览器用于组织和管理当前项目中的所有信息，包括所有视图、明细表、图纸、族、组、链接的 Revit 模型等项目资源。Revit 按逻辑层次关系组织这些项目资源，方便用户管理。展开和折叠各分支时，将显示下一层集的内容。如图 2.3-12 所示为项目浏览器中包含的项目内容。在项目浏览器中，项目类别前显示的"+"表示该类别中还包括其他子类别项目。在 Revit 中进行项目设计时，最常用的操作就是利用项目浏览器在各视图间切换。

在 Revit 2016 中，可以在项目浏览器对话框任意栏目名称上单击鼠标右键，在弹出的右键菜单中选择"搜索"选项，打开"在项目浏览器中搜索"对话框，如图 2.3-13 所示。可以使用该对话框在项目浏览器中对视图、族及族类型名称进行查找定位。

图 2.3-12　项目浏览器　　　　　图 2.3-13　在"项目浏览器中搜索"对话框

在项目浏览器中，右键单击第一行"视图（全部）"，在弹出的右键快捷菜单中选择"类型属性"选项，将打开项目浏览器的"类型属性"对话框，如图 2.3-14 所示。在该对话框中可以自定义项目视图的组织方式，包括排序方法和显示条件过滤器。

6. 属性栏

"属性"面板可以查看和修改用来定义 Revit 中图元实例属性的参数。属性面板各部分的功能如图 2.3-15 所示。

图 2.3-14　"类型属性"对话框　　　　　图 2.3-15　"属性"面板

在任何情况下，按快捷键 Ctrl+1 或 PP，均可打开或关闭属性面板；或在绘图区域单击鼠标右键，在弹出的快捷菜单中选择"属性"选项将其打开。可以将该选项板固定到 Revit 窗口的任一侧，也可以将其拖拽到绘图区域的任意位置成为浮动面板。

当选择图元对象时，属性面板将显示当前所选择对象的实例属性；如果未选择任何图元，则选项板上将显示活动视图的属性。

7. 绘图区域

Revit 窗口中的绘图区域显示当前项目的楼层平面视图以及图纸和明细表视图。在 Revit 中每当切换至新视图时，都将在绘图区域创建新的视图窗口，且保留所有已打开的其他视图。如图 2.3-16 所示，使用"视图"→"窗口"→"平铺"或"层叠"工具，即可设置所有已打开视图排列方式为平铺、层叠等。

图 2.3-16 多窗口设置

在默认情况下，绘图区域的背景颜色为白色。在"选项"对话框"图形"选项卡中，可以设置视图中的绘图区域背景反转为黑色。

8. 视图控制栏

在楼层平面视图和三维视图中，绘图区各视图窗口底部均会出现视图控制栏，如图 2.3-17 所示。

图 2.3-17 视图控制栏

2.4 视图控制

2.4.1 项目视图种类

Revit 视图有很多种形式，每种视图类型都有特定用途。Revit 视图不同于用 CAD 绘制的图纸，它是项目中的 BIM 模型根据不同的规则显示的投影。

常用的视图有平面视图、立面视图、剖面视图、详图索引视图、三维视图、图例视图、明细表视图等。同一项目可以有任意多个视图，例如，对于"1F"标高，可以根据需要创建任意数量的楼层平面视图，用于表现不同的功能要求，如"1F"梁布置视图、"1F"柱布置视图、"1F"房间功能视图、"1F"建筑平面图等。所有视图均根据模型剖切投影生成。

如图 2.4-1 所示，Revit 在"视图"选项卡"创建"面板中提供了创建各种视图的工具。也可以在项目浏览器中根据需要创建不同的视图类型。

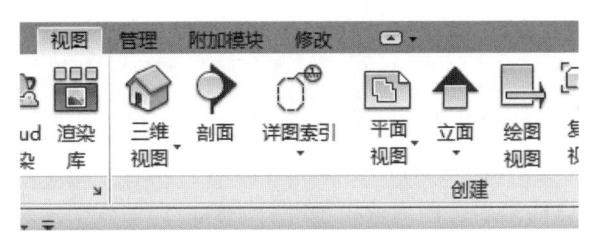

图 2.4-1　视图工具

下面将对各类视图进行详细的说明。

1. 楼层平面视图及天花板平面视图

楼层/结构平面视图及天花板视图是沿项目水平方向，按指定的标高偏移位置剖切项目生成的视图。大多数项目至少包含一个楼层/结构平面视图。Revit 在创建项目标高时默认可以自动创建对应的楼层平面视图（建筑样板创建的是楼层平面，结构样板创建的是结构平面）；在立面中，已创建的楼层平面视图的标高、标头显示为蓝色，无平面关联的标高、标头显示为黑色。除使用项目浏览器外，在立面中还可以通过双击蓝色标高、标头进入对应的楼层平面视图，使用"视图"→"创建"→"平面视图"工具可以手动创建楼层平面视图。

在楼层平面视图中，当不选择任何图元时，"属性"面板将显示当前视图的属性。在"属性"面板中单击"视图范围"后的编辑按钮，将打开"视图范围"对话框，如图 2.4-2 所示。在该对话框中，可以定义视图的剖切位置。

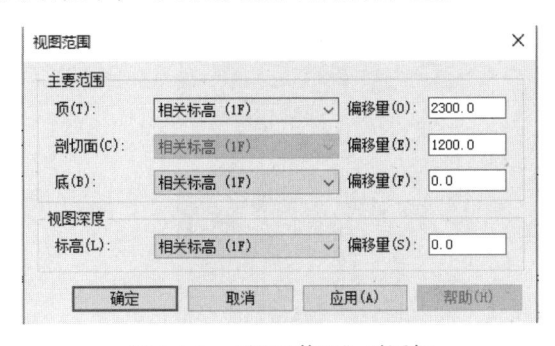

图 2.4-2　"视图范围"对话框

2. 立面视图

立面视图是项目模型在立面方向上的投影视图。在 Revit 中，默认每个项目将包含东、西、南、北四个立面视图，并在楼层平面视图中显示立面视图符号。双击平面视图中立面标记中的黑色小三角，会直接进入立面视图。Revit 允许用户在楼层平面视图或天花板视图中创建任意立面视图。

3. 剖面视图

Revit 允许用户在平面、立面或详图视图中通过在指定位置绘制剖面符号线，在该位置对模型进行剖切，并根据剖面视图的剖切和投影方向生成模型投影。剖面视图具有明确的剖切范围，单击剖面标头即可显示剖切深度范围，剖面标头可以通过鼠标自由拖拽。

4. 详图索引视图

当需要对模型的局部细节进行放大显示时，可以使用详图索引视图。可向平面视图、剖面视图、详图视图或立面视图中添加详图索引，这个创建详图索引的视图，被称为"父视图"。在详图索引范围内的模型部分，将以详图索引视图中设置的比例显示在独立的视图中。详图索引视图显示父视图中某一部分的放大版本，且所显示的内容与原模型关联。

绘制详图索引的视图是该详图索引视图的父视图。如果删除父视图，则也将删除该详图索引视图。

5. 三维视图

使用三维视图，可以直观地查看模型的状态。Revit 中的三维视图分两种：正交三维视图和透视图。在正交三维视图中，不管相机距离远近，所有构件的大小均相同，可以点击快速访问工具栏的"默认三维视图"图标直接进入默认三维视图，可以配合使用 Shift 键和鼠标中键根据需要灵活调整视图角度，如图 2.4-3 所示。

如图 2.4-4 所示，使用"视图"→"创建"→"三维视图"→"相机"工具可创建相机视图。在透视三维视图中，越远的构件显示得越小，越近的构件显示得越大，这种视图更符合人眼的观察视角。

图 2.4-3　三维视图　　　　　图 2.4-4　相机视图工具

2.4.2　视图基本操作

可以通过鼠标、ViewCube 和视图导航来实现对 Revit 视图的平移、缩放等操作。在平面、立面或三维视图中，通过滚动鼠标可以对视图进行缩放；按住鼠标中键并拖动，可以实现视图的平移；在默认三维视图中，按住 Shift 键并按住鼠标中键拖动鼠标，可以实现对三维视图的旋转。注意：视图旋转仅对三维视图有效。

在三维视图中，Revit 还提供了 ViewCube，用于实现对三维视图的控制。

ViewCube 默认位于屏幕右上方，如图 2.4-5 所示。通过单击 ViewCube 的面、顶点或边，可以在模型的各立面、等轴测视图间进行切换。鼠标左键按住并拖拽 ViewCube 下方的圆环指南针，还可以修改三维视图的方向为任意方向，其作用与按住 Shift 键和鼠标中键并拖拽的效果类似。

为更加灵活地进行视图缩放控制，Revit 提供了"导航栏"工具条，如图 2.4-6 所示。在默认情况下，导航栏位于视图右侧的 ViewCube 下方。在任意视图中，都可通过导航栏对视图进行控制。

导航栏主要提供两类工具：视图平移查看工具和视图缩放工具。单击导航栏中上方第一个圆盘图标，将进入全导航控制盘控制模式，如图 2.4-7 所示，导航控制盘将跟随鼠标指针的移动而移动。全导航盘中提供"缩放""平移""动态观察（视图旋转）"等命令，移动鼠标指针至导航盘中的命令位置，按住左键不动即可执行相应的操作。

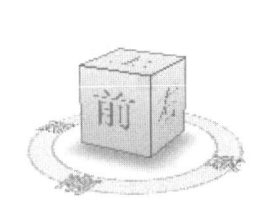

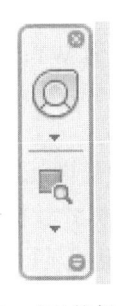

图 2.4-5　ViewCube　　　图 2.4-6　"导航栏"工具　　　图 2.4-7　全导航控制盘

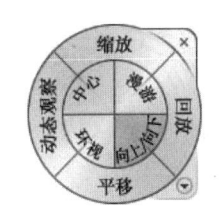

快捷键：显示或隐藏导航盘的快捷键为 Shift+W 键。

导航栏中提供的另外一个工具为"缩放"工具，单击"缩放"工具下拉列表，可以展开 Revit 提供的缩放选项。如图 2.4-8 所示，在实际操作中，最常使用的缩放工具为"区域放大"，使用该缩放命令时，Revit 允许用户绘制任意范围的窗口区域，将该区域范围内的图元放大至充满视口显示。

快捷键：区域放大的快捷键为 ZR。

任何时候使用视图控制栏缩放列表中的"缩放全部以匹配"选项，都可以缩放显示当前视图中的全部图元。在 Revit 2016 中，双击鼠标中键，也会执行该操作。如果用于修改窗口中的可视区域，用鼠标点击下拉箭头，勾选下拉列表中的缩放模式，就能实现缩放。

快捷键：缩放匹配的默认快捷键为 ZF。

除对视口进行缩放、平移、旋转外，还可以对视图窗口进行控制。前面已经介绍过，在项目浏览器中切换视图时，Revit 将创建新的视图窗口。可以对这些已打开的视图窗口进行控制。如图 2.4-9 所示，"视图"选项卡"窗口"面板中提供了"平铺""切换窗口""关闭隐藏对象"等窗口操作命令。

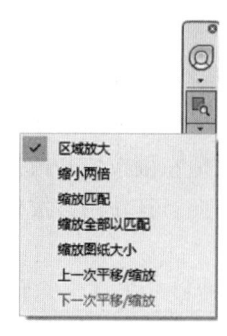

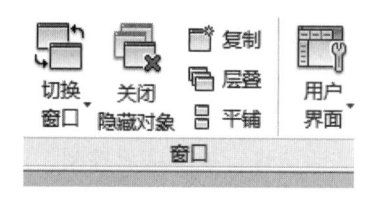

图 2.4-8 缩放工具　　　　　　　　图 2.4-9 窗口操作命令

使用"平铺",可以同时查看所有已打开的视图窗口,各窗口将以合适的大小并列显示。在非常多的视图中进行切换时,Revit 将打开非常多的视图。这些视图将占用大量的计算机内存资源,造成系统运行效率下降。可以使用"关闭隐藏对象"命令一次性关闭所有隐藏的视图,节省系统资源。注意:"关闭隐藏对象"工具不能在平铺、层叠视图模式下使用。切换窗口工具用于在多个已打开的视图窗口间进行切换。

快捷键:窗口平铺的默认快捷键为 WT;窗口层叠的快捷键为 WC。

2.4.3　视图显示及样式

通过视图控制栏,可以对视图中的图元进行显示控制。视图控制栏从左至右分别为:视图比例、视图详细程度、视觉样式、打开/关闭日光路径、打开/关闭、阴影、渲染(仅三维视图)、视图裁剪控制、视图显示控制选项。注意:由于在 Revit 中各视图均采用独立的窗口显示,因此,在任何视图中进行视图控制栏的设置,均不会影响其他视图的设置(图 2.4-10)。

1. 比例

视图比例用于控制模型尺寸与当前视图显示之间的关系。如图 2.4-11 所示,单击视图控制栏 1:100 按钮,在比例列表中选择比例值即可修改当前视图的比例。注意:无论视图比例如何调整,均不会修改模型的实际尺寸,仅会影响当前视图中添加的文字、尺寸标注等注释信息的相对大小。Revit 允许为项目中的每个视图指定不同比例,也可以创建自定义视图比例。

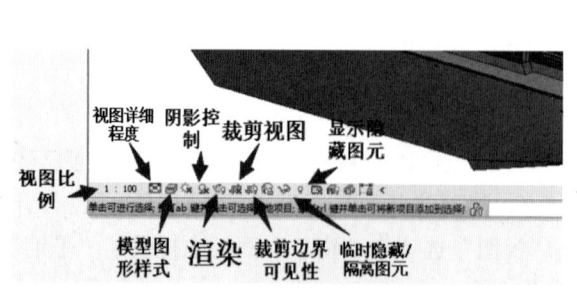

图 2.4-10 视图控制栏　　　　　　图 2.4-11 视图比例

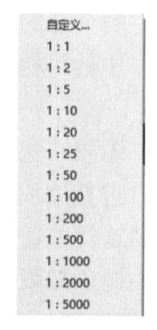

2. 详细程度

Revit 提供了三种视图详细程度：粗略、中等、精细。Revit 中的图元可以在族中定义在不同视图详细程度模式下要显示的模型。如图 2.4-12 所示为在门族中分别定义"中等""精细"模式下图元的表现。Revit 通过视图详细程度控制同一图元在不同状态下的显示，以满足出图的要求。例如：在平面布置图中，平面视图中的窗可以显示为四条线；但在窗安装大样中，平面视图中的窗将显示为真实的窗截面。

3. 视觉样式

视觉样式用于控制模型在视图中的显示方式。如图 2.4-13 所示，Revit 提供了六种显示视觉样式："线框""隐藏线""着色""一致的颜色""真实""光线追踪"。其显示效果逐渐增强，但所需要的系统资源也越来越大。一般平面或剖面施工图可设置为线框或隐藏线模式，这样系统消耗资源较小，项目运行较快。

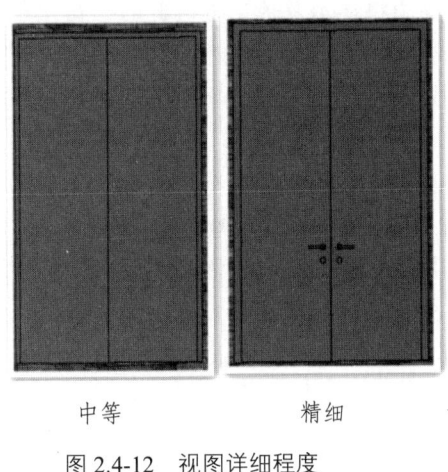

图 2.4-12　视图详细程度

图 2.4-13　视觉样式选项

4. 打开/关闭日光路径、打开/关闭阴影

在视图中，可以通过打开/关闭阴影开关在视图中显示模型的光照阴影，增强模型的表现力。在日光路径的按钮中，还可以对日光进行详细设置。

5. 裁剪视图、显示/隐藏裁剪区域

视图裁剪区域定义了视图中用于显示项目的范围，由两个工具组成：是否启用裁剪及是否显示剪裁区域。可以单击裁剪视图按钮在视图中显示裁剪区域，再通过启用裁剪按钮启用视图的裁剪功能，通过拖拽裁剪边界，对视图进行裁剪。裁剪后，裁剪框外的图元不显示。

6. 临时隔离/隐藏选项和显示隐藏的图元选项

在视图中可以根据需要临时隐藏任意图元。如图 2.4-14 所示，选择图元后，单击"临时隐藏"或"隔离图元"（或图元类别）命令，将弹出隐藏或隔离图元选项。可以分别对所选择的图元进行隐藏或隔离。其中：隐藏图元选项将隐藏所选图元；隔离图元选项将在视图中隐藏所有未被选定的图元。可以根据图元（所有选择的图元对象）

或类别（所有与被选择的图元对象属于同一类别的图元）的方式对图元的隐藏或隔离进行控制。

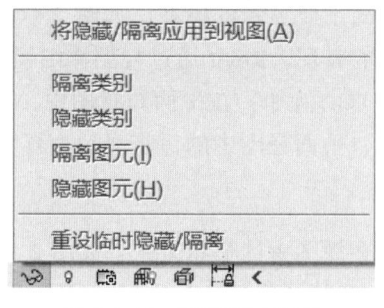

图 2.4-14　隐藏图元选项

所谓临时隐藏图元，是指当关闭项目后，重新打开项目时被隐藏的图元将恢复显示。视图中临时隐藏或隔离图元后，视图周边将显示蓝色边框。此时，再次单击隐藏或隔离图元命令，可以选择"重设临时隐藏/隔离"选项恢复被隐藏的图元；或选择"将隐藏/隔离应用到视图"选项，此时视图周边蓝色边框消失，将永久隐藏不可见图元，即无论任何时候，图元都将不再显示。

要查看项目中隐藏的图元，如图 2.4-15 所示，可以单击视图控制栏中显示隐藏的图元命令。Revit 将会显示彩色边框，所有被隐藏的图元均会显示为亮红色。

如图 2.4-16 所示，单击选择被隐藏的图元，点击"显示隐藏的图元"→"取消隐藏图元"选项可以恢复图元在视图中的显示。注意：恢复图元显示后，务必单击"切换显示隐藏图元模式"按钮或再次单击视图控制栏按钮返回正常显示模式。

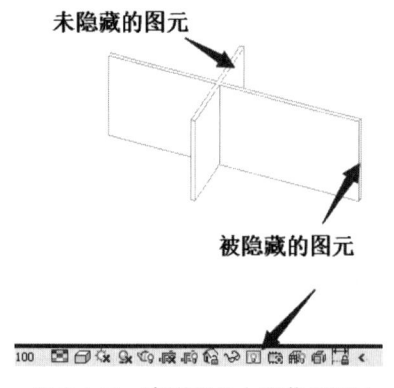

图 2.4-15　查看项目中隐藏的图元 　　　图 2.4-16　恢复显示被隐藏的图元

提示：也可以在选择隐藏的图元后单击鼠标右键，在右键菜单中选择"取消在视图中隐藏"→"按图元"，取消图元的隐藏。

7. 显示/隐藏渲染对话框（仅三维视图才可使用）

单击该按钮，将打开渲染对话框，以便对渲染质量、光照等进行详细的设置。Revit2016 默认采用 Mental Ray 渲染器进行渲染。本书后续任务中，将介绍如何在 Revit 中进行渲染。读者可以参考该任务的相关内容。

8. 解锁/锁定三维视图（仅三维视图才可使用）

如果需要在三维视图中进行三维尺寸标注及添加文字注释信息，需要先锁定三维视图。单击该工具将创建新的锁定三维视图。锁定的三维视图不能旋转，但可以平移和缩放。在创建三维详图大样时，将使用该方式。

9. 分析模型的可见性

点击该按钮，仅临时显示分析模型类别：结构图元的分析线会显示一个临时视图模式，隐藏项目视图中的物理模型并仅显示分析模型类别。这是一种临时状态，并不会随项目一起保存，清除此选项则退出临时分析模型视图。

2.5 任务练习

一、单选题

1. Revit 的正确卸载方式是什么？（　　）

    A. 强制删除文件

    B. 强制卸载

    C. 利用第三方软件卸载

    D. 利用 Autodesk 组件卸载

2. 关闭 Revit 程序的方式是（　　）。

    A. 应用程序关闭

    B. 任务管理器关闭

    C. 关机关闭

    D. 关闭所有项目页面

3. 新建一个项目后保存的文件名后缀为（　　）。

    A. XFB

    B. RVT

    C. RFA

    D. CHE

4. 新建的线样式保存在（　　）。

    A. 项目文件中

    B. 模板文件中

    C. 线型文件中

    D. 族文件中

5. 启用工作集后，第一次保存的文件将被定义为（　　）。

    A. 本地文件

    B. 副本文件

    C. 中心文件

    D. 协同文件

6. Revit 界面选项卡中包括（　　）。
    A. 建筑
    B. 墙
    C. 属性
    D. 视图
7. 工具是属于哪个界面的子项目？（　　）
    A. 快速访问工具栏
    B. 选项卡
    C. 选项栏
    D. 应用程序按钮
8. ViewCube 在（　　）中显示。
    A. 平面图
    B. 剖面图
    C. 立面图
    D. 三维视图
9. 下列属于 Revit 视觉样式的是（　　）。
    A. 着色
    B. 隐藏
    C. 无线框
    D. 透明
10. 当关闭项目后，重新打开项目时被隐藏的图元将恢复显示，这一操作称为（　　）。
    A. 隐藏类别
    B. 隐藏图元
    C. 临时隐藏
    D. 隔离图元

答案：1~5. AABAC　　6~10. ABDAC

二、多选题

1. Revit 软件可以保存的文件格式有哪几种？（　　）
    A. EXE
    B. RVT
    C. RFA
    D. OBJ
    E. RFT
    F. RTE
2. 关于 Revit 插件，下面哪些是正确的？（　　）
    A. Revit 插件是一种软件程序，由 Autodesk 研发
    B. Revit 插件是用 RevitAPI 研发出来的程序，Autodesk 公司之外的开发者也

可以开发插件

  C. Revit 插件可以脱离 Revit 运行

  D. Revit 插件必须在 Revit 里面运行，需要先安装 Revit 软件

3. Revit 打开的方式有哪几种？（　　）

  A. 开机自启

  B. 双击文件

  C. 双击桌面快捷图标

  D. 用 Autodesk 组件打开

4. 属性界面中包括（　　）。

  A. 图形

  B. 房间

  C. 范围

  D. 查看器

5. 全导航盘中提供（　　）等命令。

  A. 缩放

  B. 移动

  C. 平移

  D. 动态观察

6. 视图控制栏的操作命令中包含（　　）。

  A. 缩小两倍

  B. 放大两倍

  C. 缩放匹配

  D. 区域放大

  E. 缩放图纸大小

7. Revit 提供的三种显示详细程度为（　　）。

  A. 粗略显示

  B. 中等显示

  C. 高等显示

  D. 精细显示

  答案：1. BCEF 2. AD 3. BCD 4. AC 5. ACD 6. ABDE 7. ABD

任务 3　Revit 的基本命令

3.1　图元基本操作

Revit 提供了移动、复制、镜像、旋转等多种图元编辑和修改工具，使用这些工具，可以方便地对图元进行编辑和修改操作。要使用这些编辑操作工具，多数时候需要选择图元，才能对所选图元进行操作。

1. 选择图元

选择图元是 Revit 编辑和修改操作的基础，也是在 Revit 中进行设计时最常用的操作。在前面的练习中，多次使用鼠标左键选择图元。事实上在 Revit 中，在图元上直接单击鼠标左键选择是最常用的图元选择方式。配合键盘功能键，可以更灵活地构建图元选择集，实现图元选择。Revit 将在所有视图中高亮显示选择集中的图元，以区别于未选择的图元。

（1）打开项目文件，在项目浏览器中切换至"一层平面图"楼层平面视图。

（2）双击鼠标中间的滚轮，将该视图中的全部图元内容充满视图窗口。使用"区域放大"工具，放大 1 轴线和 A～D 轴区域，如图 3.1-1 所示。

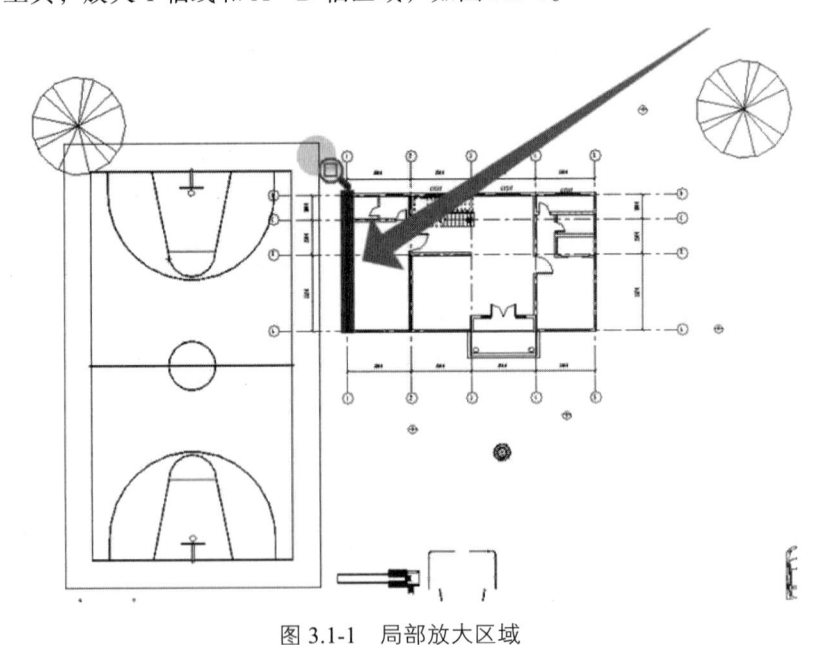

图 3.1-1　局部放大区域

（3）在该项目中，1 轴线墙上有 3 扇窗。移动鼠标指针至下侧窗图元上，单击鼠标左键选择窗，此窗将以蓝色显示。

（4）移动鼠标指针至中间窗图元处，单击鼠标左键选择此窗，在选择集中将仅保留中间窗图元，而取消已选择的下侧窗。

（5）按住 Ctrl 键，鼠标指针变为鼠标箭头上方有+号，表示将向选择集添加图元，分别单击下侧和上侧窗，Revit 即将图元添加到选择集中。

（6）按住 Shift 键，鼠标指针变为鼠标箭头上方有-号，表示将从选择集中删除图元，单击下侧窗，可以从选择集中取消该窗。

（7）在视图空白处单击鼠标左键或按 Esc 键，取消选择集。

（8）在上侧窗左上角按住鼠标左键，向右下方移动鼠标，Revit 将显示实线范围框，当范围框将三扇窗完全包围时，松开鼠标左键，Revit 将选择被范围框完全包围的图元。Revit 右下角的选择过滤器中显示选择集中图元的数量。本次操作中，选择了 3 个窗。按 Esc 键取消选择集。

（9）在下侧窗右下角按住鼠标左键，向左上角移动鼠标，Revit 将显示虚线选择范围框。当虚线范围框完全包围窗时，松开鼠标左键，Revit 将不仅选择被范围框完全包围的窗图元，还将选择与范围框相交的墙体、轴线和楼板（在视图中不可见）。

（10）Revit 将自动切换至"修改 | 选择多个"上下文选项卡 修改 | 选择多个 。单击"过滤器"面板中的"过滤器"按钮，或单击右下角的过滤器图标，打开"过滤器"对话框，Revit 将按选择集中图元的类别列出各类图元的数量。取消墙、楼板和轴网类别勾选的状态，仅勾选窗类别，单击"确定"按钮，退出"过滤器"对话框，Revit 将仅在选择集中保留窗类别图元。

（11）单击视图空白处，取消选择集。

（12）单击选择左侧窗图元，单击鼠标右键，在弹出的菜单中选择"选择全部实例"，再选择"在视图中可见"选项，Revit 将选择当前视图中所有与已选择窗同类型的图元。

（13）再次在选择窗的状态下，点击鼠标右键，选择"选择全部实例"→"在整个项目中"选项，Revit 将不仅选择当前视图中同类型的窗，还将选择项目中其他相同类型的窗。

（14）切换到 2F 平面图，我们看到这里的同类型窗也被选中了。

（15）回到 1F 平面视图，点击视图空白处，取消选择集，移动鼠标指针至 1 轴和 A 轴相交处的墙稍偏向内墙处，Revit 将亮显指针处墙体图元，这表示单击鼠标左键时将选择亮显的墙图元。

（16）鼠标稍做停留，Revit 将显示高亮图元的名称。

（17）Revit 按"对象类别：族名称：族类型"的顺序显示高亮对象的名称。

（18）保持鼠标指针位置不动，循环按下 Tab 键，Revit 将在基本墙、墙或线链（首尾相交的墙体）、楼板及轴线中循环高亮显示。

（19）当轴线高亮显示时，单击鼠标左键，将选择轴线。Revit 会在状态栏显示鼠标指针处亮显图元的类别和名称。

选择图元是 Revit 中最常用的操作。根据要选择图元的特征，恰当使用框选、过滤器、选择相同实例、Tab 键循环等选择方式，可以起到事半功倍的效果。

2. 修改编辑工具

Revit 可以对选择的图元进行修改、移动、复制、镜像、旋转等编辑操作。通过"修改"选项卡或上下文选项卡可以访问这些修改和编辑工具。通过下面的操作,可以掌握如何修改和编辑图元。

(1)打开项目文件,使用项目浏览器切换至"楼层平面"→"二层平面图"视图。单击"视图"选项卡"窗口"面板中的"关闭隐藏对象"工具,关闭其他视图窗口。

(2)选中 A 轴线与 2~3 轴线上的窗,Revit 将自动切换至与窗图元相关的"修改/窗"上下文选项卡,如图 3.1-2。同时属性面板也自动切换为与窗相关的图元实例属性。显示当前的窗为推拉窗 6-A5-3F C2416。

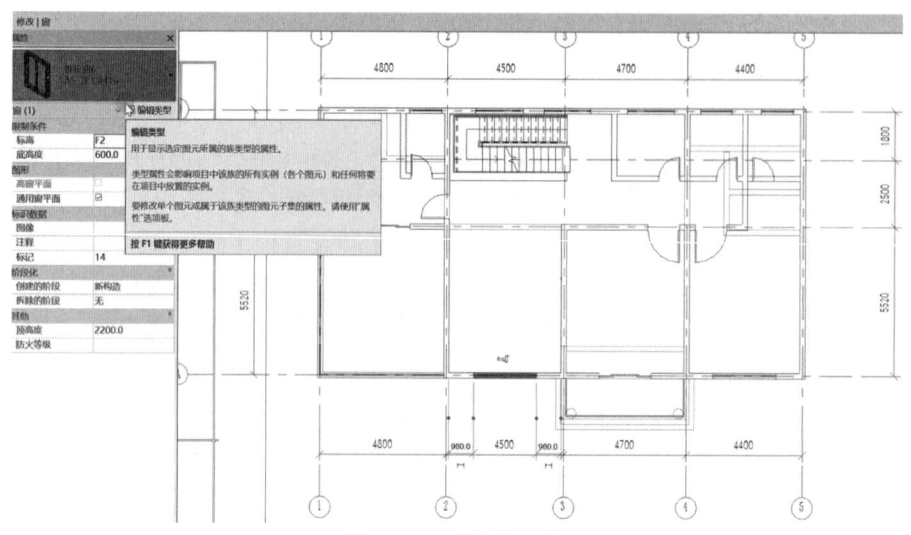

图 3.1-2　选择图元窗

(3)单击"属性"面板的"类型选择器"下拉列表,如图 3.1-3,这个列表显示了项目中所有可用的窗族及族类型。Revit 以灰色背景显示可用窗族名称,以不带背景色的名称显示该族包含的类型名称。修改后的窗 6 如图 3.1-4 所示。

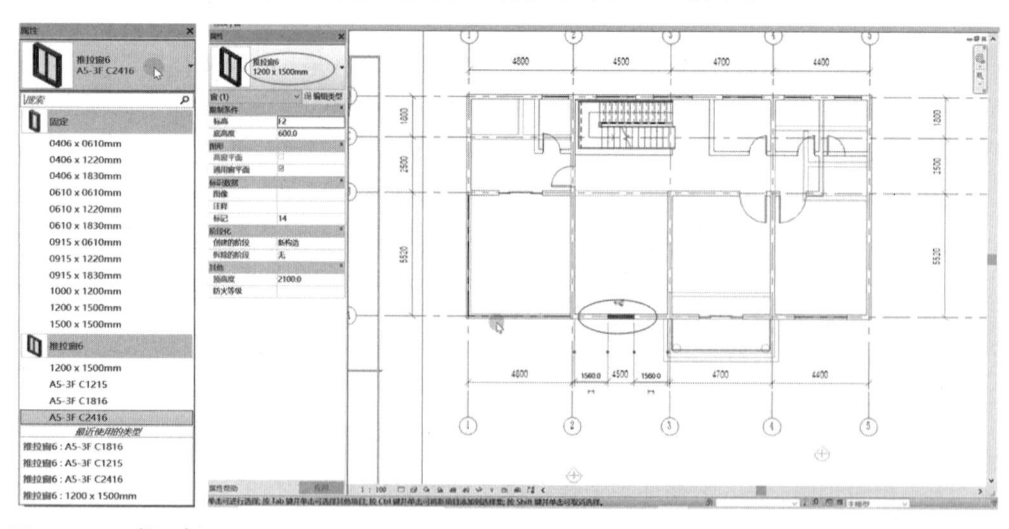

图 3.1-3　属性面板　　　　图 3.1-4　修改后窗 6

(4)在列表中单击选择"推拉窗 6-1200×1500 mm"类型的窗,Revit 将原来选中的窗改成新的样式，按 Esc 键退出。

（5）将鼠标移到窗处，我们可以看到窗的名称为"推拉窗 6-1200×1500 mm"。确认窗仍处于选择状态。单击"修改|门"上下文选项卡"修改"面板中的"移动"工具，进入移动编辑状态，如图 3.1-5。

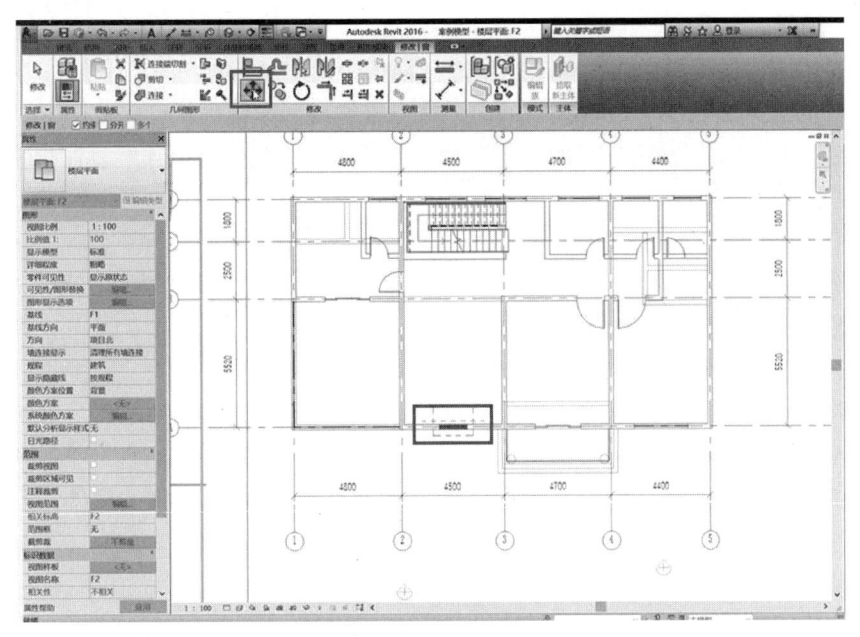

图 3.1-5 移动编辑状态

（6）在选项栏中勾选"约束"选项，移动鼠标指针到窗右上角位置，Revit 将自动捕捉窗图元的端点，单击鼠标左键，该位置将作为移动的参照基点。向左移动鼠标，Revit 将显示临时尺寸标注，提示鼠标当前位置与参照基点间的距离。使用键盘输入 500，按 Enter 键确认输入。

提示：由于勾选了选项栏中的"约束"选项，Revit 只允许在水平或垂直方向移动鼠标。Revit 会把窗向左移动 500 的距离。另外，由于 Revit 各视图都基于三维模型实时剖切生成，因此在立面和三维视图中，Revit 同时会自动更新二层平面视图中门窗的位置。

（7）使用对齐工具，使刚才移动的窗洞口右侧与窗洞口左侧的墙精确对齐。

① 按 Esc 键，取消选择集。

② 单击"修改"选项卡"编辑"面板中的"对齐"工具，进入对齐编辑模式，选择 2 轴线的墙边线为对齐的目标线，再选择窗的左边线，这时 Revit 自动将窗的左边线与墙的边线对齐。

③ 如果我们想删除该图元，只需选中图元，右键点击删除或在键盘上点击 Delete 即可。

（8）镜像。

① 单击"修改"面板中的"镜像-拾取轴"工具，单击选择 2 轴 B、C 轴线间的门，按空格键或回车键确认已完成图元选择，Revit 自动切换至"修改|门"上下文

选项卡。

②勾选"复制"选项，该选项表示 Revit 在镜像时将复制原图元；单击鼠标左键选择 B 轴线，将以 B 轴线为镜像轴，在另一侧的墙体上复制生成所选择的门图元。按 Esc 键退出选择集。

（9）复制。

①撤销刚才的镜像操作，单击"修改"面板中的复制工具 。

②单击选择 2 轴 B、C 轴线间的门，按空格键或回车键确认已完成图元选择，勾选"约束"与"多个"，选择门的右下角为复制的基点，我们可以连续复制出多个门，按 Esc 键退出。

（10）阵列。

①选择一层平面图上 1~2 轴线、4~5 轴线与 D 轴线上的两个窗户，点击"修改 | 窗"上下文选项卡上的阵列 命令。

②选择线性，勾选"成组并关联"，勾选"约束"。

③阵列时可直接输入距离，按指定间距复制；也可以先取阵列基点，直接将图元复制到 A 轴。

④由于在选项栏中勾选了"关联成组"，所以 Revit 会将所选择的构件阵列生成模型组。

（11）层间复制。

①切换至 2F，选中 2 轴 B、C 轴线间的门，删除。

②切换至 1F，选中 2 轴 B、C 轴线间的门，单击"剪贴板"面板中的"复制至剪贴板"工具，将所选择图元复制至 Windows 剪贴板。

③单击"剪贴板"面板中的"对齐粘贴"，弹出对齐粘贴下拉列表（图 3.1-6），在列表中选择"与选定的标高对齐"选项，弹出"选择标高"对话框，在标高列表中单击选择"2F"，单击"确定"按钮退出"选择标高"对话框。

图 3.1-6　复制

④Revit 将复制一楼所选门图元至二楼相同位置，切换至 2F，原来删除的门图元已从 1F 中复制过来。按 Esc 键退出选择集。

我们已完成了 Revit 中基本编辑操作练习，当退出 Revit 的时候，软件将询问是否保存为新的项目文件，选择"否"。

在 Revit 中，对于移动、复制、阵列等编辑工具，可以同时对多个图元进行操作。

这些编辑工具允许用户先选择图元,在上下文选项卡中单击对应的编辑工具对图元进行编辑;也可以先选择要执行的编辑工具,再选择需要编辑的图元,完成选择后,必须按空格键或回车键确认完成选择,才能实现对图元的编辑和修改。

提示:当 Revit 的编辑工具处于运行状态时,鼠标指针通常将显示为不同形式,以指示用户当前正在执行的编辑操作。任何时候,用户都可以按 Esc 键退出图元编辑模式;或在视图空白处单击鼠标右键,在弹出的菜单中选择"取消"选项,即可取消当前编辑操作。

3.2 快捷键命令操作

1. 常用快捷键

为提高工作效率,汇总常用快捷键如图 3.2-1 所示,用户在任何时候都可以通过键盘输入快捷键直接访问至指定工作。

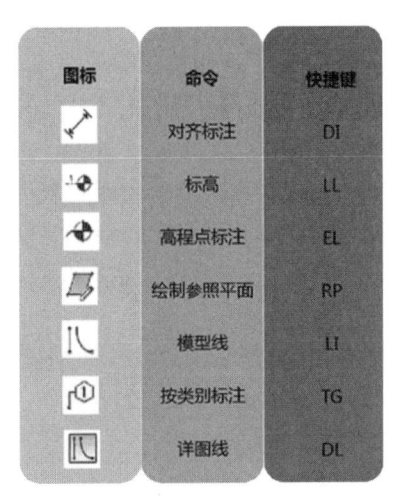

图标	命令	快捷键	图标	命令	快捷键
	墙	WA		对齐标注	DI
	门	DR		标高	LL
	窗	WN		高程点标注	EL
	放置构件	CM		绘制参照平面	RP
	房间	RM		模型线	LI
	房间标记	RT		按类别标注	TG
	轴网	GR		详图线	DL
	文字	TX			

图 3.2-1 常用绘图快捷键命令

对齐标注的快捷键使用:当我们在英文状态下时,键入 DI,Revit 马上就进入对齐标注的命令,任意选择两点,如墙的两端,就可以标注出它们之间的距离,如图 3.2-2。

图 3.2-2 对齐快捷键命令应用

2. 常用修改快捷键

图 3.2-3 为常用编辑修改工具快捷键。

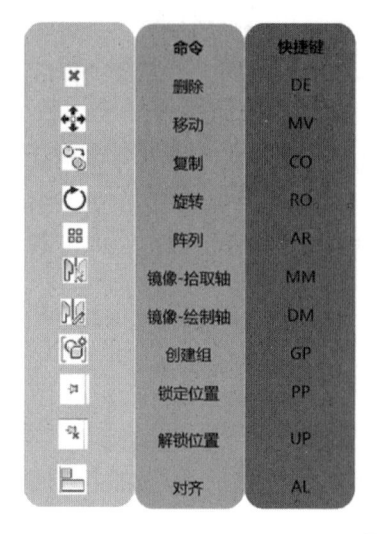

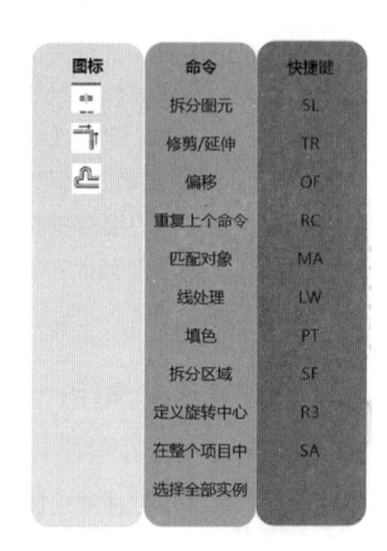

图 3.2-3　编辑快捷键

举例：修剪/延伸快捷键的使用。

按 Esc 键退出对齐标注命令，绘制一面未封闭的墙，让这面墙的三面都封闭，先确认在英文输入状态下，点击 TR，进入修剪/延伸命令，先选择延伸的边界线，再选择需要延伸的线，这样墙就封闭起来了。

如果现在有两面交叉的墙需要修剪，同样点击 TR，进入修剪/延伸命令。首先绘制交叉墙，按 Esc 键退出，然后选择要保留的一段墙，再点击要保留的另一段墙，即可对交叉墙体进行修剪，如图 3.2-4、图 3.2-5。

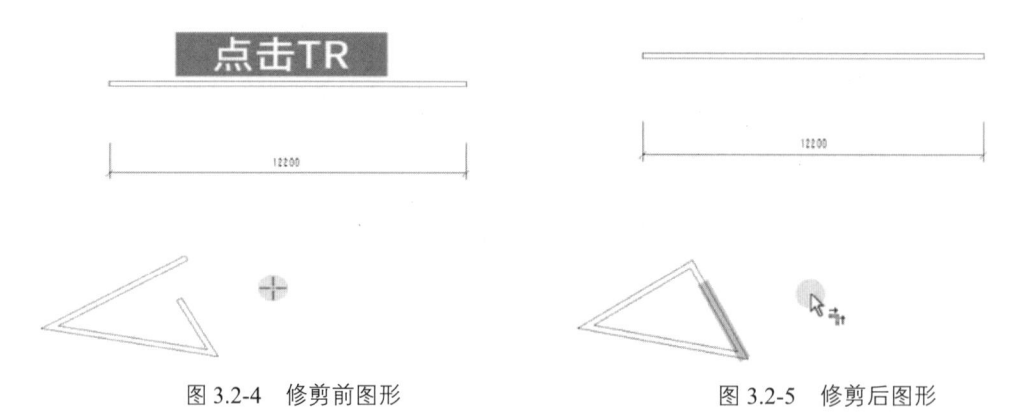

图 3.2-4　修剪前图形　　　　　图 3.2-5　修剪后图形

3. 其他常用快捷键

其他常用快捷键如表 3.2-1 和表 3.2-2 所列。

表 3.2-1　捕捉替代常用快捷键

命令	快捷键	命令	快捷键
捕捉远距离对象	SR	捕捉到远点	PC
象限点	SQ	点	SX
垂足	SP	工作平面网格	SW

续表

命令	快捷键	命令	快捷键
最近点	SN	切点	ST
中点	SM	关闭替换	SS
交点	SI	形状闭合	SZ
端点	SE	关闭捕捉	SO
中心	SC		

表 3.2-2　视图控制常用快捷键

命令	快捷键	命令	快捷键
区域放大	ZR	上一次缩放	ZP
缩放配置	ZF	动态视图	F8
线框显示模式	WF	重设临时隐藏	HR
隐藏线显示模式	HL	隐藏图元	EH
带边框着色显示模式	SD	隐藏类别	VH
细线显示模式	TL	取消隐藏图元	EU
视图图元属性	VP	取消隐藏类别	VU
可见性图形	VV	切换显示隐藏图元模式	RH
临时隐藏图元	HH	渲染	RR
临时隔离图元	HI	快捷键定义窗口	KS
临时隐藏类别	RC	视图窗口平铺	WT
临时隔离类别	IC	视图窗口层叠	WC

4. 自定义快捷键

除了系统自带的快捷键外，Revit 亦可以根据用户自己的习惯修改其中的快捷键命令。下面以修改"墙"定义快捷键"Q"为例，来详细讲解如何在 Revit 中自定义快捷键。

（1）在图 3.2-6 中，单击"视图"→"窗口"→"用户界面"→"快捷键"，如图 3.2-7 所示。

（2）如图 3.2-8 所示，在"搜索"文本框中，输入要定义快捷键的命令的名称"墙"，Revit 将列出名称中所显示的有"墙"的命令，通过"过滤器"下拉框找到要定义的快捷键的命令所在的选项卡，来过滤显示该选项卡中的命令列表内容。

（3）在"指定"列表中，第一步选择所需命令"墙"，第二步在"按新键"文本框再输入快捷键字符"Q"，第三步单击"指定"按钮。新定义的快捷键将显示在选定命令的"快捷方式"列，如图 3.2-9 所示。

（4）如果自定义的快捷键已被指定给其他命令，则会弹出状态栏"快捷方式重复"对话框，如图 3.2-10 所示，通知指定的快捷键已指定给其他命令。单击"确定"按钮忽略提示，按"取消"按钮则重新指定所选命令的快捷键。

（5）如图 3.2-11 所示，单击"快捷键"对话框底部的"导出"按钮，弹出"导出快捷键"对话框,如图 3.2-12 所示,输入要导出的快捷键文件名称,单击"保存"按钮可以将所有自己定义的快捷键保存为.xml 格式的数据文件。

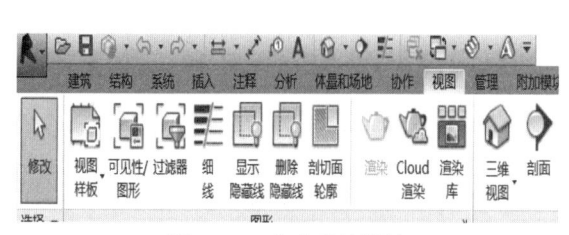

图 3.2-6　自定义快捷键

图 3.2-7　打开自定义快捷键命令

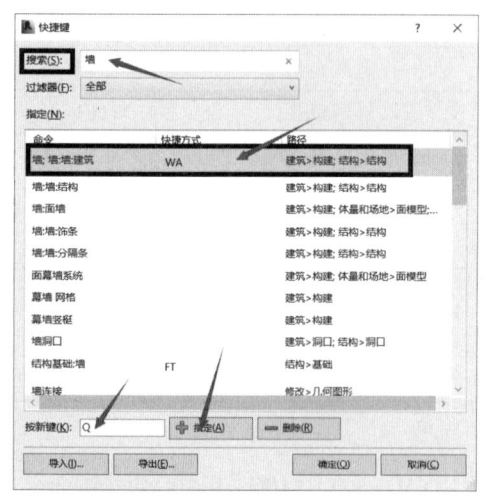

图 3.2-8　"快捷键"对话框搜索

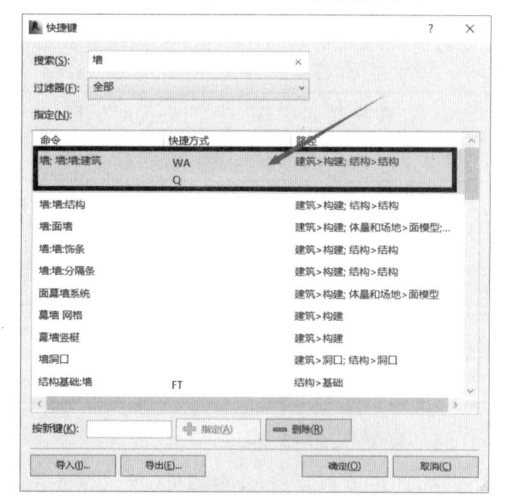

图 3.2-9　"快捷键"对话框指定

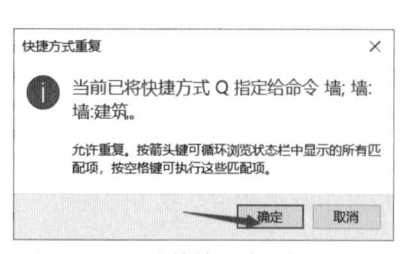

图 3.2-10　"快捷方式重复"提示

图 3.2-11　"快捷键"对话框导出

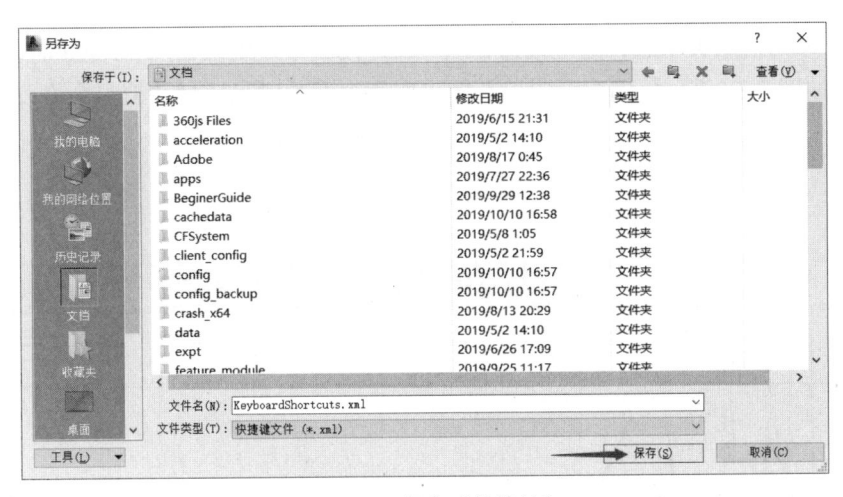

图 3.2-12　保存"快捷键"

（6）当重新安装 Revit2016 时，可以通过"快捷键"对话框底部的"导入"工具，导入已保存的".xml"格式快捷键文件。同一命令可以指定给多个不同的快捷键。

3.3　临时尺寸标注操作

在 Revit 中选择图元时，Revit 会自动捕捉该图元周围的参照图元，如墙体、轴线等，以指示所选图元与参照图元间的距离。可以修改临时尺寸标注的默认捕捉位置，以更好地对图元进行定位。通过下面的练习，学习 Revit 中临时尺寸标注的应用及设置。

（1）打开项目文件，切换至一层平面图，选择 D 轴线上 2~3 轴间窗，Revit 将在窗洞口两侧与最近的墙表面间显示尺寸标注，如图 3.3-1 所示。由于这个尺寸标注仅在选择图元时才会出现，所以称为临时尺寸标注。每个临时尺寸标注两侧都具有拖拽操作夹点，可以通过拖拽改变临时尺寸标注线的测量位置。

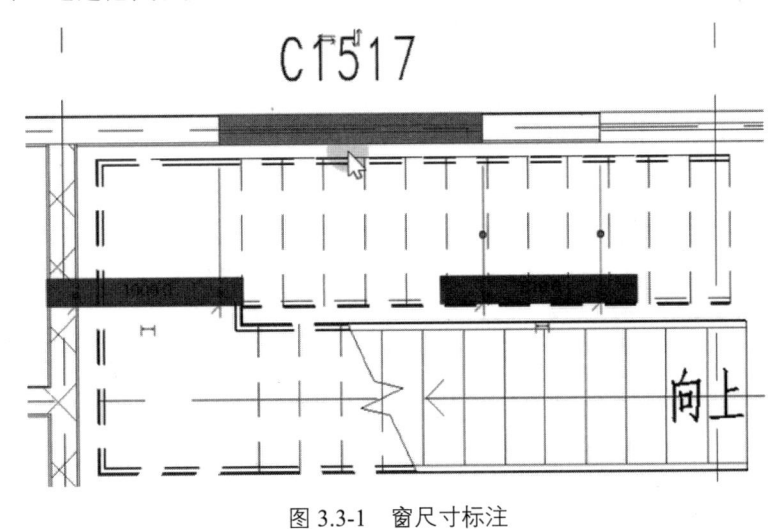

图 3.3-1　窗尺寸标注

（2）保持窗图元处于选择状态时，单击窗左侧与 2 号轴线的临时尺寸值，Revit

进入临时尺寸值编辑状态,通过键盘输入 900,按回车键确认输入,Revit 将向左移动窗图元,如图 3.3-2 所示。同时窗洞口右侧与右侧窗间临时尺寸标注值也会修改为新值。

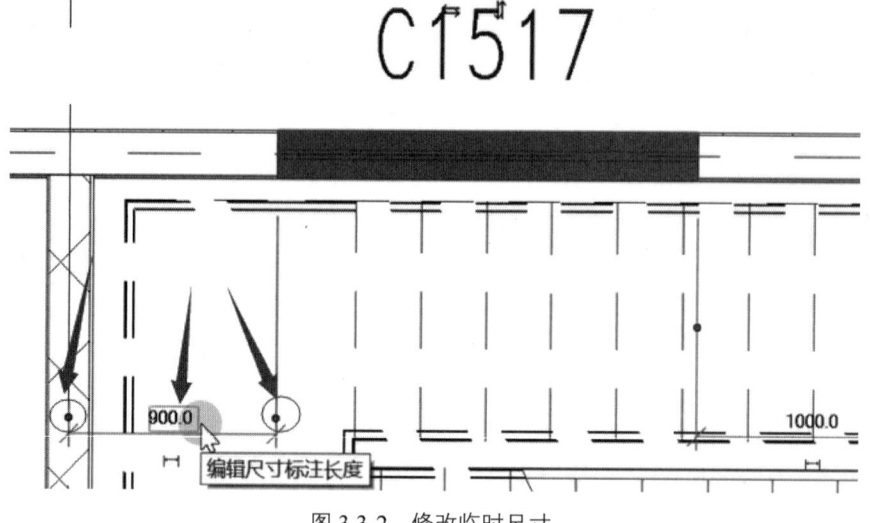

图 3.3-2 修改临时尺寸

(3)在修改临时尺寸标注时,除直接输入距离值之外,还可以在输入"="后再输入公式,由 Revit 自动计算结果。例如,输入"=150*2+750",Revit 将自动计算出结果为"1050",并以该结果修改所选图元与参照图元间的距离,如图 3.3-3 所示。

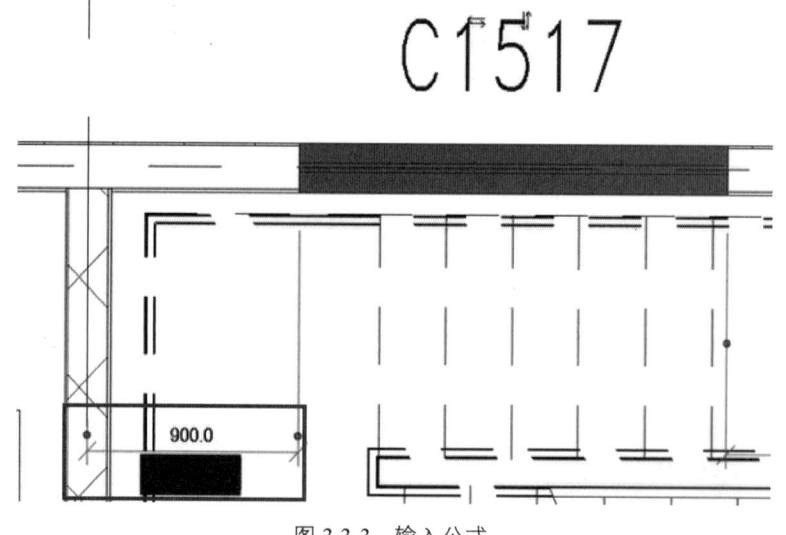

图 3.3-3 输入公式

(4)切换至"管理"选项卡,单击"项目设置"面板中的"设置"按钮,弹出项目设置列表,在列表中选择"临时尺寸标注",如图 3.3-4 所示。注意:图中菜单经过特殊处理,Revit 设置列表中的选项远多于图中所示内容。

(5)Revit 弹出"临时尺寸标注属性"对话框,如图 3.3-5 所示。该项目中临时尺寸标注在捕捉墙时默认会捕捉到墙面。单击墙选项中的"中心线",将临时尺寸标注设置为捕捉墙中心线位置，其他设置不变，单击"确定"按钮，退出"临时尺寸标注属性"对话框。

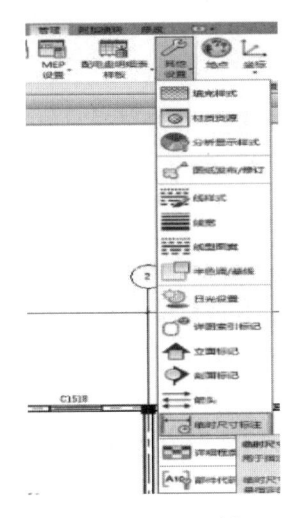

图 3.3-4　设置面板

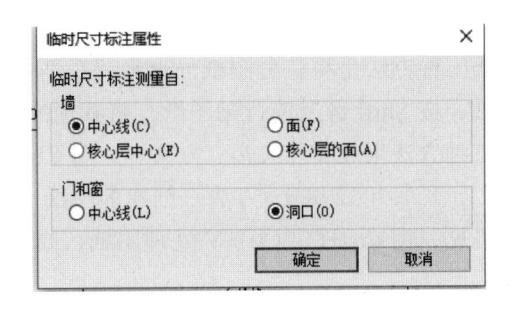

图 3.3-5　临时尺寸标注属性

（6）再次选择 C1517 窗图元，Revit 将显示窗洞口边缘距两侧墙中心线的距离，如图 3.3-6 所示。

（7）分别单击窗左右两侧临时尺寸线下方的"转换为永久尺寸标注"符号，如图 3.3-7 所示，Revit 将按临时尺寸标注显示的位置转换为永久尺寸标注，按 Esc 键取消选择集，尺寸标注将依然存在。

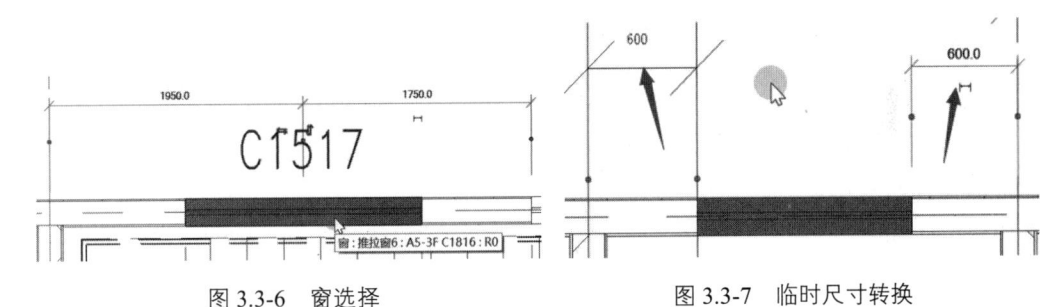

图 3.3-6　窗选择

图 3.3-7　临时尺寸转换

Revit 的临时尺寸标注在设计时对于快速定位、修改构件图元的位置非常有用。在 Revit 中进行设计时，绝大多数情况下，都将使用修改临时尺寸标注值的方式精确定位图元，所以掌握临时尺寸标注的应用及设置至关重要。

3.4　CAD 图纸处理

在 Revit 中建模时，有时候会借助导入的 CAD 图纸来辅助建模，如要创建 Revit 的一层模型，就需要导入该项目的一层 CAD 图纸。如果把整套图纸全部导入进去，一是会占用计算机的内存，二是会添加其他不必要的麻烦。

下面阐述如何提取目标图纸为单独的 CAD 文件，并将其导入 Revit 模型中的方法。

1. Ctrl+C

第一种方法是复制目标图纸，新建 CAD 文件，选择某个样板，然后按 Ctrl+V 粘贴并点击一点定位，双击滚轮保存，命名为"图 1"。

2. 创建块

第二种方法就是将目标图纸写块（快捷键是 W），按空格键，点击选择对象按钮，仍然选择目标图纸，然后单击鼠标右键，将图纸命名为"图 2"。

3. 新建

第三种方法是将整套图纸另存为一个新的文件，命名为"图 3"，然后按 Ctrl+A 全选图纸，按 Shift 键反选目标图纸，将其他的图纸删除，最后双击鼠标滚轮保存。

三种方法生成文件大小：方法一，用 Ctrl+C、Ctrl+V 处理的图纸，大小是 159KB；方法二，大小为 129KB；方法三创建的图纸，其大小远远大于前两种方法，如图 3.4-1。由此可见，用 Ctrl+C、Ctrl+V 处理图纸，或者用"写块"方式处理图纸是优选。

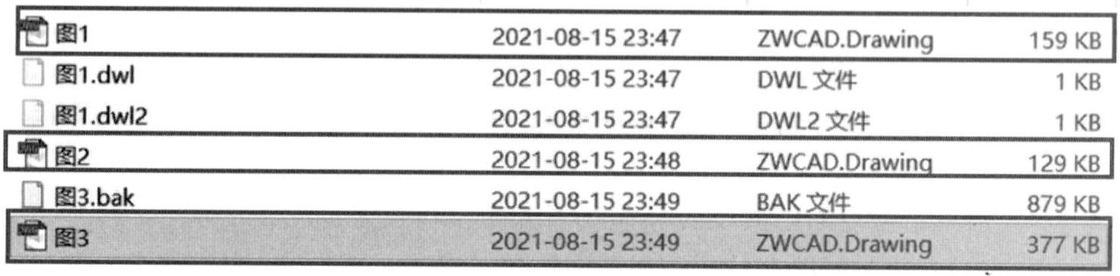

文件名	日期	类型	大小
图1	2021-08-15 23:47	ZWCAD.Drawing	159 KB
图1.dwl	2021-08-15 23:47	DWL 文件	1 KB
图1.dwl2	2021-08-15 23:47	DWL2 文件	1 KB
图2	2021-08-15 23:48	ZWCAD.Drawing	129 KB
图3.bak	2021-08-15 23:49	BAK 文件	879 KB
图3	2021-08-15 23:49	ZWCAD.Drawing	377 KB

图 3.4-1　图纸大小对比

3.5　任务练习

一、单选题

1. 在图元重叠处附近保持鼠标不动，循环按（　　）键，系统将在可以选择重叠图元间循环高亮显示。

　　A. Tab

　　B. Shift

　　C. Alt

　　D. Ctrl

2. 关于图元编辑，下列说法正确的是（　　）。

　　A. 使用"对齐"命令时，先选择对齐参照线再选择被对齐目标

　　B. 使用"对齐"命令时，先选择被对齐目标再选择对齐参照线

　　C. 使用"镜像"命令时，绘制参照线进行镜像叫"镜像-拾取轴"

　　D. 使用"镜像"命令时，拾取参照线进行镜像叫"镜像-绘制轴"

3. 图元借用过程分为两个步骤：提出图元借用请求，Revit Architecture 或其他用户批准该请求。提出图元借用请求时，选择图元需要注意（　　）。

　　A. 确保没有选中选项栏上的"仅可编辑"选项

B. 确保选中选项栏上的"仅可编辑"选项

C. 不可以选择过时的图元

D. 选择自己有编辑权限的图元

4. 关于快捷键命令，下列说法正确的是（   ）。

   A. 一个命令可以设置多个快捷键

   B. 一个快捷键可以设置多个命令

   C. 一个快捷键只能对应一个命令

   D. 快捷键设置在"文件位置"中进行

5. 缩放匹配的默认快捷键是（   ）。

   A. ZZ

   B. ZF

   C. ZA

   D. ZV

6. 哪种命令相当于复制并旋转建筑构件？（   ）

   A. 镜像

   B. 镜像阵列

   C. 线性阵列

   D. 偏移

7. 放置构件对象时中点捕捉的快捷方式是（   ）。

   A. SN

   B. SM

   C. SC

   D. SI

8. 选择了第一个图元之后，按住哪个键可以继续选择添加和删除相同图元（   ）。

   A. Shift 键

   B. Ctrl 键

   C. Alt 键

   D. Tab 键

9. 以下命令对应的快捷键哪个是错误的（   ）。

   A. 复制 Ctrl+C

   B. 粘贴 Ctrl+V

   C. 撤销 Ctrl+X

   D. 恢复 Ctrl+Y

10. 关于临时尺寸，下列说法正确的是（   ）。

    A. 临时性标注不能转化为永久性标注

    B. 修改临时性尺寸可以改变图元位置

    C. 不能对临时性标注的默认捕捉位置进行修改

    D. 在"临时尺寸标注属性"对话框中修改标注样式

11. 如何将临时尺寸标注更改为永久尺寸标注？（   ）

    A. 单击尺寸标注附近的尺寸标注符号

    B. 双击临时尺寸符号

    C. 锁定

    D. 无法互相更改

12. 在 Revit 中能对导入的 DWG 图纸进行哪种编辑？（   ）

    A. 线宽

    B. 线颜色

    C. 线长度

    D. 线型

13. 在 Revit 中导入 DWG 图纸后，比例不对时可以用（   ）进行调整。

    A. 缩放

    B. CAD 改变比例

    C. 自动调整

    D. 选择比例导入

答案：1~5. AAACB   6~10. BBBBB   11~13. ACA

二、多选题

1. 在 Revit 中，选择图元的方式有（   ），其中单选最为常用。

    A. 单选

    B. 多选

    C. 反选

    D. 框选

2. 在 Revit 中进行图元选择的方式有哪几种？（   ）

    A. 按鼠标滚轮选择

    B. 按过滤器选择

    C. 按 Tab 键选择

    D. 单击选择

    E. 框选

3. 在 Revit 中选择图元时，Revit 会自动捕捉该图元周围的参照图元，如（   ）等，以指示所选图元与参照图元间的距离。

    A. 墙

    B. 导入模型

    C. 柱

    D. 梁

4. 在 Revit 中导入 DWG 图纸时可以进行（   ）设置。

    A. 轴网

    B. 颜色

    C. 图层

D. 导入单位

5. Revit 可以对选择的图元进行（　　）等编辑操作。

A. 修改

B. 镜像

C. 协作

D. 分析

答案：1. ACD　　2. BDE　　3. ACD　　4. BD　　5. AB

模块 2　土建建模

任务 4　操作环境及模板设置

操作环境及
模板设置

在 Autodesk Revit 中，项目是整个建筑物设计的联合文件。建筑的所有标准视图、建筑设计图及明细表都包含在项目文件中。只要修改模型，所有相关的视图、施工图和明细表都会随之自动更新。因此在正式使用 Revit 建立 BIM 模型之前，需要先建立项目文件，建立项目文件是后期所有工作的第一步。

4.1　新建项目及设置项目

下面以"阶梯式坡屋顶别墅"（后面简称为别墅项目）为例，讲解新建项目文件的操作步骤。建立项目文件的操作步骤主要分为三步：第一步，打开合适的项目样板；第二步，在新项目中进行简单编辑；第三步，保存设置好的项目文件。

1. 新建项目

按照"2.3　项目的新建与保存"一节讲解的新建方式，单击应用程序按钮，选择"新建"→"项目"命令，打开"新建项目"对话框，选择"建筑样板"选项，单击"确定"按钮新建项目文件。

2. 设置项目

接着对新建的项目文件进行设置与保存。

（1）单击"管理"选项卡，在"设置"面板中找到"项目信息"选项，如图 4.1-1 所示。单击后打开"项目属性"对话框，在这里根据项目的实际情况输入对应的项目信息即可，如图 4.1-2 所示。

（2）同样地，还可以对项目的单位进行设置。在"设置"面板中点击"项目单位"命令，如图 4.1-3，打开"项目单位"设置对话框，在这里可以对项目中涉及的长度、面积、体积、角度、坡度、货币和质量密度等单位进行设置及修改，如图 4.1-4 所示。

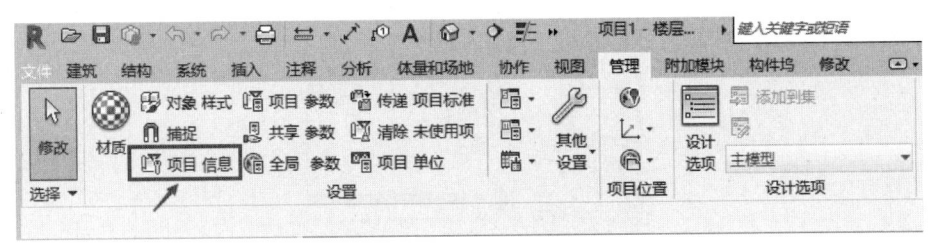

图 4.1-1 项目信息

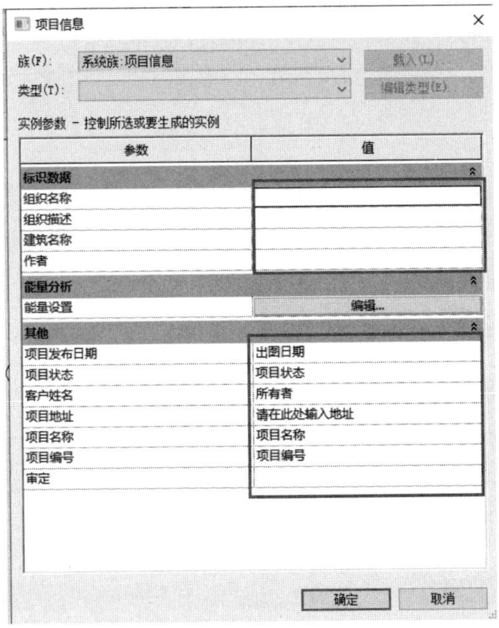

图 4.1-2 项目信息属性

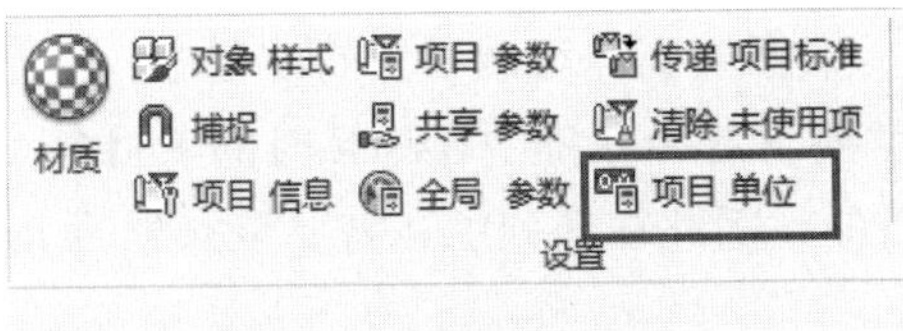

图 4.1-3 项目单位

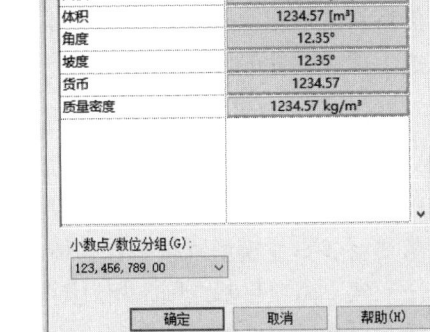

图 4.1-4 项目单位属性

单击"长度"后面的"格式"对应的"1235[mm]"按钮，进入长度格式对话框，如图 4.1-5，就可以修改长度单位了。

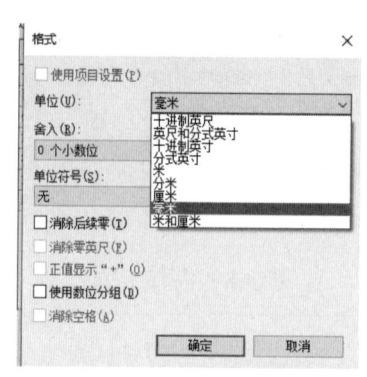

图 4.1-5　长度格式

3. 保存项目

将项目设置完毕后，就可以对项目进行保存了。单击"文件"按钮，点击"另存为"→"项目"命令，进入"另存为"对话框，点击右下角的"选项"按钮，在弹出的"文件保存选项"对话框中，设置最大备份数，这里默认为 20，我们可以对其进行修改，例如修改为 3，如图 4.1-6 所示。

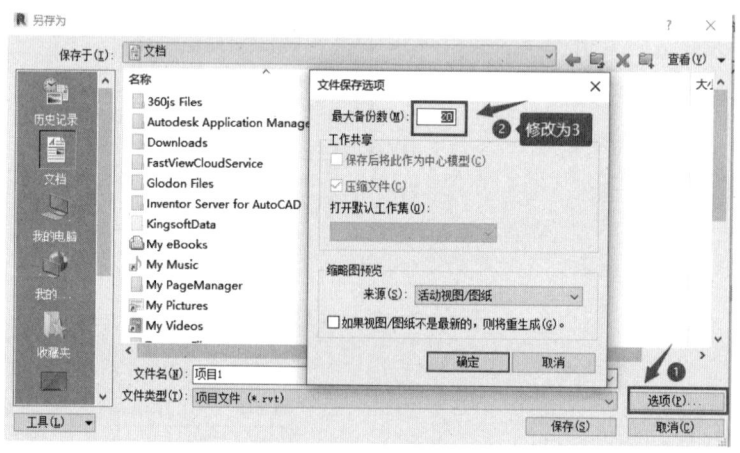

图 4.1-6　项目保存

然后设置好保存路径，输入项目文件名为"阶梯式坡屋顶别墅"，单击"保存"，就完成了项目文件的保存了。

4.2　项目基点和测量点

BIM 技术的核心在于其能实现协同作业、数据共享，在做项目的过程中，经常会遇到需要将各专业模型链接整合的情况，这就要求各专业模型在链接时的项目基点位置完全一致。而项目基点则是相对测量点生效的，因此在任务中，需要重点学习 Revit 中项目基点和测量点的区别和具体的用法。

1. 项目基点和测量点的显示

项目基点，顾名思义是指项目在用户坐标系中测量定位的相对参考坐标原点，需要根据项目特点确定此点的合理位置，也就是说项目的位置是会随着基点的位置变化而变化的，直接移动项目基点会将模型一同移动。

测量点是指项目在世界坐标系中实际测量定位的参考坐标原点，一般可以理解为项目在城市坐标系中的位置。它主要用于控制建筑红线边界，确定项目基点的绝对位置。

在 Revit 中项目基点默认为隐藏状态，在新建的项目文件中，"标高1"和"标高2"都没有显示，仅在场地中有所显示，且项目基点和测量点默认处于同一位置。如何在其他楼层平面显示项目基点和测量点呢？接下来介绍三种可以使它显示出来的方式：

（1）第一种是通过选项卡中的"视图"，在"视图"选项卡中找到"可见性/图形"功能。在"建筑"类别→"场地"下拉菜单里找到"测量点"和"项目基点"，并勾选，如图 4.2-1 所示。注意：即使全选也没法选中子类别，需要展开以后单独勾选。

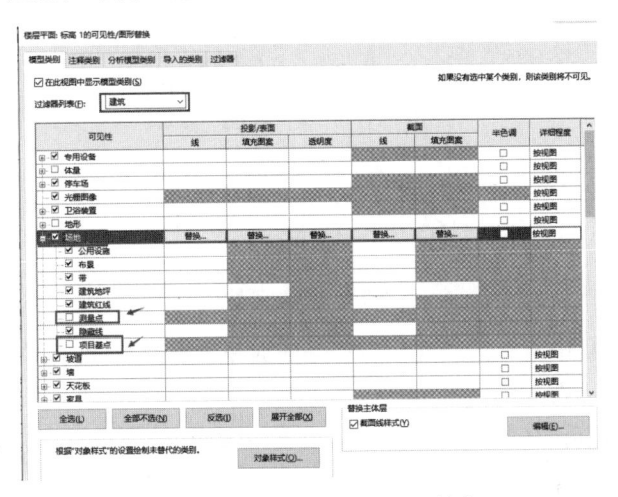

图 4.2-1 勾选测量点和项目基点

（2）第二种是使用快捷键"VV"，按快捷键后可以直接进入"可见性/图形"进行勾选。

（3）第三种就是点击快速命令栏"显示隐藏图元"命令，点击该命令即可显示项目基点和测量点，如图 4.2-2 所示。这样就能在对应的楼层平面中看到圆形的项目基点和三角形的测量点了。

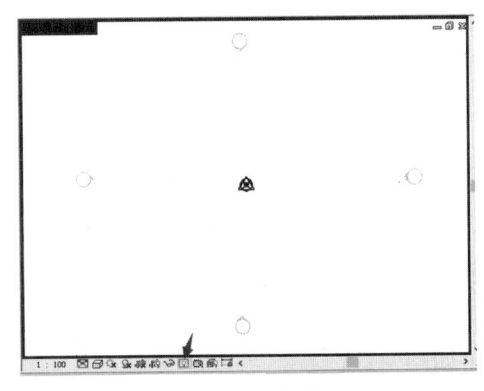

图 4.2-2 显示隐藏图元

2. 项目基点和测量点的选中及移动

（1）项目基点和测量点默认处于同一位置，两个图元重合，想要选中其中一个时，应该按如下步骤操作：

在 Revit 中，同一位置有多个图元时，在被激活的当前视图下，将鼠标移动到图元位置，重复按 Tab 键，直至所需图元高亮为蓝色，然后单击，即可准确快速选中图元目标。点击二者重合的图元，显示选中的是项目基点，然后按 Tab 键，就可切换选中测量点了。

移动测量点至任一位置，此时测量点的坐标并没有发生变化，而点击项目基点，却发现基点位置发生了变化，如图 4.2-3 所示。

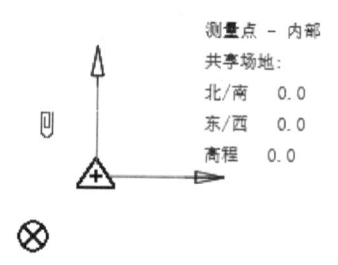

图 4.2-3 移动测量点

也就是说在项目中所有的新建坐标都是依据测量点而定位的。如果想移动测量点，而不改变项目基点，则应按（2）操作。

（2）选中测量点，在测量点的旁边会出现一个回形针按钮，这个按钮是用来对测量点进行锁定的。点击这个按钮，将测量点进行锁定后再移动测量点，即可实现使测量点坐标发生变化，而项目基点的坐标不发生改变，如图 4.2-4 所示。

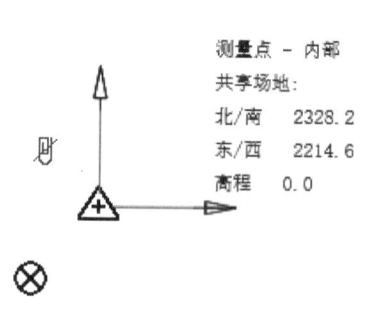

图 4.2-4 锁定测量点后移动

（3）在选中测量点或者项目基点后，在其旁边显示了"北/南""东/西""高程"等属性，项目基点还有"到正北的角度"等属性，我们可以对项目基点到测量点的距离和角度等进行设置。例如修改测量点的北/南、东/西、高程均为 500，可以看到测量点对应的坐标发生了改变，如图 4.2-5 所示。

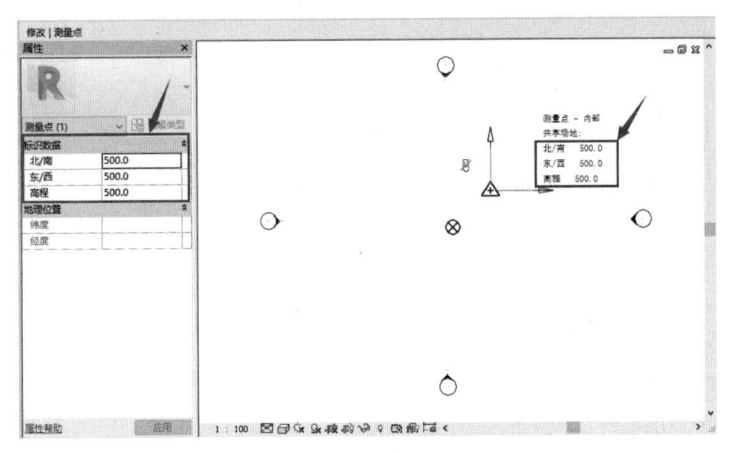

图 4.2-5　修改测量点属性

（4）除了能对项目进行位置确定外，项目基点在模型的合并、链接文件的导入等场合也非常重要。导入链接文件时，可以在"定位"中选择自动/手动根据"项目基点"或"测量原点"来进行定位，如图 4.2-6 所示，非常便捷。

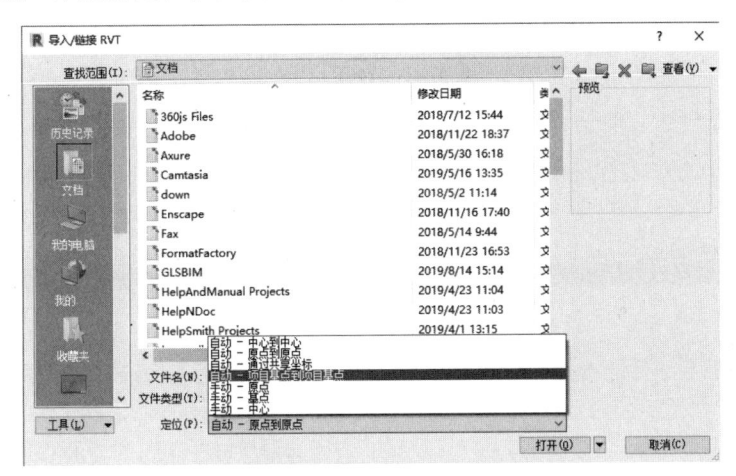

图 4.2-6　导入链接文件定位

4.3　任务练习

一、单选题

1. 下面关于项目基点与测量点的说法正确的是（　　）。

A. 项目基点是世界坐标系中的测量坐标，主要用于控制建筑红线边界，确定测量点的绝对位置

B. 显示项目基点和测量点的方式是，打开视图可见性/图形功能，在建筑类别场地下找到测量点和项目基点，并勾选

　　C. 项目基点是整个项目坐标系的原点，直接移动时模型不能一同移动

　　D. 测量点是固定的，不能修改

答案：1. B

二、多选题

1. 下面关于项目基点的说法正确的有（　　）。
    A. 项目基点在软件中是用蓝色圆形图元表示的
    B. 项目基点在软件中是用蓝色三角形图元表示的
    C. 项目基点不能随模型一同移动
    D. 项目基点能随模型一同移动
2. 下面关于测量点的说法正确的有（　　）。
    A. 测量点在软件中是用蓝色圆形图元表示的
    B. 测量点在软件中是用蓝色三角形图元表示的
    C. 测量点是以"项目北"为基准的
    D. 测量点是以"项目南"为基准的

答案：1. AD　　2. BC

三、练习题

设置项目基点：北/南值为 1200，东/南值为 1500，高程为 50，到正北的角度为 300，设置后样式如图 4.3-1 所示。

⊗

△+

图 4.3-1　项目基点和测量点

任务 5 标高轴网

标高轴网

标高和轴网是建筑设计时立面、剖面和平面视图中重要的定位标识信息,二者关系密切。在 Revit 中设计项目时,可以根据标高和轴网之间的间隔空间,创建门、窗、梁柱、墙体、楼板等建筑模型构件。

在使用 Revit 进行设计时,一般建议先创建标高,再创建轴网,因为这样在立面视图和剖面视图中,创建的轴线标头才能在顶层标高线之上,而且此时轴线与所有标高线相交,基于楼层平面视图中的轴网才会全部显示。

通过本任务的学习,学生应掌握标高和轴网的创建步骤和编辑方法,熟练使用"轴网""阵列""复制""对齐"等操作功能,开启建筑设计的第一步。

5.1 创建和编辑标高

标高是建筑物里面高度的定位参照,可定义垂直高度或建筑内的楼层标高,并可以生成对应的平面视图。在 Revit 中所有的楼层平面均基于标高,但它不是必须作为楼层层高。

5.1.1 创建标高

标高创建命令只有在立面和剖面视图中才能使用,所以标高的创建通常是在立面视图中完成的。我们以"阶梯式坡屋顶别墅"项目为例来创建标高。

在 Revit 软件中建立标高体系的操作步骤主要分为三步:

① 进入立面视图。

② 创建初始标高体系,包含修改原有标高数据、绘制新标高数据、复制生成标高数据等步骤。

③ 修改完善本项目标高体系。

注意:建立标高体系时一般采取建筑标高体系,也就是在项目众多的图纸中,主要在建筑施工图纸的楼层信息表中获取相关数据信息,如果没有完整的楼层信息表,就以图纸立面图中所标的标高数据为参考建立标高体系,如图 5.1-1 所示为本书别墅项目的南立面图。

根据图纸,切换至南立面视图,可以看到视图中已经默认创建了"标高 1"和"标高 2",在楼层平面中也可以看到对应地创建了相应的视图,如图 5.1-2 所示。接下来就可以进行项目标高的创建了。

1. 修改原有标高

(1)根据本示例中的标高和层高信息进行标高创建,可以看到"2F"标高为 3000。单击"标高 2"标高线选择该标高,"标高 2"高亮显示。鼠标单击"标高 2"标高值位置,进入文本编辑状态,删除文本编辑框内的原有数字,输入"3.0",这里的单位为 m。

按 Enter 键确认，Revit 就将"标高 2"向上移至 3 m 的位置，同时可以看到该标高距离"标高 1"为 3000，这里的单位为 mm，如图 5.1-3 所示。

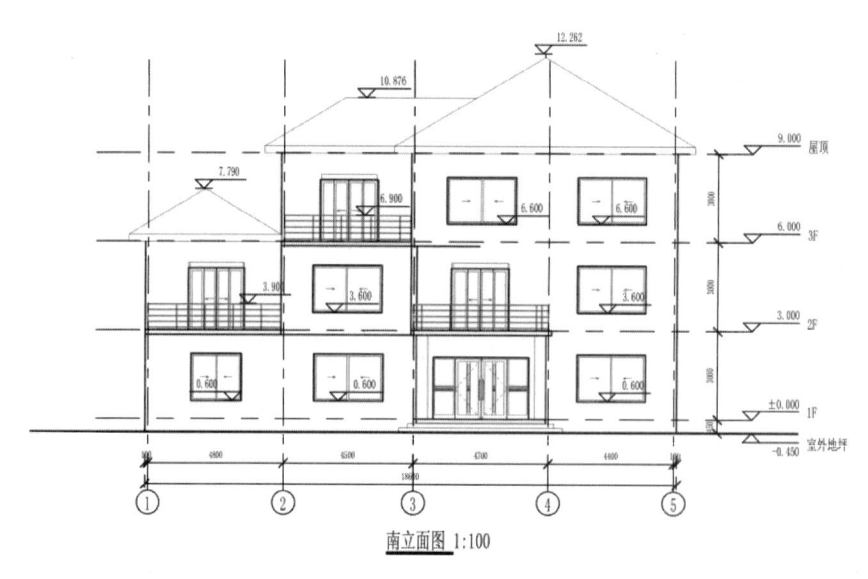

图 5.1-1　南立面图

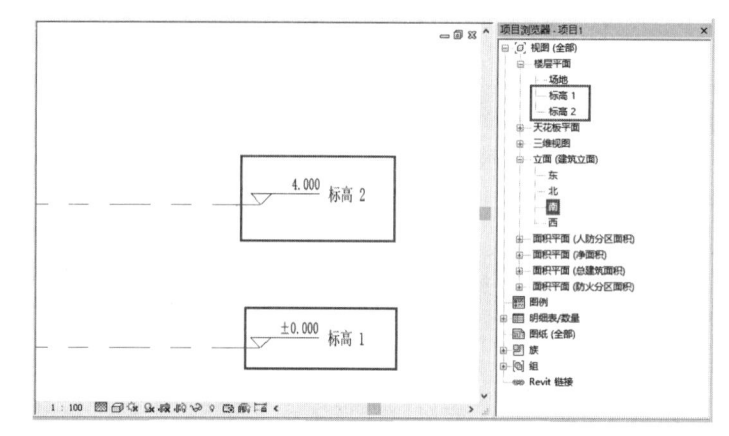

图 5.1-2　切换至南立面

图 5.1-3　修改原有标高

（2）对标高的名称进行修改。选中"标高 1"，点击"标高 1"的名称框，将文本框内的标高 1 改为"1F"，单击空白位置，弹出"是否希望重命名相应视图"窗口，如图 5.1-4 所示；单击"是"按钮，标高的名称即已修改为"1F"，同时视图名称也发生了相应的更改，如图 5.1-5 所示。

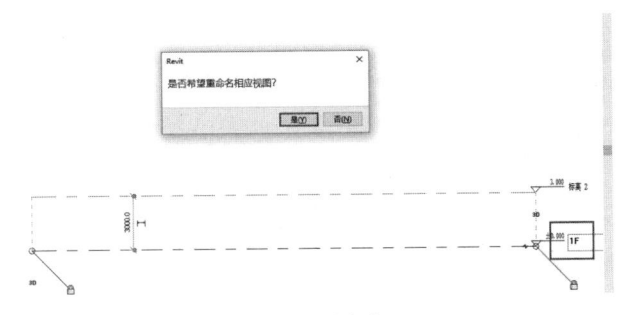

图 5.1-4 弹出窗口

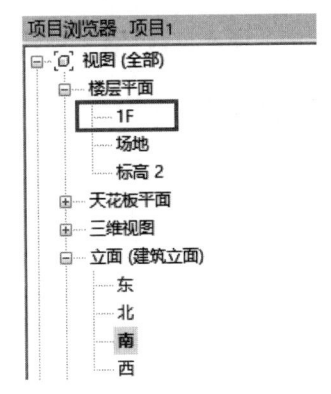

图 5.1-5 名称修改完成

　　当然，Revit 在设计时具有联动性，也可以通过修改视图名称来修改标高名称。具体操作为在楼层平面中，将光标移动至"标高 2"，点击鼠标右键，弹出对话框，选择"重命名"，对视图名称进行修改，如图 5.1-6 所示。在弹出的重命名视图窗口中修改名称为"2F"，单击"确定"按钮，如图 5.1-7 所示。在"是否希望重命名应用标题和视图？"窗口中单击"是"按钮，则标高的名称和视图的名称均会修改为"2F"。

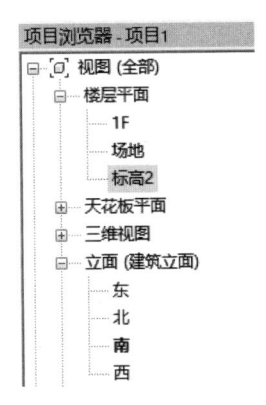

图 5.1-6 修改标高 2　　　　图 5.1-7 修改标高 2

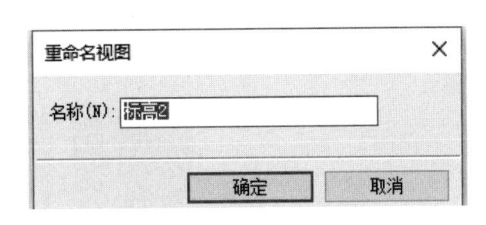

2. 绘制新建标高

　　标高创建命令在"建筑"选项卡"基准"面板上，如图 5.1-8 所示，点击"标高"就进入了"修改|放置 标高"上下文选项卡，并在属性栏里显示出了标高的属性。

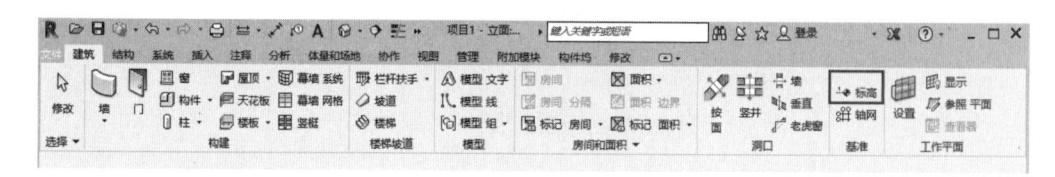

图 5.1-8　标高创建命令

1）标高标头的选择

从图纸中可以看到标高有不一样的标头。标高的标头有上标头、下标头、正负零标头。上标头是指标高数字的位置在上部，下标头是指标高数字的位置在下部。当绘制楼层标高时，在属性面板中，单击属性面板，选择对应的标头即可，如图 5.1-9 所示。

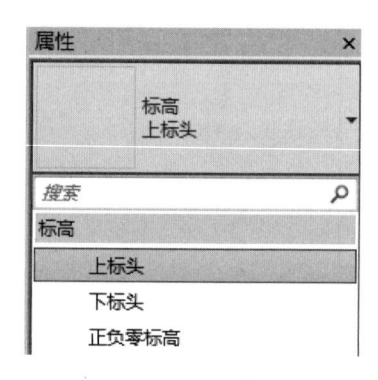

图 5.1-9　选择标头

2）标高的绘制

Revit 提供了两种创建标高的工具：线和拾取线，均默认为直线，如图 5.1-10 所示。

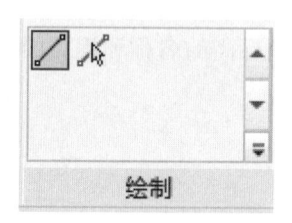

图 5.1-10　标高绘制工具选择

除了线和拾取线方式之外，创建标高还可以利用复制和阵列，如图 5.1-11 所示。

图 5.1-11　标高创建方式

（1）线工具绘制。

利用线工具绘制标高的步骤是：点击绘制线图标→勾选创建平面视图→输入偏移量→确定基点→往上拉取或输入数值绘制标高。

① 在"修改|放置 标高"选项卡的"绘制"面板中单击 按钮，确认选项栏中已经勾选"创建平面视图"，如图 5.1-12 所示。单击"平面视图类型"按钮，打开"平面视图类型"窗口，在视图类型列表中选择"楼层平面"，单击"确定"退出窗口，如图 5.1-13 所示。这样将在绘制标高时自动为标高创建与标高同名的楼层平面视图。设置"偏移量"为 0，确定属性栏显示的标高类型为"上标头"。

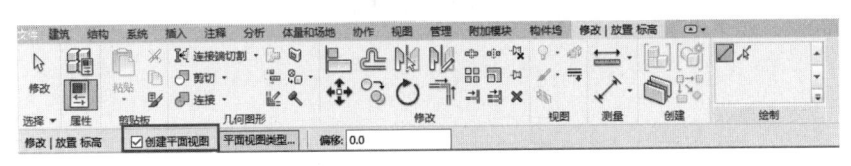

图 5.1-12 勾选创建平面视图

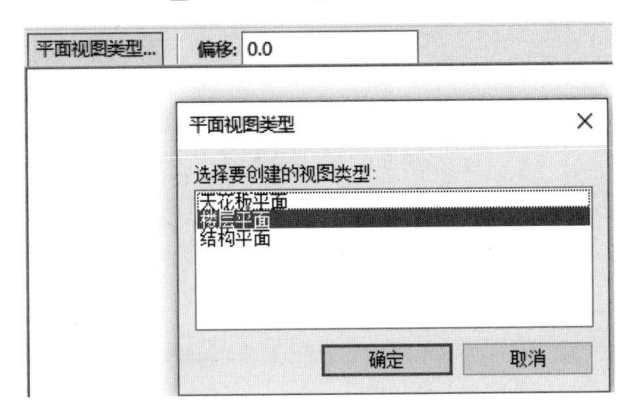

图 5.1-13 选择平面视图类型

② 将鼠标光标捕捉到"2F"始端正上方，确定基点，往上拉取相应高度或者直接输入高度值 3000，按 Enter 键，即可确定标高的基点。将鼠标指针移动至另一侧，单击与"2F"另一个端点对齐的位置，可确定标高另一个端点。这样标高 3 就创建完成了，系统将自动命名为"3F"，如图 5.1-14 所示。

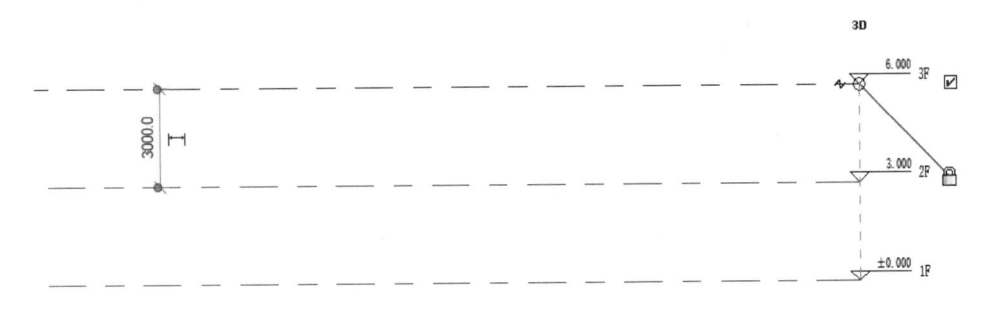

图 5.1-14 绘制标高

（2）拾取线创建。

利用"拾取线"工具创建标高的步骤为：点击拾取线图标→勾选创建平面视图→

输入偏移量→拾取绘制标高。

在"修改|放置 标高"选项卡的"绘制"面板中单击 按钮,在工具条中勾选"创建平面视图",同时输入偏移量,也就是相对于拾取标高的高度值,根据别墅项目,这里输入"3000",如图 5.1-15 所示;拾取到"3F",可以看到在"3F"上部偏离 3000 mm 的位置弹出了新建标高位置的标高线,如图 5.1-16。单击即可创建距离"3F"为 3000 m 的"4F",同时生成"4F"相应的楼层平面视图,如图 5.1-17。

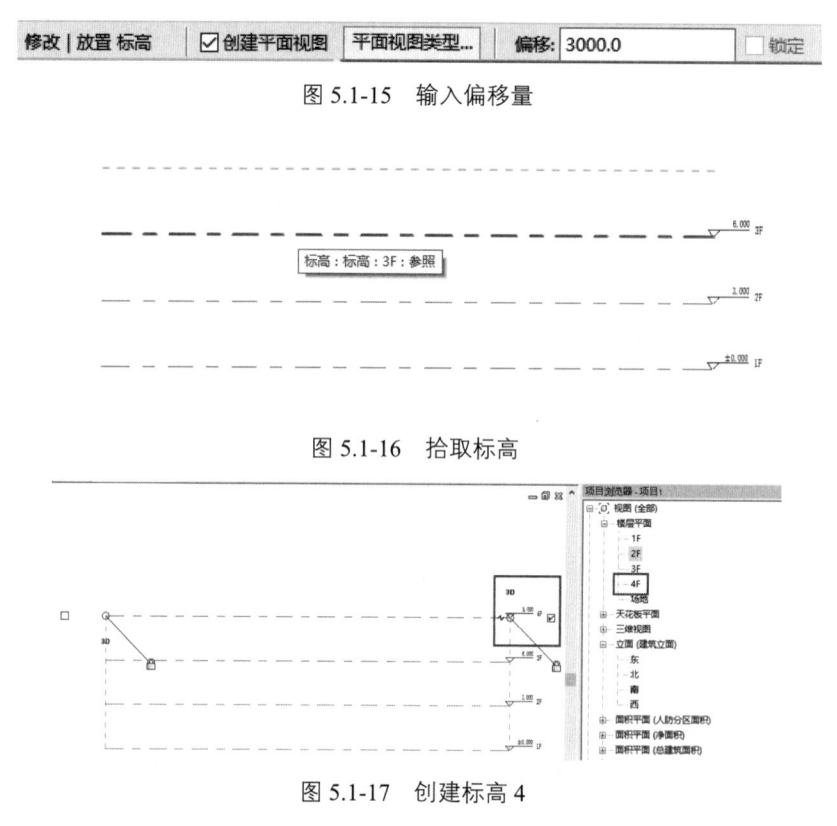

图 5.1-15 输入偏移量

图 5.1-16 拾取标高

图 5.1-17 创建标高 4

(3)通过复制创建标高。

复制和阵列工具在"修改"选项卡中,如图 5.1-18。对于非标准层,楼层高度不完全相同,可以选择复制创建标高。复制创建标高的步骤为:选择基础标高→复制基础标高→输入或者直接拉伸建立标高→创建平面视图。

图 5.1-18 复制和阵列

① 先将之前绘制的"3F"和"4F"删掉,按 delete 键或者利用修改面板中的 即可。选中要复制的标高"2F",在"修改|标高"选项卡的"修改"面板中单击复制按钮,

在工具条中勾选"约束"和"多个"。其中,勾选"约束"时复制标高的角度就将会锁定为90°,勾选"多个"就可以连续复制标高,如图 5.1-19 所示。

图 5.1-19　约束和多个命令

② 接着拾取到"3F"位置,单击指定复制的起点上下移动鼠标指针,可显示复制的距离和角度,如图 5.1-20 所示。

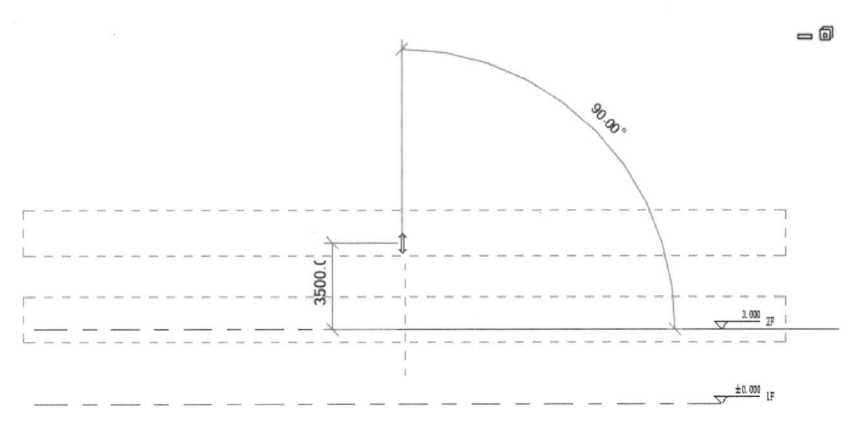

图 5.1-20　复制标高线

③ 输入标高的间距(即层高)并按 Enter 键就可以创建新的标高,通过这种方法我们也可以创建层高为 3000 的"3F""4F"。在立面视图中可以看到绘制和拾取创建的标高"3F""4F"标头为浅蓝色,而"1F"和"2F"标头为黑色。同时,我们发现复制创建的标高在楼层平面中没有自动创建相应楼层视图,如图 5.1-21 所示。

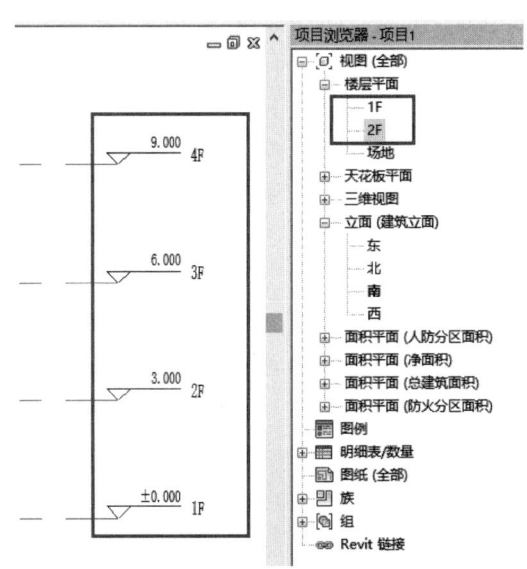

图 5.1-21　复制创建标高

这就是绘制创建标高和复制创建标高的区别。复制的标高是参照标高，因此复制生成的标高是不会自动生成楼层视图的。这时需要在"视图"选项卡的"创建"面板中单击"平面视图"按钮，选择"楼层平面"，在弹出的"新建楼层平面"对话框中选择所有未创建楼层平面的标高，单击"确定"按钮，即可创建相应的楼层平面视图，如图 5.1-22 所示。创建完成后，"项目浏览器"中将出现新创建的视图列表，并且自动切换至最后一个楼层平面视图。

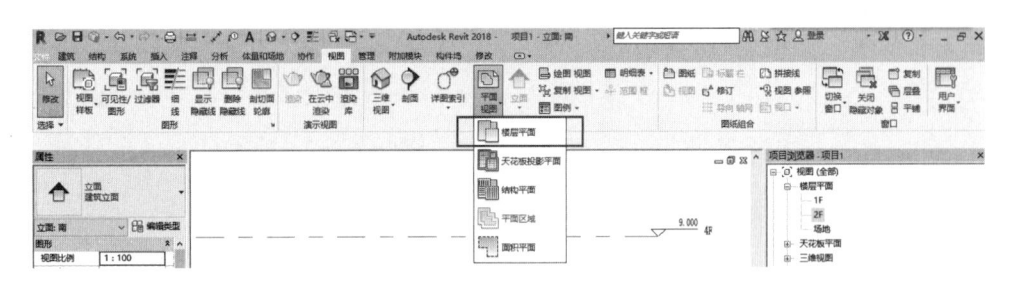

图 5.1-22　生成平面视图

还有一种快捷复制标高的方式是：选中标高，按住 Ctrl 键，往上移，效果和复制一样，后续操作也和复制类似。

（4）通过阵列创建标高。

如果为多楼层建筑，在标高一致的情况下，一个个复制稍显麻烦，这时可以采用阵列来创建标高。阵列与复制创建标高的方法相似，在创建时需要注意阵列的方式："第二个""最后一个"以及是否"成组并关联"，如图 5.1-23 所示。

图 5.1-23　阵列创建参数设置

系统默认勾选"成组并关联"，这时阵列的标高会自动创建成为一个模型组。一个标高修改，其余标高也会发生联动修改，因此一般在创建标高时不勾选"成组并关联"。至于"第二个"和"最后一个"的区别，下面举例说明。

① 先选择"第二个"，输入项目数为"4"，向上输入间距 3000，可以看到此时新建的标高是以阵列起始标高为起点，间距为3000，阵列了 3 个标高，如图 5.1-24 所示。

图 5.1-24　"第二个"阵列

② 接下来选择"最后一个",输入项目数为"4",向上输入间距 3000,可以看到此时的 3000 是指起始标高和终点标高之间的距离,然后在 3000 的间距内均布 3 个新的标高,如图 5.1-25 所示。

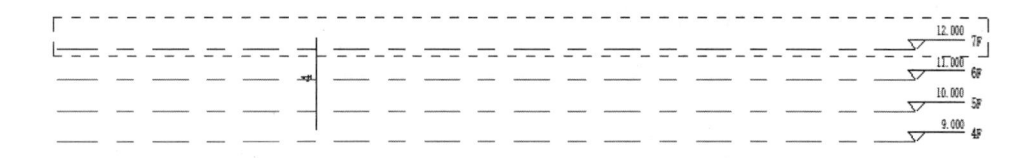

图 5.1-25 "最后一个"阵列

需要注意的是:标高体系要建立完整,不宜反复修改。因此建立标高体系时,需要对项目图纸进行全面阅读,尽量保持标高体系完整且实用,简洁不冗余。建议按层建立标高,若单一楼层出现标高不一或者降板的情况,可选择大多数构件统一的标高作为本层标高,其他少数标高可以进行标高数值反算。

5.1.2 编辑标高

前面已经完成了标高的创建,接下来对标高进行编辑和修改。标高的编辑主要包括标头、线样式、标高 2D/3D 的修改等内容。

1. 标头的修改

前面创建的标高只有一端有标高显示,可有的时候需要两端都有显示,或者为了视图的整洁性希望在另一端进行标高显示,这时就需要对标头进行修改。

选中任意标高,可以看到标高两边出现方框图标,如图 5.1-26 所示。这就是控制显示或隐藏编号的按钮,通过勾选或者不勾选来控制标头的可见性。

图 5.1-26 标头修改

更为快捷的方式是分类分批控制。选中任意"上标头"标高,单击属性栏中的"编辑类型",在弹出的类型属性对话框中勾选"端点 1 处的默认符号",单击"确定",如图 5.1-27 所示。此时可以看到,所有"上标头"都变为两端显示标头了,同理处理"下标头"和"正负零标头"。

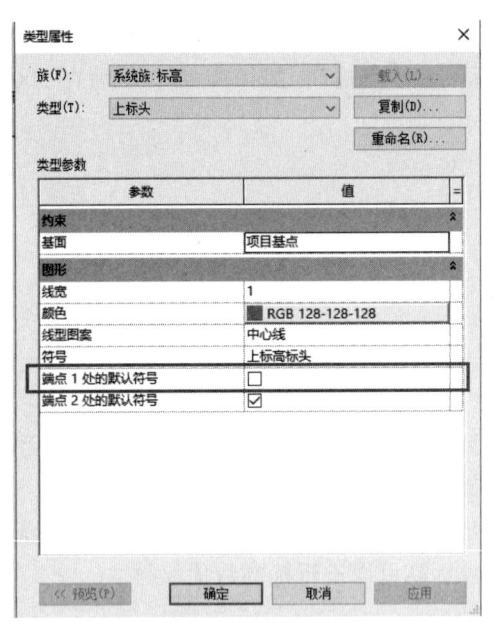

图 5.1-27 属性设置

同时注意到，选中标高时，两端还出现了圆圈和闪电符号，以及 3D 字样，如图 5.1-28 所示。

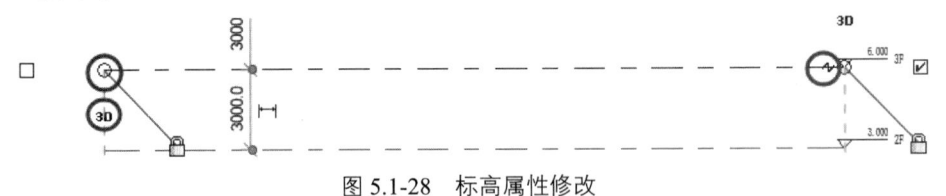

图 5.1-28 标高属性修改

选中"3F"，拖拽圆圈，可移动与之对齐的所有标高。当前显示为 3D 模式，在这种模式下，改变标头的位置，就会改变所有立面图中对应的标头位置。

如果只想移动其中一个标头的位置，就需要选中此标高，单击标头上方的锁按钮将标头与其他标头解锁，然后拖动。这样在所有的视图中，就只有当前标高的标头位置发生移动。

而如果只需要在当前视图中移动某一标头的位置，就点击"3D"切换至 2D 模式进行修改，这样其他立面图中的标头位置就不会发生改变了。

而闪电符号有什么作用呢？在标头比较密集的位置，为避免标头重合，可以采用闪电符号将标头折断移动，如图 5.1-29 所示。

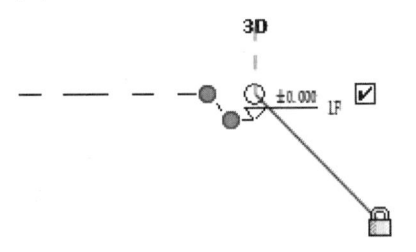

图 5.1-29 闪电符号

2. 标高样式修改

有些情况下，我们需要通过线型或者颜色来区分标高，这就需要对标高的样式进行修改。标高样式主要为标高的线样式，包括线宽、线型、线颜色。

选中任意标高，在属性面板中单击"编辑类型"，就可以对标高线的线宽、颜色、线型图案以及标头符号等进行修改，这里面有软件自带的所有线型、颜色和线宽，如图 5.1-30 所示。

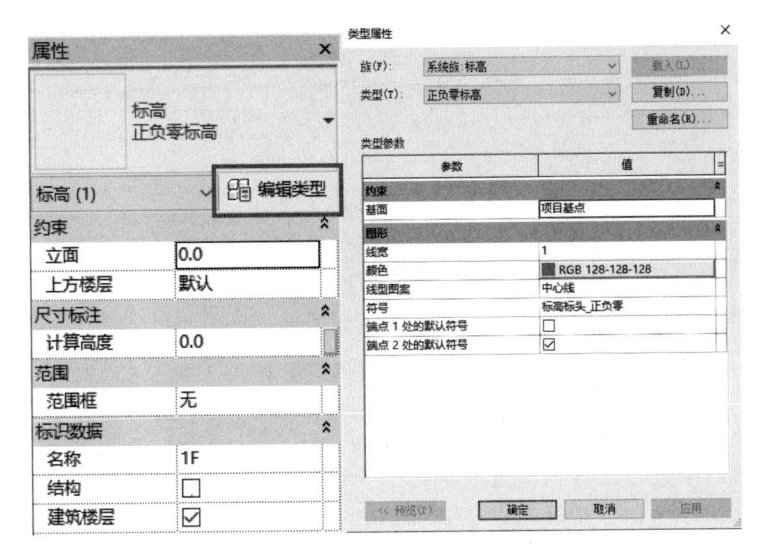

图 5.1-30　标高属性

如果没有想要的线型和线宽，就需要自己新建。打开"管理"选项卡"设置"面板中的"其他设置"，在下拉列表里就可以看到有线样式、线宽和线型图案等选项，如图 5.1-31 所示。

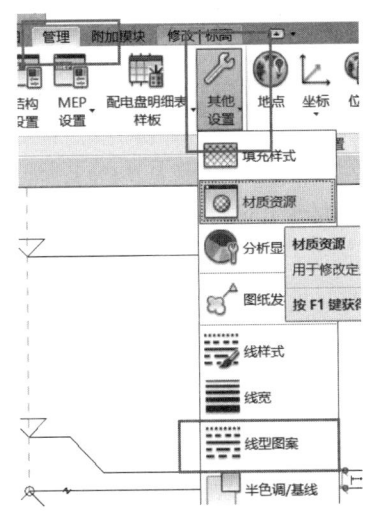

图 5.1-31　新建线型图案

在弹出的"线型图案"对话框中显示了软件自带的所有线型，同样也可以通过"新建"创建自定义的线型。单击"新建"按钮，弹出"线型图案属性"对话框，如图 5.1-32 所示。

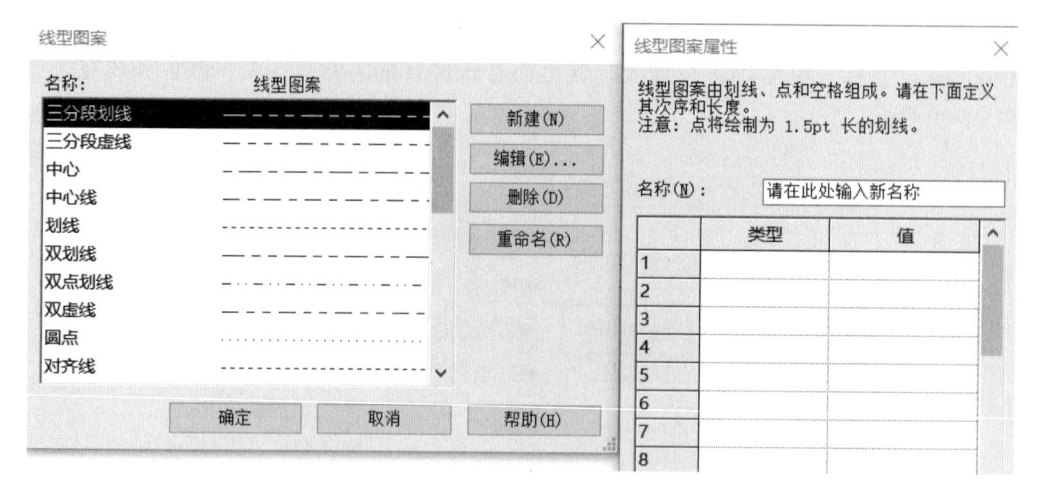

图 5.1-32　新建线型图案

修改名称为"标高线"，线型图案由划线、点、空格组成，点和划线的尺寸均可在表格中的"值"中进行设置，设置结果如图 5.1-33 所示。

单击"确定"按钮完成线型的新建，新建的线型将出现在线型图案列表中。接下来即可对线框进行设置：在"管理"选项卡的"设置"面板中单击"其他设置"按钮，在下拉列表中选择"线宽"，如图 5.1-34。

图 5.1-33　标高线型

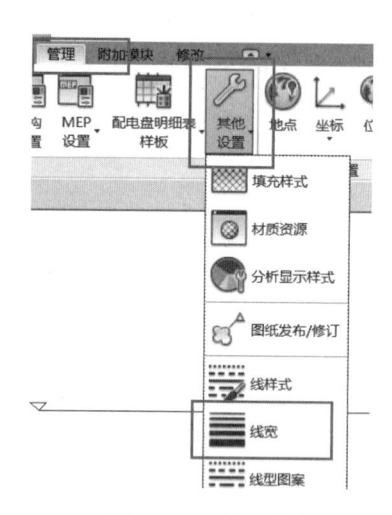

图 5.1-34　设置线宽

在弹出的"线宽"窗口中，可对模型线、透视线、注释线进行线宽的修改。在模型线宽中可新增比例，如图 5.1-35，在不同比例视图中，线宽将显示图示对应的尺寸。

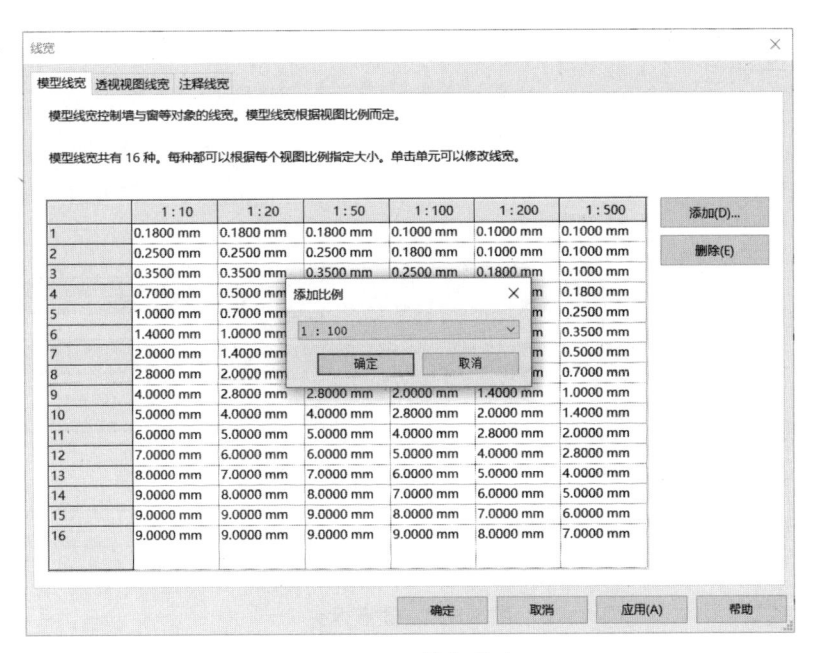

图 5.1-35　线宽尺寸

　　接下来可以对标高的线样式进行修改：选择任意上标头标高，单击"编辑类型"按钮，在弹出的"类型属性"窗口中，修改线宽为"1"，颜色为"红色"，线型图案选择刚刚设置的"标高线"，如图 5.1-36 所示。

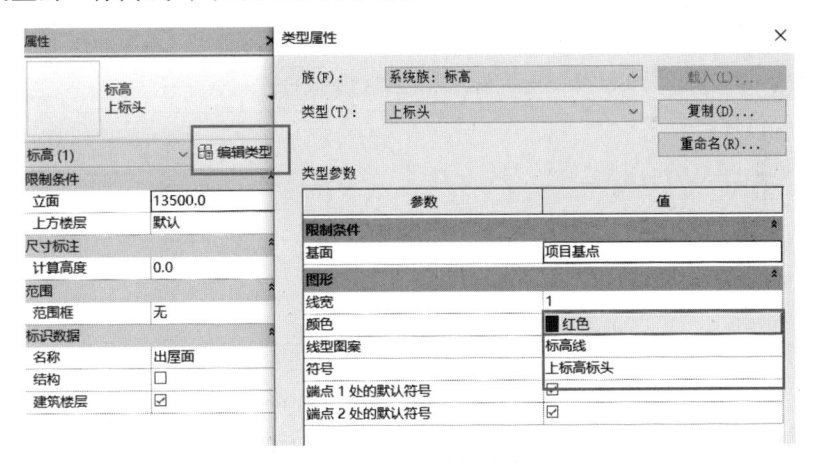

图 5.1-36　标高线样式修改

　　单击"确定"按钮，所有的"上标头"标高均修改为类型属性中设置的样式，用同样的方法可对"下标头""正负零标高"的样式进行修改。

　　此外，还可以对标头的样式进行修改：选择基顶标高，在标高"类型属性"中将标高符号设置为"标高标头-圆：标头可见性"，单击"应用"按钮，则标高标头修改为图 5.1-37 所示的符号。

　　学习了以上标高调整的内容之后，我们把屋面的标高调整到和其他标高对齐，基顶标高改回"下标头"中的"标高标头-下"。

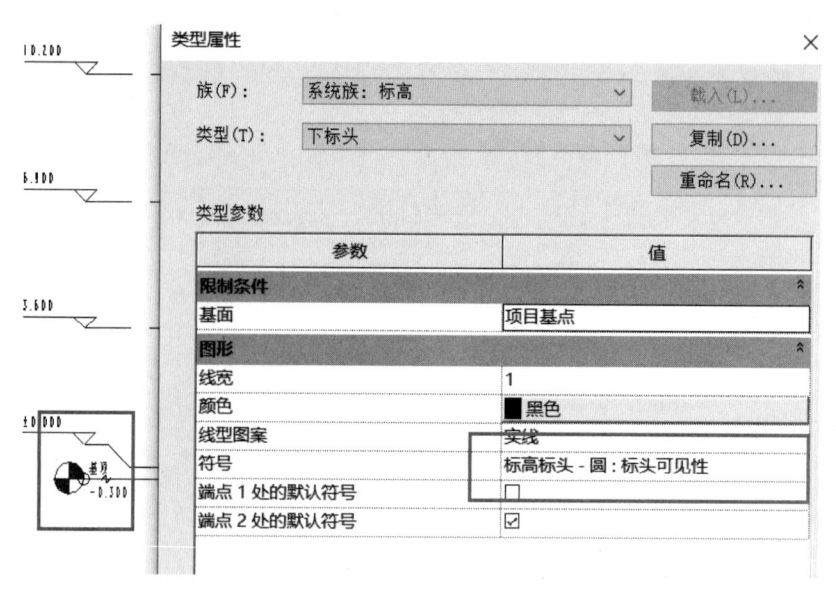

图 5.1-37 圆形标头

提示：标高创建完成后，通过"修改"选项卡中 按钮将标高锁定，避免操作失误移动标高的位置。固定后的样式见图 5.1-38。

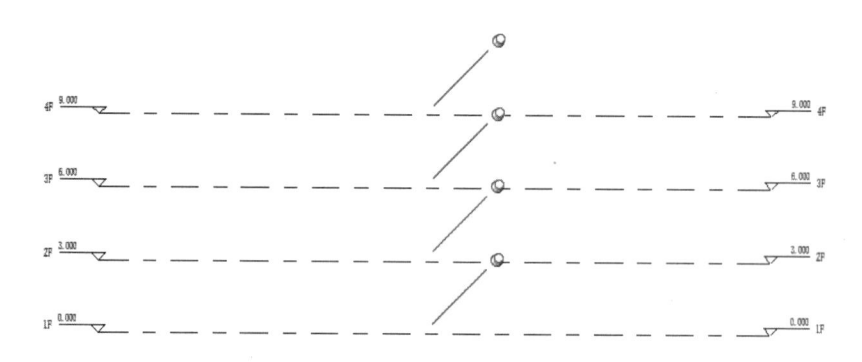

图 5.1-38 标高固定

提示：上述内容创建完成的是建筑标高，建筑标高是指包括装饰层厚度的标高；而在结构构件创建时一般参照结构标高，结构标高是指不包括装饰层厚度的标高。在分专业建模时，可以单独为每个专业创建标高，也可以参照建筑标高后偏移。本项目在创建结构构件时，参照建筑标高。

5.2 创建和编辑轴网

5.2.1 创建轴网

标高体系创建完成后，即可以切换至任意楼层平面视图来创建和编辑轴网。轴网是由建筑轴线组成的网，它是建筑制图的主体框架，用于在平面视图中定位项目图元。建筑物的主要支承构件按照轴网定位排列，从而井然有序。

Revit 软件提供了"轴网"工具来创建轴网对象，绘制轴网的过程与基于 CAD 的二维绘图方式无太大区别，但 Revit 中的轴网是具有三维属性信息的，轴网与标高共同构成了建筑模型的三维网格定位体系。轴网分直线轴网、斜交轴网和弧线轴网，它由定位轴线（建筑结构中的墙或柱的中心线）、标志尺寸（用于标注建筑物定位轴线之间的距离大小）和轴号组成。下面继续以阶梯式坡屋顶别墅项目为例来学习项目轴网的创建，找到项目的"一层平面图"，以此为基础创建轴网体系。

建立轴网体系的操作步骤主要分为四步：

① 进入楼层平面视图，选择创建工具。

② 创建轴网体系，包含建立竖向轴网、水平轴网以及阵列、复制快速生成轴网数据、尺寸标注等步骤。

③ 将项目基点调出。

④ 将轴网左下角与项目基点对齐。

轴网用于在平面视图中定位项目图元，因此我们需要切换至任意平面视图来创建和编辑轴网。同标高一样，在 Revit 中，轴网只需要在任意一个平面视图中绘制一次，其他平面、立面、剖面视图中都将自动显示。轴网可以根据图纸直接绘制，也可以利用 CAD 底图来绘制。

1. 直接绘制轴网

（1）选择创建工具。切换至 1F 楼层平面，选择"建筑"→"基准"→"轴网"，进入"修改|放置 轴网"上下文选项，进入轴网放置状态，如图 5.2-1。

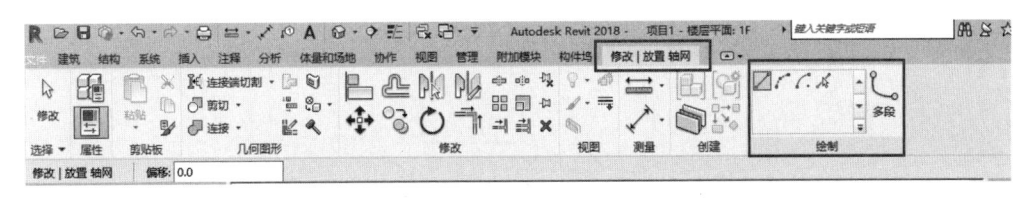

图 5.2-1 "修改|放置 轴网"上下文选项卡

轴网的创建和标高类似，也有多种方式，如直线绘制、曲线绘制、拾取线绘制、复制等，根据项目情况合理选用即可。

选择属性面板中的轴网类型为"6.5 mm 编号"，选择绘制面板中轴网绘制方式为"直线"，确认选项栏中的偏移量为 0。

（2）进行垂直轴网创建。先打开别墅项目一层平面图，查看轴网的分布情况，图中标注了垂直轴线间距和水平轴线间距，如图 5.2-2 所示。

① 单击空白视图左下角空白处，作为轴线起点，向上移动鼠标指针，Revit 将在指针位置与起点之间显示轴线预览，并显示出当前轴线方向与水平方向的临时尺寸角度标注，如图 5.2-3 所示。在垂直方向向上移动鼠标指针至左上角位置，单击完成第 1 条轴线的绘制，并自动将该轴线编号为"1"。

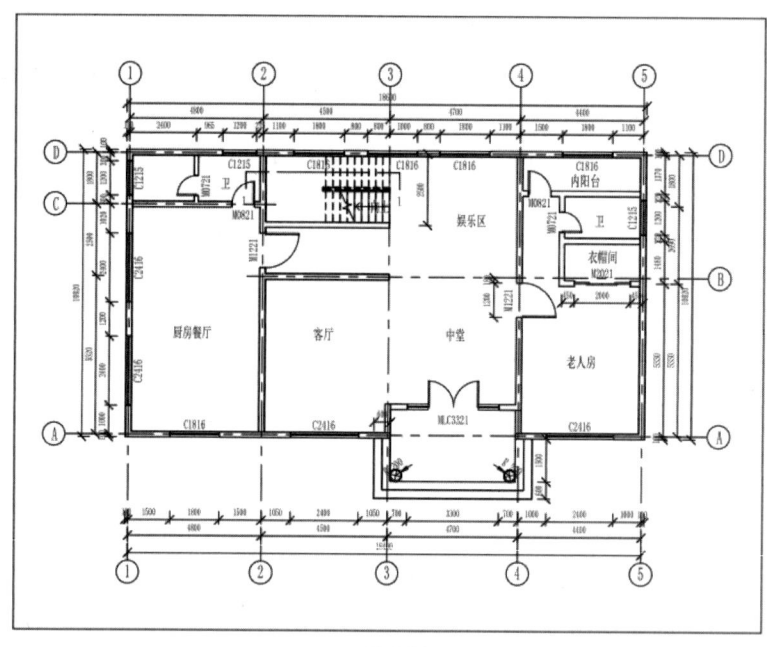

一层平面图 1:100

图 5.2-2　别墅项目一层平面图

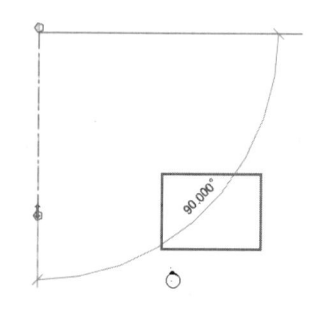

图 5.2-3　轴网放置时的临时坐标

② 移动鼠标指针至 1 号轴线起点右侧任意位置，Revit 将自动捕捉该轴线的起点，并在指针与 1 号轴线间显示临时尺寸标注。项目一层平面视图中第一条和第二条轴线之间间距 4800，输入"4800"，按 Enter 键确认，就将距 1 号轴线右侧 4800 mm 处定为第二条轴线起点。再往上与 1 号轴线对齐的位置单击，完成第 2 条轴线的绘制，此时可以看到系统自动为该轴线编号为"2"。按 Esc 键两次退出放置轴网模式。

提示：确定起点后按住 Shift 键不放，Revit 将进入正交绘制模式，可以约束轴网在水平或垂直方向绘制。在 Revit 中，以绘制、复制、阵列等方式添加新轴网时，系统会按照数值或字母的排序规则自动从上一次新建轴线的编号之后开始编号。

这里也可以切换绘制方式，单击 2 号轴线，选择工具栏"复制"命令，勾选选项栏正交约束选项中的"约束"和"多个"。查看图纸，2 号轴线和 3 号轴线相距 4500，3 号和 4 号相距 4700，移动光标在 2 号轴线上单击捕捉一点作为复制参考点，然后水平向右移动光标，输入间距值 4500，然后按 Enter 键确认，复制出 3 号轴线。保持光标位于新复制的轴线右侧，再输入 4700 后按 Enter 键确认，复制出 4 号轴线。

除了复制，也可以选择"拾取线"方式绘制轴网，在偏移量这里输入间距，4 号和 5 号轴线间距 4400，拾取 4 号轴线，就绘制出 5 号轴线了。至此，该项目垂直轴线绘制完成，如图 5.2-4 所示。

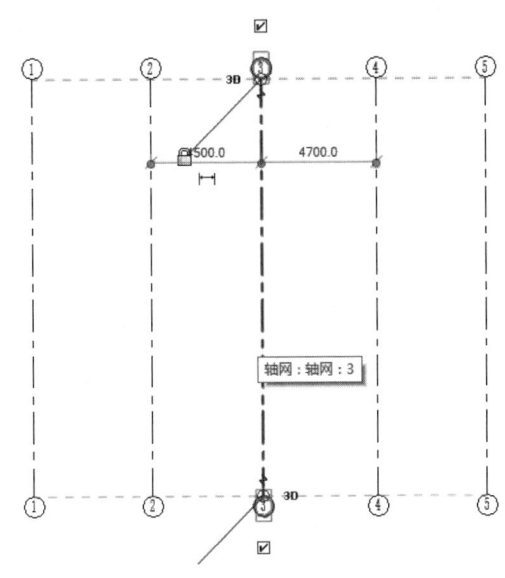

图 5.2-4　垂直轴网绘制

（3）水平轴线绘制。垂直轴线画完后，接下来进行水平轴线绘制。与垂直轴线绘制方式相同，继续使用"绘制"面板中的"直线"方式，沿水平方向绘制第一条水平轴网，Revit 自动按轴线编号累计加 1 的方式命名该轴线编号为 7。为了区分，通常水平轴网采用字母 A、B、C 来命名，因此选择刚刚绘制的轴线，单击轴线标头中的轴线编号，改为"A"，按 Enter 键确认，该轴线编号将修改为 A，如图 5.2-5，接下来绘制的轴线就会依次命名为 B、C、D 了。

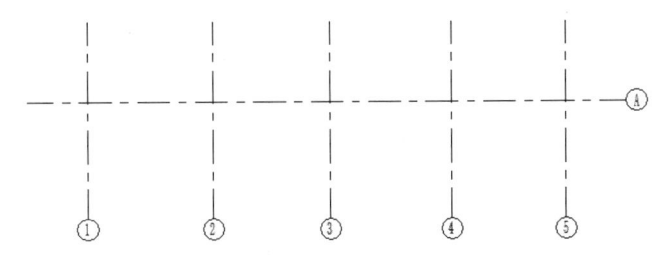

图 5.2-5　水平轴线绘制

查看图纸，可知 A 轴线与 B 轴线相距 5520，B 轴线与 C 轴线相距 2500，C 轴线与 D 轴线相距 1800。接下来用"拾取线"的方法绘制其他水平轴网。

在"建筑"选项卡的"基准"面板中单击"轴网"工具，单击"绘制"面板中的"拾取线"按钮，偏移输入 5520，移动光标在 A 轴线上部，此时出现了一条浅蓝色虚线，单击"确定"按钮后完成 B 轴线的绘制。使用同样的方式再偏移：输入 2500，在

B 轴线上方单击绘制轴线 C；输入 1800，在 C 轴线上方单击绘制轴线 D。绘制完成后，按 Esc 键两次或单击"修改"按钮退出轴网绘制模式。

（4）完成轴线绘制后，调整轴线位置。绘图区域的符号 ○ 表示项目中的东、西、南、北各立面视图的位置。分别框选这四个立面视图符号，将其移动到轴线外。至此完成创建轴网的操作，结果如图 5.2-6 所示。

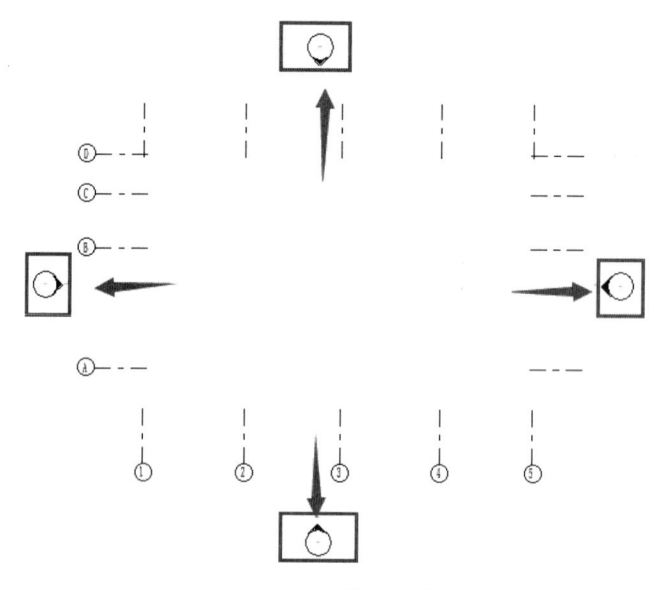

图 5.2-6　调整视图位置

（5）项目基点调出。按照 4.2 节介绍的方法，在 1F "楼层平面视图"中显示出项目基点，如图 5.2-7 所示。

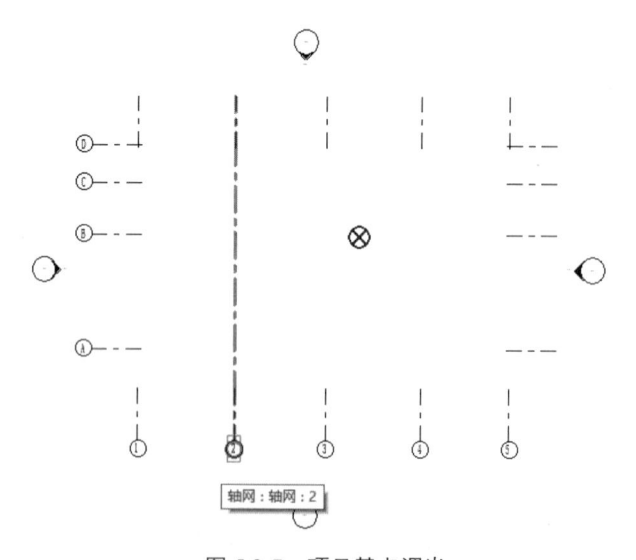

图 5.2-7　项目基点调出

（6）将轴网左下角点与项目基点对齐。使用"修改"面板中的"移动"工具进行对齐。在一层楼层平面视图中，按住鼠标左键从左上角到右下角将绘图区域内轴网、尺寸标注、东、西、南、北视图、项目基点等全部选中。在当前选中状态下，按住 Shift 键，用鼠标点击项目基点，将项目基点排除在选中范围之外。

然后点击"修改|选择多个"上下文选项卡中的"修改"→"移动"工具。左键点击 1 号轴线与 A 轴线的交点，再次点击项目基点，完成 1 号轴线与 A 轴线的交点，即项目左下角点与项目基点位置的对齐。（注意：本项目是将项目的左下角点与项目基点进行了对齐操作，在实际项目中，也可以约定轴网的其他具体位置与项目基点对齐。）完成后的项目轴网如图 5.2-8 所示。

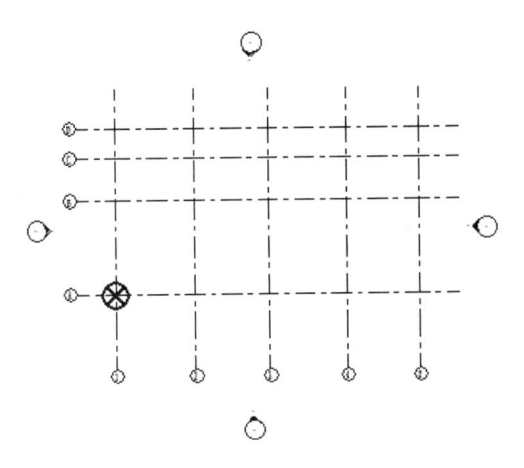

图 5.2-8　轴网左下角点与项目基点对齐

（7）当轴网创建完成后，通过"修改"选项卡中的按钮将轴网锁定，避免操作失误移动标高的位置，至此完成创建轴网的操作。锁定后，我们还可以选择轴网，如果想让轴网不能被选中，可以点击修改选项卡下方的"选择锁定图元"，这样就不能选择所有锁定轴网了，如图 5.2-9 所示。

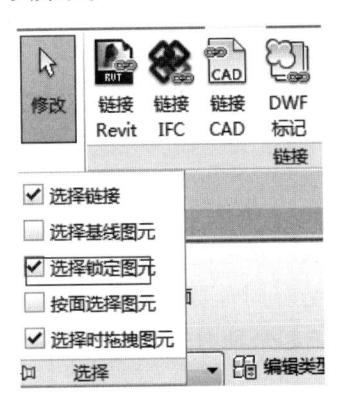

图 5.2-9　锁定轴网

提示：如果有多组数据时可以使用阵列。

2. 导入 CAD 底图绘制轴网

在实际工程中，如果项目已经有了 CAD 图纸，通常可以将项目的 CAD 图纸导入软件中，然后根据 CAD 底图进行绘制。这种方式的创建步骤可以分为两步：第一步导入 CAD 底图，第二步创建轴网。

（1）导入 CAD 底图。单击"插入"选项卡，点击"导入 CAD"，选择"一层平面图"CAD 底图，并对导入选项进行设置。选择"仅当前视图"，导入单位可以根据 CAD 图纸的单位选择，一般选择"毫米"，定位可以选择"手动到原点"，如图 5.2-10 所示。完成设置后，点击"打开"。

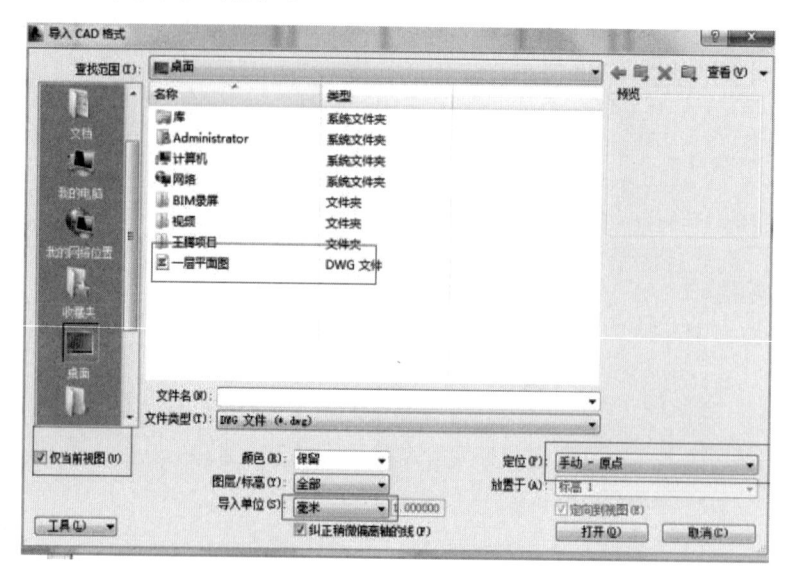

图 5.2-10　导入 CAD 底图

导入后，在任意位置点击，放置 CAD 图纸，缩小视图，查看图纸位置，将图纸移动到四个视图中心位置。

（2）有了底图后，就可进入创建轴网。进入"建筑"选项卡，点击"轴网"，然后直接在底图上绘制，系统将自动捕获轴网端点，这样就不用输入间距，非常方便；同样也可以选择拾取线的方式绘制，直接拾取轴网线。这种方式对于大型的项目创建是非常方便的，后面的墙体绘制也可以直接在底图上操作。

5.2.2　编辑轴网

同标高的编辑类似，我们可以对轴网的颜色、标号形式等进行编辑，同时从项目图纸里可以看到轴线之间是有尺寸标注的。因此，项目轴网的编辑主要分为轴网类型属性的编辑和轴网的标注两部分。同时要检查所有立面中轴网的分布情况，特别是轴网和标高之间的位置分布。归纳起来轴网的编辑分为两个步骤：第一步为轴网的编辑，第二步为轴网的调整。

（1）修改轴网颜色和标号形式。选择任意轴线，打开轴线"属性"→"编辑类型"对话框，如图 5.2-11 所示，"轴线末段颜色"改为红色，勾选类型参数中的"平面视图轴号端点 1[默认选项"，"非平面视图符号（默认）"设置为"底"]。完成后单击"确定"按钮，退出"属性"对话框。注意：在南立面视图中标高左侧端点处将显示与右侧端点一样的标头符号。设置后的结果如图 5.2-12 所示。

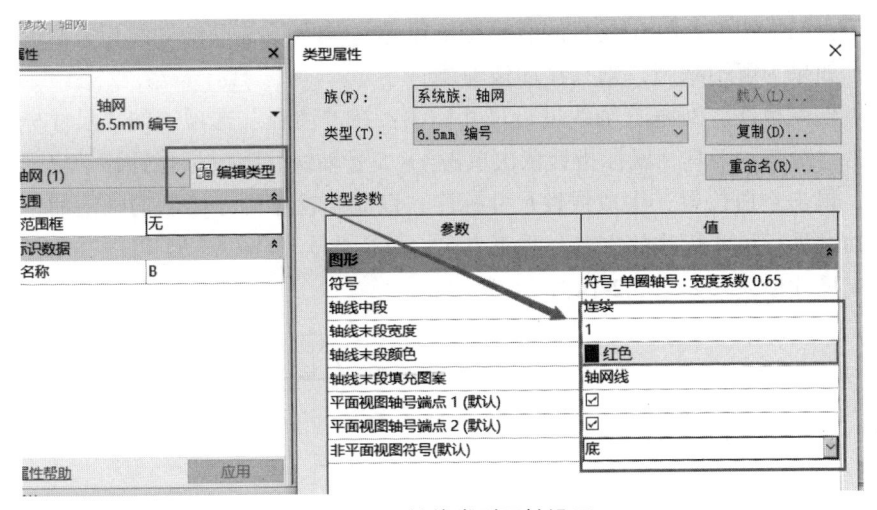

图 5.2-11 轴线类型属性设置

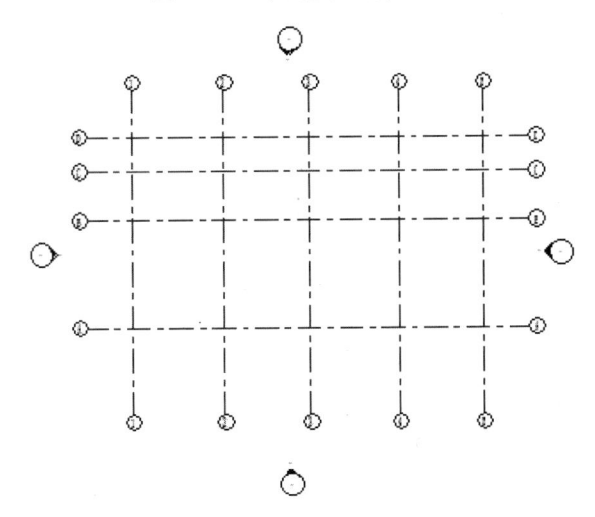

图 5.2-12 轴网类型属性设置完成

（2）调整立面视图图标。绘图区域符号 ◇ 表示项目中的东、西、南、北各立面视图的位置，将其移动到轴线外面。

（3）调整轴网位置。单击需要移动的轴线，拖动图 5.2-13 中轴线的端点，移动到需要的位置。利用此方法调整其他轴线的端点位置。

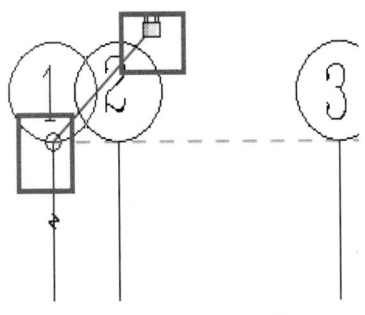

图 5.2-13 调整轴网范围

提示：如果图 5.2-13 中的轴线有锁定按钮 🔒，则与所拖动的轴线相关联的轴线都会移动；如果为解锁状态，则只移动该轴线。

（4）轴网标注。对垂直轴线进行尺寸标注：在"注释"选项卡的"尺寸标注"面板中单击"对齐"工具，鼠标指针依次单击 1~5 号轴线，随鼠标指针移动出现临时尺寸标注，单击空白位置，生成线性尺寸标注，以此来检查刚才绘制的轴网的正确性。对水平轴线进行尺寸标注的方法与垂直方向一致，依次单击 A~D 轴线，单击空白位置，生成尺寸标注，如图 5.2-14 所示。

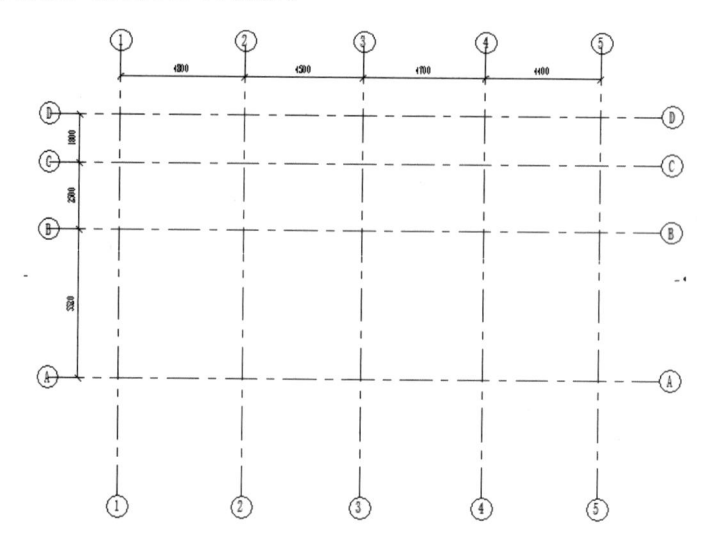

图 5.2-14 轴网标注

（5）修改标注样式。单击任一个标注，点击鼠标右键→"选择全部实例"→"在整个项目中"，这样就可以选择所有的同类标注。单击"编辑类型"→"复制"→名称改为"标注 5 mm"→按"确定"按钮。由于文字太小，颜色也是黑色，可以对文字和颜色进行修改。颜色改为"绿色"，文字大小改为"5 mm"，按 Enter 键确认，如图 5.2-15 所示。

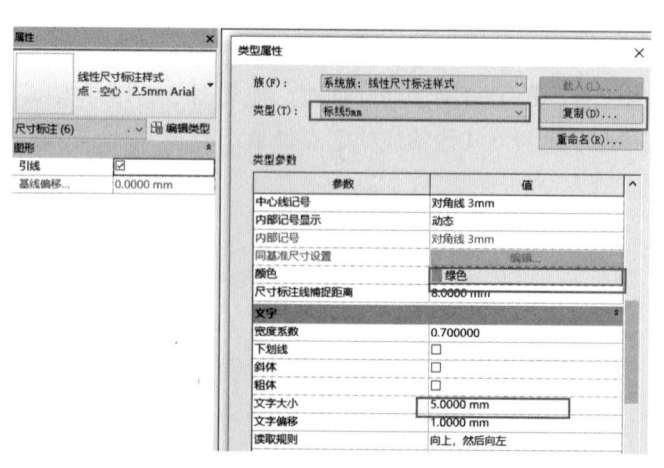

图 5.2-15 轴网设置

5.3 任务练习

一、单选题

1. 下列关于标高的说法正确的是（　　）。
   A. 标高设置之后就不能修改
   B. 修改标高的名称，对应视图也可随之修改
   C. 标高名称和对应视图的名称一定一样
   D. 标高不能进行复制

2. 下列关于标高的说法错误的是（　　）。
   A. 一个标高可以对应多个视图
   B. 标高不能锁定
   C. 锁定后的标高能编辑
   D. 标高可以移动

3. 添加标高时，默认情况下（　　）。
   A. "创建平面视图"处于选中状态
   B. "平面视图类型"中天花板平面处于选中状态
   C. "平面视图类型"中楼层平面处于选中状态
   D. 以上说法均正确

4. 轴网是由建筑轴线组成的网，它是建筑制图的（　　）。
   A. 主体框架
   B. 重要框架
   C. 主要部分
   D. 重要部分

5. 轴网分直线轴网、斜交轴网和（　　），它由定位轴线、（　　）和轴号组成。
   A. 曲线轴网；标注尺寸
   B. 弧线轴网；标志尺寸
   C. 曲线轴网；标志尺寸
   D. 弧线轴网；标注尺寸

6. 使用拾取方式绘制轴网时，下列不可以拾取的对象是（　　）。
   A. 模型线绘制的圆弧
   B. 符号线绘制的圆弧
   C. 玻璃幕墙
   D. 参照平面

7. 在 Revit 中绘制给水排水专业样板需要的轴网时，下列选项中正确描述出其流程的是（　　）。
   A. 单击"建筑"命令栏→"基准"选项卡→"轴网"命令
   B. 单击"系统"命令栏→"工作平面"选项卡→"轴网"命令
   C. 单击"建筑"命令栏→"工作平面"选项卡→"轴网"命令

D. 单击"系统"命令栏→"基准"选项卡→"轴网"命令

8. 使用拾取方式绘制轴网时，下列不可以拾取的对象是（   ）。

A. 模型线绘制的圆弧

B. 符号线绘制的圆弧

C. 玻璃幕墙

D. 参照平面

答案：1~5. BBDAB　6~8. DAD

二、多选题

1. 在（   ）视图中可以创建标高。

A. 立面

B. 平面

C. 剖面

D. 三维

2. 标高样式主要为标高的线样式，包括（   ）。

A. 线宽

B. 线名称

C. 线性

D. 线颜色

3. 下面对于轴网的叙述正确的是（   ）。

A. 轴网用于在平面视图中定位项目图，所以只能在一层平面中创建和编辑轴网

B. 轴网用于在平面视图中定位项目图，所以可以在任意平面视图中创建和编辑轴网

C. 轴网只需要在任意一个平面视图中绘制一次，只能在任意平面图中自动显示

D. 轴网只需要在任意一个平面视图中绘制一次，在其他任意平面、立面、剖面视图中都将自动显示

4. 以下参数包含在系统族轴网的类型属性对话框中的是（   ）。

A. 轴线中段

B. 轴线末端

C. 轴线中段颜色

D. 轴线末端颜色

E. 轴线中段长度

答案：1. AC　2. ACD　3. BD　4. ACD

三、练习题

1. 根据图 5.3-1 所示图纸，创建标高。要求：标高的样式与图中一致，标高值见表 5.3-1。

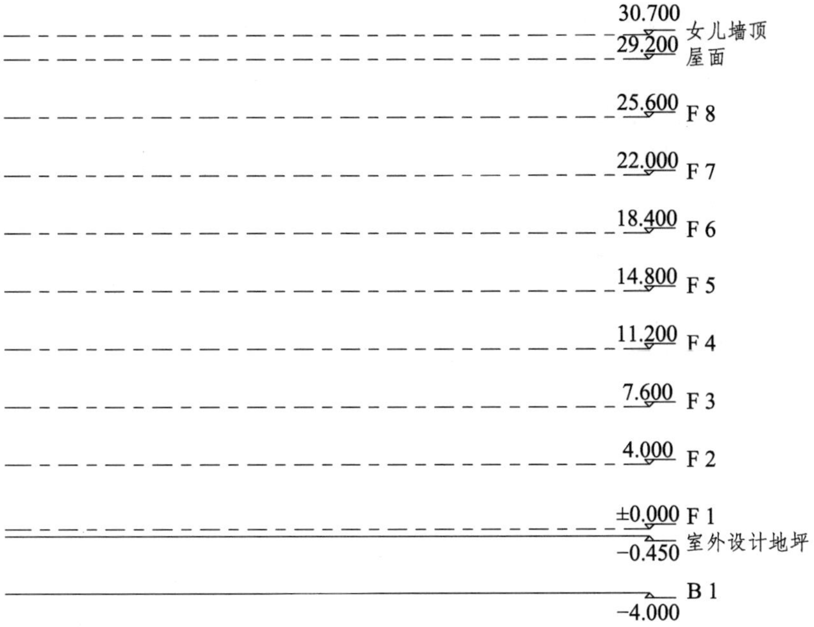

```
30.700  女儿墙顶
29.200  屋面
25.600  F 8
22.000  F 7
18.400  F 6
14.800  F 5
11.200  F 4
7.600   F 3
4.000   F 2
±0.000  F 1
-0.450  室外设计地坪
-4.000  B 1
```

图 5.3-1　标高样式

表 5.3-1　楼层及标高

楼层	标高
B 1	-4.000
室外设计地坪	-0.450
F 1	0.000
F 2	4.000
F 3	7.600
F 4	11.200
F 5	14.800
F 6	18.400
F 7	22.000
F 8	25.600
屋面	29.200
女儿墙顶	30.700

2. 根据以下图纸，创建轴网。要求：设置 1 轴和 A 轴的交点与项目基点对齐，标高 1 轴网间距及样式如图 5.3-2 所示，并调整标高 2 的轴网样式如图 5.3-3 所示。

标高1

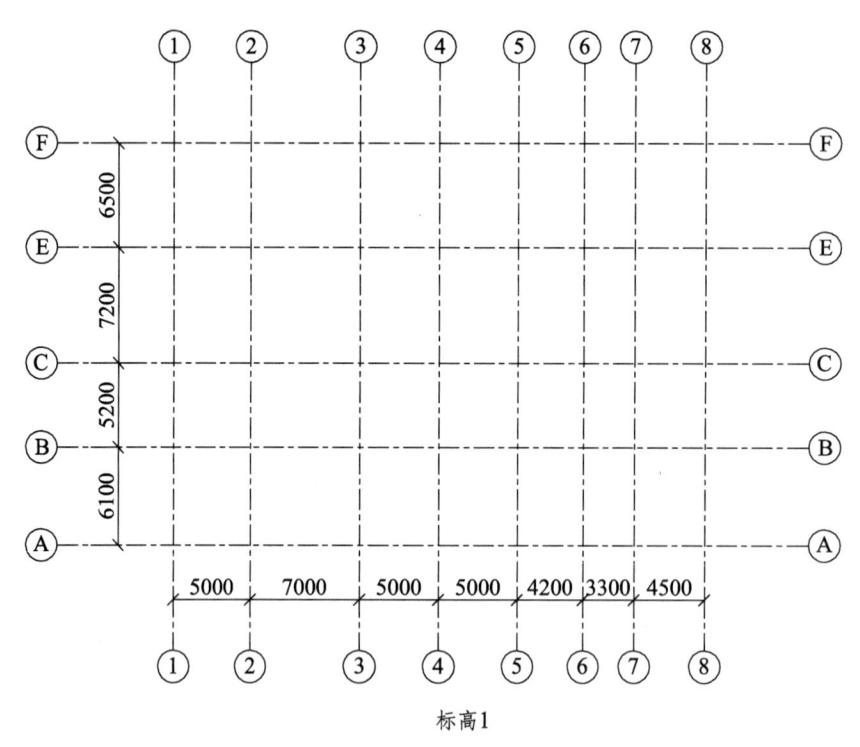

图 5.3-2　标高 1 轴网样式及间距样式

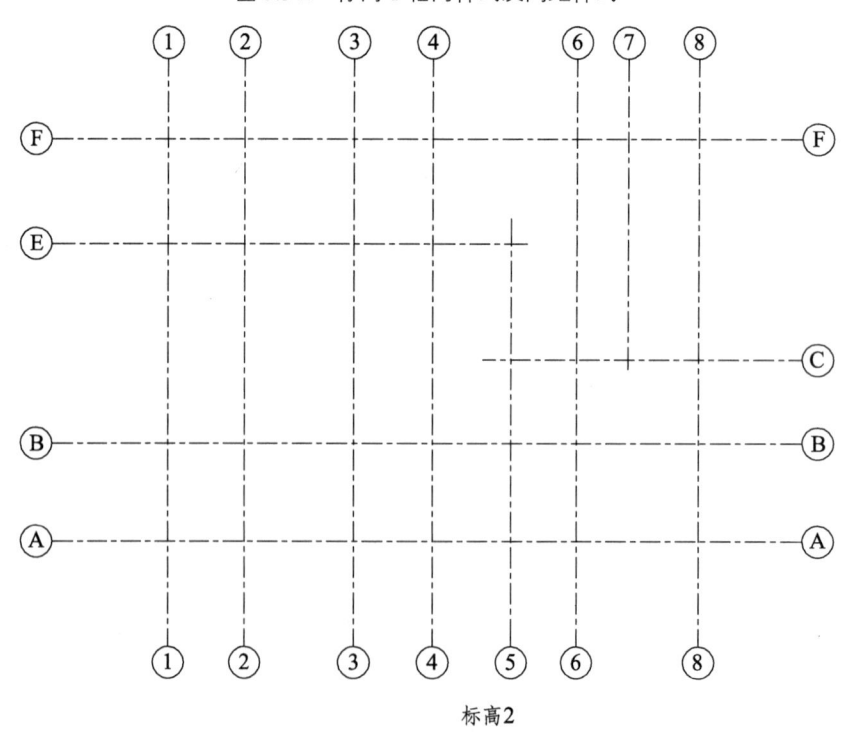

标高2

图 5.3-3　标高 2 轴网样式

3. 根据图 5.3-4 所示图纸，创建轴网。要求：异型轴网的圆心与项目基点对齐，轴网间距、编号及样式如图 5.3-4 所示。

图 5.3-4 轴网间距

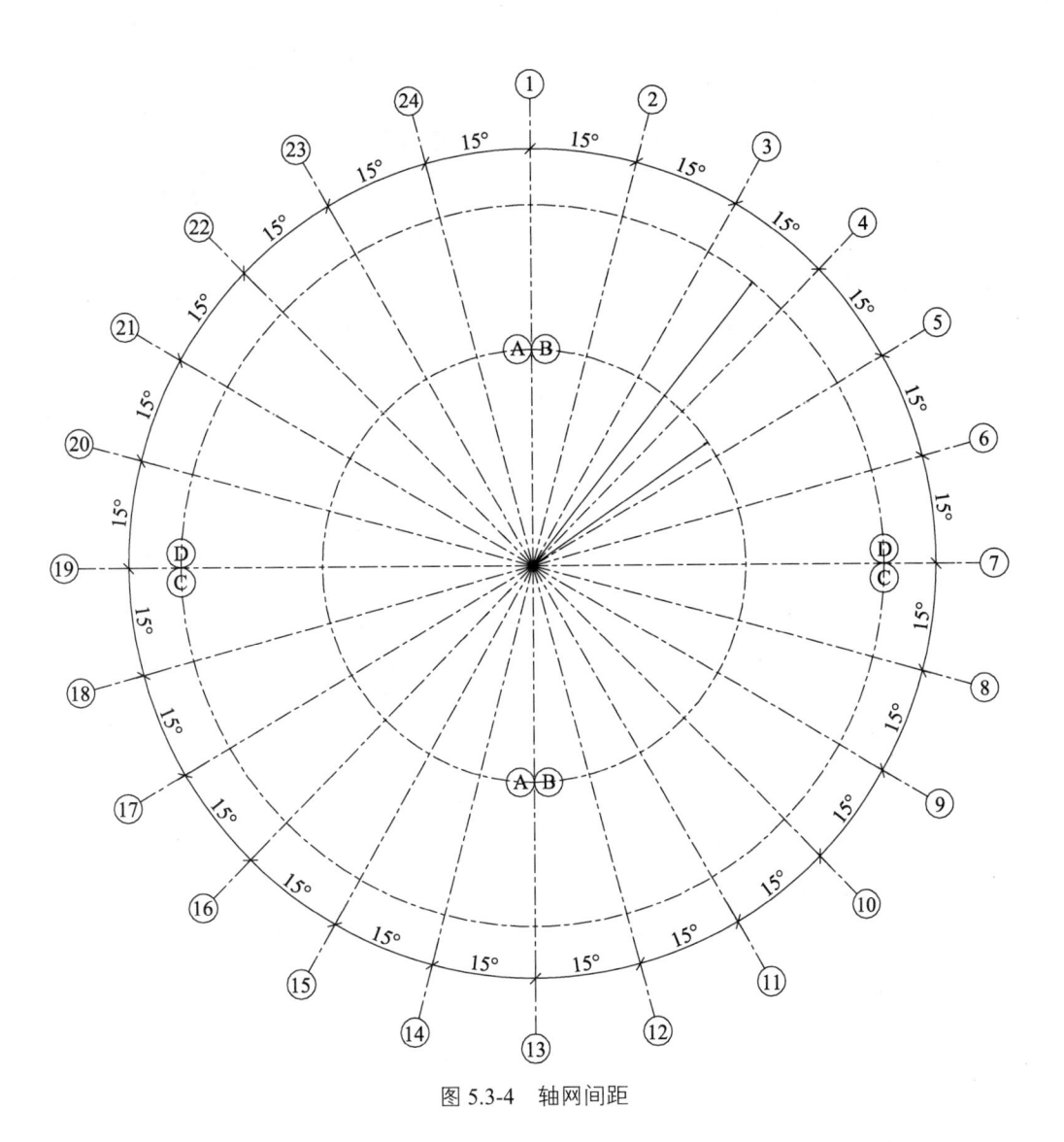

任务 6 墙体创建

墙体创建

在前面任务中,别墅项目已经完成了标高和轴网等定位依据设计,接下来开始对项目的墙体进行创建。

墙体是建筑物的重要组成部分,它的作用是承重、围护或分隔空间。墙体根据在房屋中所处位置的不同,有内墙和外墙之分。凡位于建筑物外界的墙称为外墙,凡位于建筑物内部的墙称为内墙。而墙体本身使用的材料又各不相同,有砖墙、石墙及混凝土墙等,并且还有不一样的结构层次,主要包括结构层、保温层、涂膜层、面层等,不同的墙体尺寸厚度也各不相同。

墙体属于"系统族",不能通过"载入族"的方式来获得。也就是说,在绘制项目的墙体前需要先定义好墙体的类型,包括墙厚、材质、功能等,再指定墙体的平面位置、高度等参数。即墙体的创建步骤就分两大步:墙体的定义和墙体的创建。

6.1 项目墙体的定义

这节内容我们主要对别墅项目的墙体进行定义。墙体的定义主要包括:墙体的功能、墙体的结构、墙体的材质。

Revit 软件提供了三种类型的墙族:基本墙、叠墙和幕墙。所有墙类型都是通过这三种系统族建立不同样式和参数定义而成的。我们使用"基本墙"可以创建项目的外墙、内墙及分隔墙等墙体。接下来,使用"基本墙"族创建项目楼墙体。

(1)建立墙构件类型。切换至"1F"楼层平面视图,在"建筑"选项卡的"构件"面板中单击"墙"工具下拉列表,在列表中选择"墙:建筑"工具,自动切换至"修改放置墙"选项卡。在"属性"面板中点击墙体下拉栏,就可以看到 Revit 提供的基本墙、幕墙和叠层墙三种族。"基本墙"里系统提供的几种常规墙体,如果不符合要求,就需要定义新的墙体。

单击"属性"面板中的"编辑类型"按钮,打开墙"类型属性"对话框。这里就可以对墙的构造、图形等进行编辑。单击类型列表后的"复制"按钮,在"名称"对话框中输入"项目外墙-混凝土砌块"作为新类型名称,单击"确定"按钮返回"类型属性"对话框,如图 6.1-1 所示。

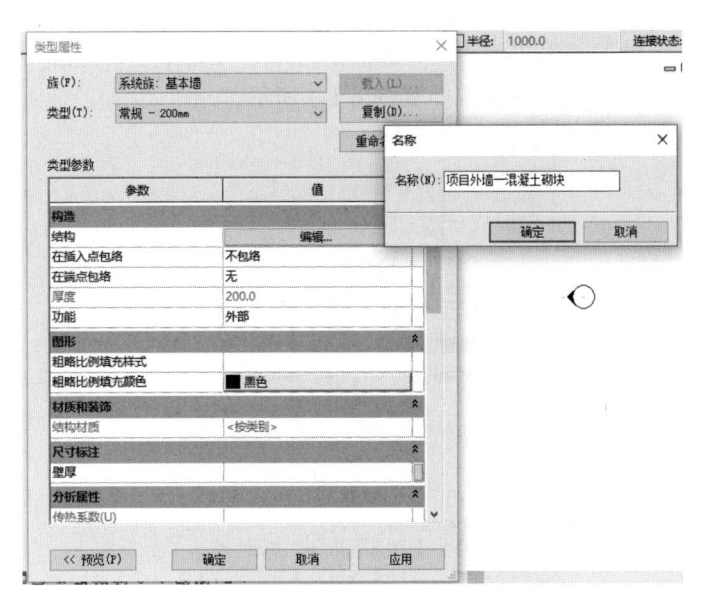

图 6.1-1 复制出"项目外墙-混凝土砌块"

注意：这里注意为什么要复制呢？因为这是系统自带的族，我们一般不对它进行修改，否则所有关联的都会被修改到。

① 在构造里，"功能"用于定义墙的用途，它反映墙在建筑中所起的作用。Revit 提供了内部、外部、基础墙、挡土墙、檐底板及核心竖井 6 种墙功能。这里我们设置的是外墙，因此确认"类型属性"对话框墙体类型参数列表中的"功能"为"外部"，如图 6.1-2 所示。

图 6.1-2 功能设置

② 编辑墙体的结构，单击"结构"参数后的"编辑"按钮，打开"编辑部件"对话框。在层列表中，墙默认包括一个厚度为 200 的结构层。单击结构[1]后的下拉箭头，

可以看到，墙体提供了 6 种结构层次，包括结构[1]、衬底[1]、衬底[2]、保温层/空气层[3]、面层 1[4]、面层 2[5]、涂膜层，如图 6.1-3 所示。

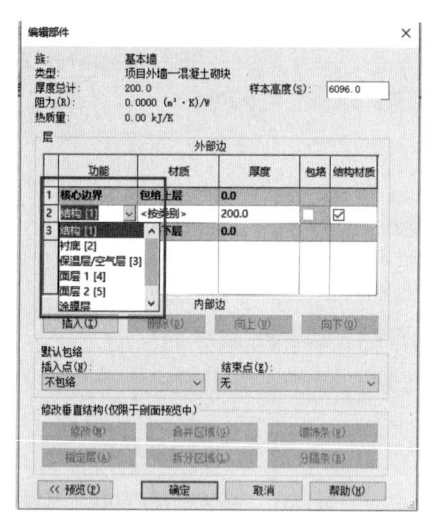

图 6.1-3　编辑墙体结构

提示：（1）结构[1]：必须在核心边界内；（2）衬底[2]：其他材质基础的材料，如胶合板或石膏板；（3）保温层/空气层[3]：保温材料/隔音材料；（4）涂膜层：防止水蒸气渗透的薄膜，厚度为 0；（5）面层 1[4]：通常是外层，如外墙的外部；（6）面层 2[5]：通常是内层，如外墙的内部。注意：核心层厚度必须>0，所以涂膜层必须在核心边界外，非涂膜层的厚度须大于等于 24 mm。

点击"插入"按钮即可插入结构，在"层"列表中插入两个新层。新插入的层默认厚度为 0.0，且功能均为"结构[1]"，如图 6.1-4 所示。

图 6.1-4　插入新层

结构[1]必须放在核心边界内，因此另外两个结构[1]要进行设置。单击第 2 行的"功能"单元格，在功能下拉列表中选择"面层 1[4]"，修改该行的"厚度"值为 10；单击第 3 行的"功能"单元格,在功能下拉列表中选择"面层 2[5]",修改该行的"厚度"值为 10。接下来单击面层 1[4]的墙构造层,Revit 将高亮显示该行,单击"向上"按钮,向上移动该层直到该层编号变为 1;用同样的方法,将面层 2[5]"向下"移动至编号为"5",修改该行的"厚度"值为 20。其他层编号将根据所在位置自动修改,修改结构[1]的"厚度"值为 180。这样就完成了墙体的结构分层和分层厚度的设置了,如图 6.1-5 所示。

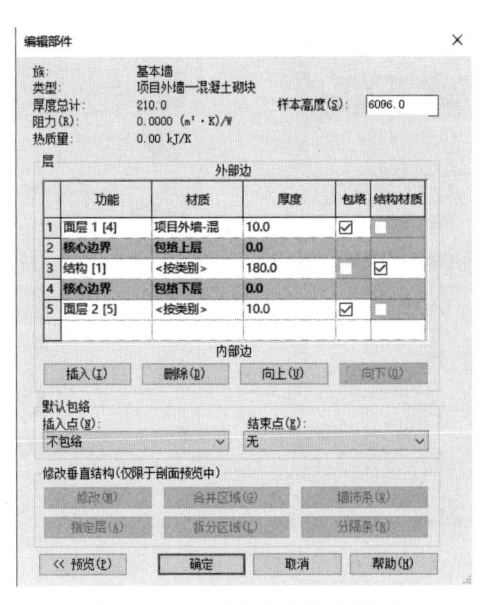

图 6.1-5　墙体层次和厚度设置

③ 修改墙体各层次的材质和外观。单击"结构[1]"的材质单元格中的"浏览"按钮,弹出"材质"对话框。一般先在搜索框内输入所需要的材质,如果能够直接搜索出来就直接选中,例如输入"混凝土",可以看到能够搜索,搜索到后就直接应用,如图 6.1-6 所示。如果需要的材质搜索不到,或者需要对材质进行修改,那么就需要新建一个材质。

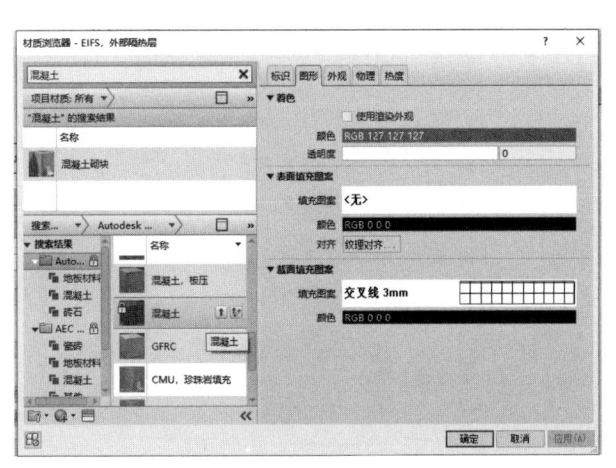

图 6.1-6　墙体材质设置

接下来设置"面层 1[4]"的"材质",这里用蓝色溪石做外墙。搜索不到这种材质,因此单击"创建并复制材质"按钮,单击"新建材质"选项,如图 6.1-7 所示。右击鼠标对新材质进行重命名,可以命名为"石料--溪蓝"。

图 6.1-7　面层 1[4]材质设置

选择刚刚创建的材质"石料--溪蓝",对其图形和外观等信息进行修改。单击 按钮打开资源浏览器,如图 6.1-8 所示。

图 6.1-8　新建材质

在"外观库"中,向下找到并单击"石料",在右侧的材质里选择"溪石-蓝色",单击最右侧的双向箭头替换按钮,完成材质选择,如图 6.1-9 所示。

图 6.1-9　材质选择

完成材质选择后,退出"资源浏览器",可以看到在"材质浏览器"中材质已经发生变化,然后单击下方的"确定"按钮最终完成材质创建,如图 6.1-10 所示。

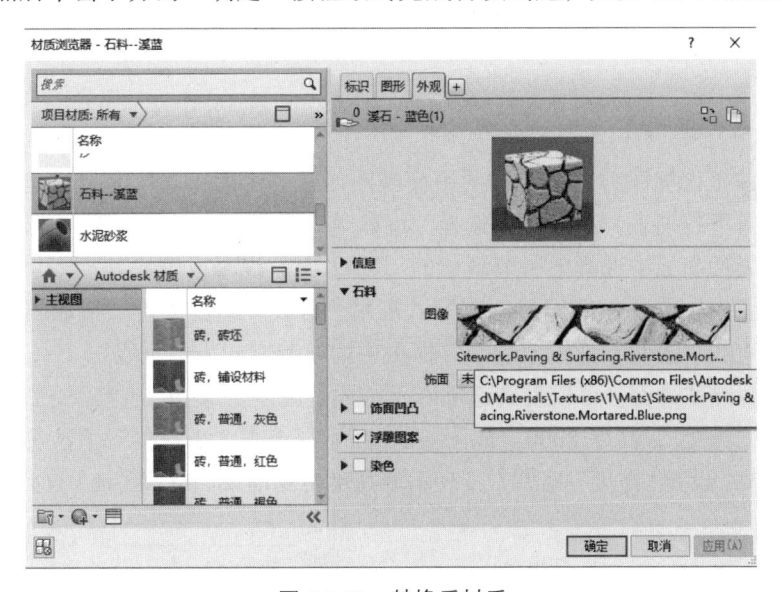

图 6.1-10　替换后材质

使用同样的方法,将"面层 2[5]"的材质命名为"墙面装饰",在"资源浏览器"中选择"外观库"→"墙面装饰面层"→"垂直条纹-多种颜色"材质,如图 6.1-11 所示。

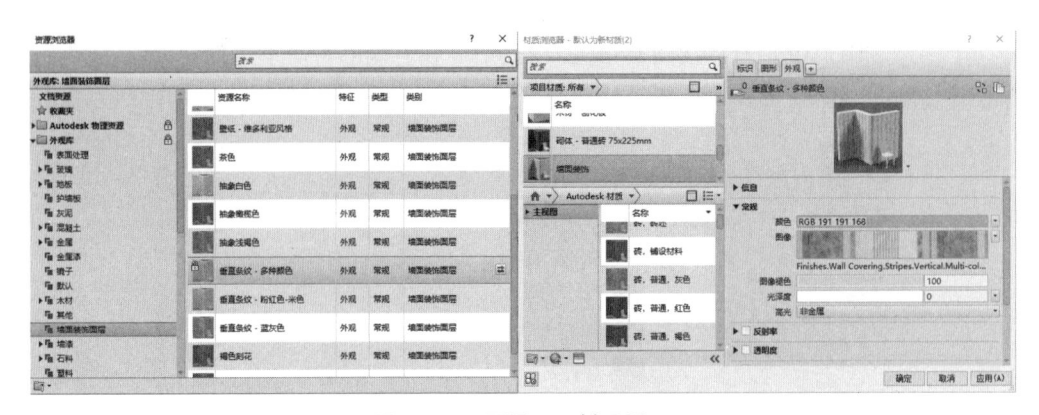

图 6.1-11　面层 2[5]材质设置

这样"项目外墙-混凝土砌块"就设置完成了。

（2）项目内墙的创建和项目外墙相同，单击"属性"面板中的"编辑类型"按钮，打开"类型属性"窗口，单击"复制"按钮创建"建筑内墙灰浆砌块 200"，设置功能参数为"内部"。单击"结构"中的"编辑"按钮，按照外墙参数的设置方法，设置内墙参数，单击"确定"按钮，设置完成。

6.2　项目墙体的创建

墙体定义完成后，就可以进行墙体的创建了。根据别墅项目的"一层楼层平面图"布置首层墙体，先进行外墙的布置。墙体的创建总地来说分为两步：墙体的设置和墙体的创建。

6.2.1　墙体的设置

切换当前工作视图为"1F"楼层平面视图，在"建筑"选项卡"构建"面板中单击"墙"工具下拉列表，在列表中选择"墙建筑"工具，自动切换至"修改|放置 墙"选项卡，在属性面板中选择上一节新建的"项目外墙-混凝土砌块"。

（1）设置绘制方式。墙体的创建可以采用"直线"绘制或者"拾取线"绘制，这里先采用"直线"绘制，设置"绘制"面板中的绘制方式为"直线"。

（2）设置墙体高度。可以看到选项卡下方的"高度"，这里是指需要创建的墙体高度，默认"未连接"，高度 8000，如图 6.2-1 所示。点击"未连接"下拉符号，显示项目创建的标高，设置"高度"为"2F"，表示墙高度由当前视图标高"1F"直到标高"2F"。

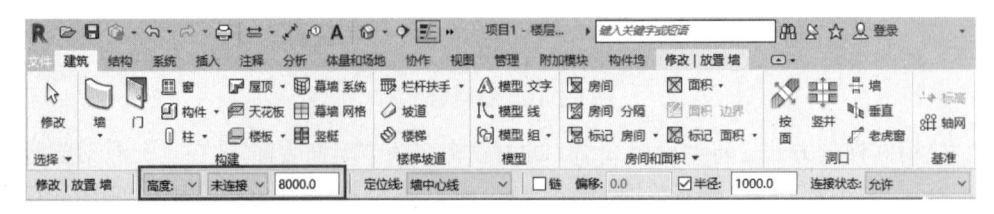

图 6.2-1　墙体默认设置

也可以在墙体的属性栏里的"约束"里设置墙体的高度，如图 6.2-2 所示。"底部约束"表示墙体的起始位置,"底部约束"默认为当前标高。然后设置"顶部约束","顶部约束"就是墙体的终点位置,和上述高度"未连接"功能一致。

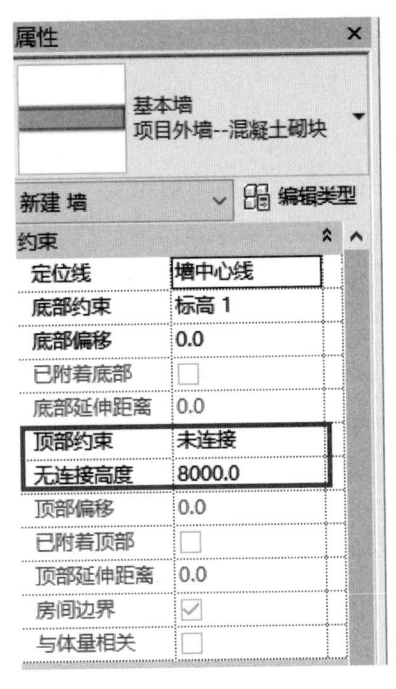

图 6.2-2　墙体约束属性

（3）设置墙的"定位线"。墙体由外向内有几条边界线：面层面外部、核心面内部、核心层中心线、墙中心线等,如图 6.2-3 所示。因此 Revit 在绘制墙体时要先选择定位线。可以选核心层中心线,也可以选墙中心线,当墙体对称时,核心层中心线与墙中心线会重合。这里我们设置为"核心层中心线"。同样地,也可以在属性栏里设置墙体的定位线。

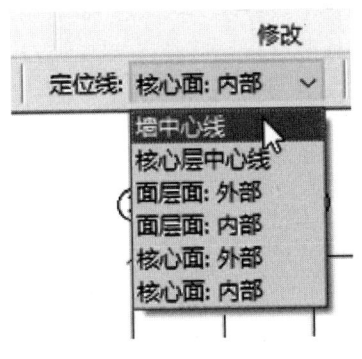

图 6.2-3　墙体定位线

（4）设置"链"。"链"可以理解为连续绘制的意思,绘制墙的时候,勾选了"链"表示在绘制第二段时,则以上一段墙的终点作为新的起点确定下一段墙的位置,以此类推。如果不勾选,就不会连续绘制,绘制完一段墙后需要重新确定新的起点、终点。

这里勾选"链"选项。

（5）设置偏移量。项目中设置"偏移量"为 0，同样地，也可以在属性面板的"底部偏移"和"顶部偏移"中进行偏移量设置。底部（顶部）偏移指相对于底部（顶部）位置的偏移量。

6.2.2 墙体的创建

墙体设置完成后就可以进行第二步墙体创建了。查看别墅项目的"一层楼层平面图"，确认墙体的走向。注意：由于 Revit 有内墙、外墙之分，因此创建项目墙体时要顺时针绘制。

1. 直接绘制创建墙体

（1）创建外墙。在绘图区域内，鼠标指针变为绘制状态，适当放大视图，移动鼠标指针至 A 轴线与 1 号轴线交点的位置，Revit 会自动捕捉端点，单击此端点作为墙的起点。沿轴线向上移动鼠标直到捕捉至 D 轴线与 1 号轴线交点位置，单击，作为第一面墙的终点。用同样的方法完成一层其他外墙的绘制，完成后按 Esc 键两次，退出墙绘制模式，如图 6.2-4 所示。注意在实际项目绘制过程中需要严格按照图纸标明的墙体厚度绘制，时时切换墙体类型以便正确进行外墙的绘制。

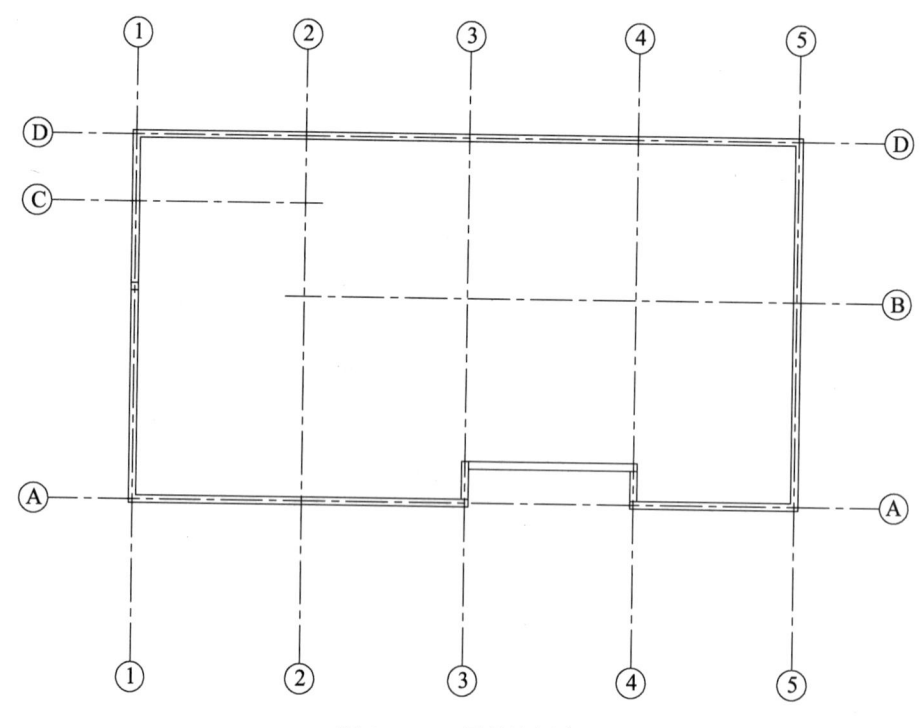

图 6.2-4 一层外墙创建

创建内墙。和外墙设置方式相同，在属性面板中选择"建筑内墙灰浆砌块 200"，以同样方法完成内墙。这样一层平面的墙体就创建完成了，如图 6.2-5 所示。

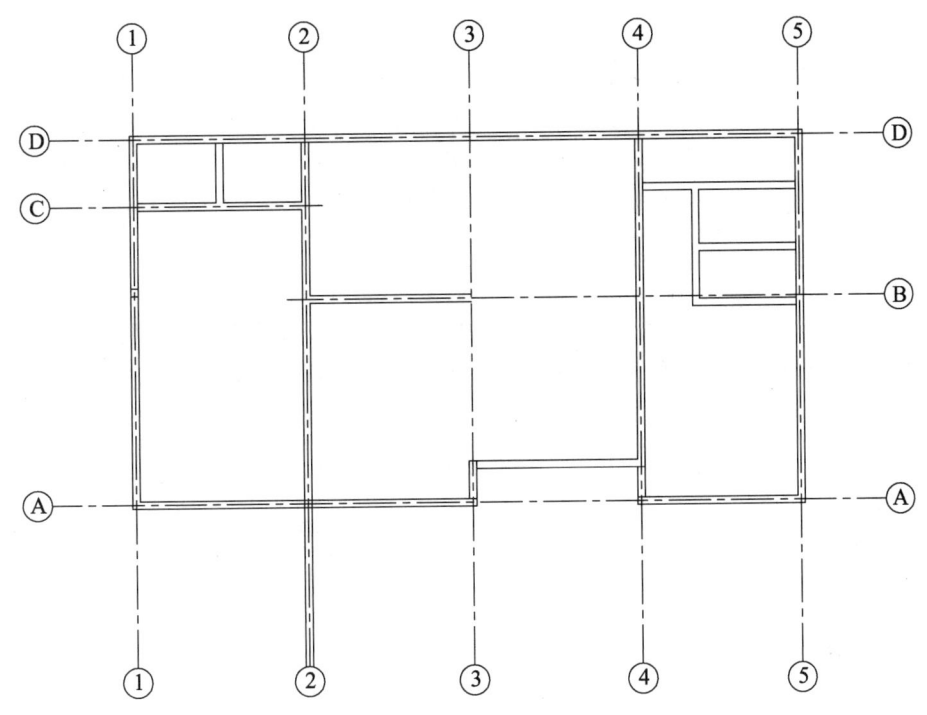

图 6.2-5　一层内墙创建

（2）三维查看。单击"快速访问工具栏"中的三维视图按钮，切换到三维视图，如图 6.2-6 所示，查看模型成果，检查细节是否有误，然后保存当前项目成果。

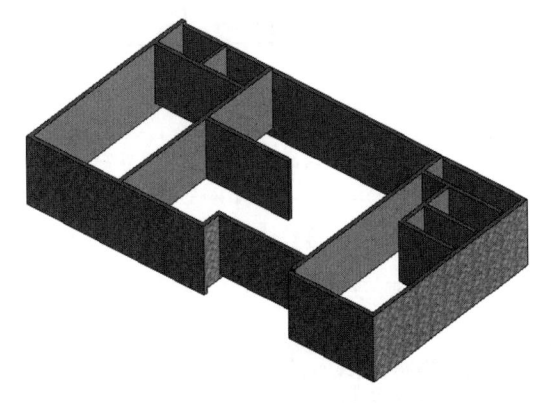

图 6.2-6　一层墙体三维模型

一层楼层平面视图墙绘制完成后，可以采用同样的方式接着创建二层、三层楼层平面视图墙。

2. 导入 CAD 图纸创建墙体

一般在项目中，如果有 CAD 图纸，通常可以导入 CAD 平面图作为底图，在底图上直接创建墙体，就不用去查看图纸了，方便快捷。接下来就用这种方式来创建二层楼层平面视图的墙。

与上述方式一样，切换至"2F"楼层平面。先导入别墅项目"二层楼层平面视图"

的 CAD 图纸，设置好参数，手动到原点，导入后拖拽到视图范围。然后点击"轴网"，选择"修改"里的"对齐"命令，点击项目的 A 轴与 CAD 图纸中的 A 轴对齐，项目的 1 号轴与 CAD 图纸中的 1 号轴对齐，底图就导入完成了。

然后和上节所讲内容一致，设置好墙的高度、定位线等参数后，沿着 CAD 底图中的墙体线直接创建外墙和内墙即可，如图 6.2-7 所示。

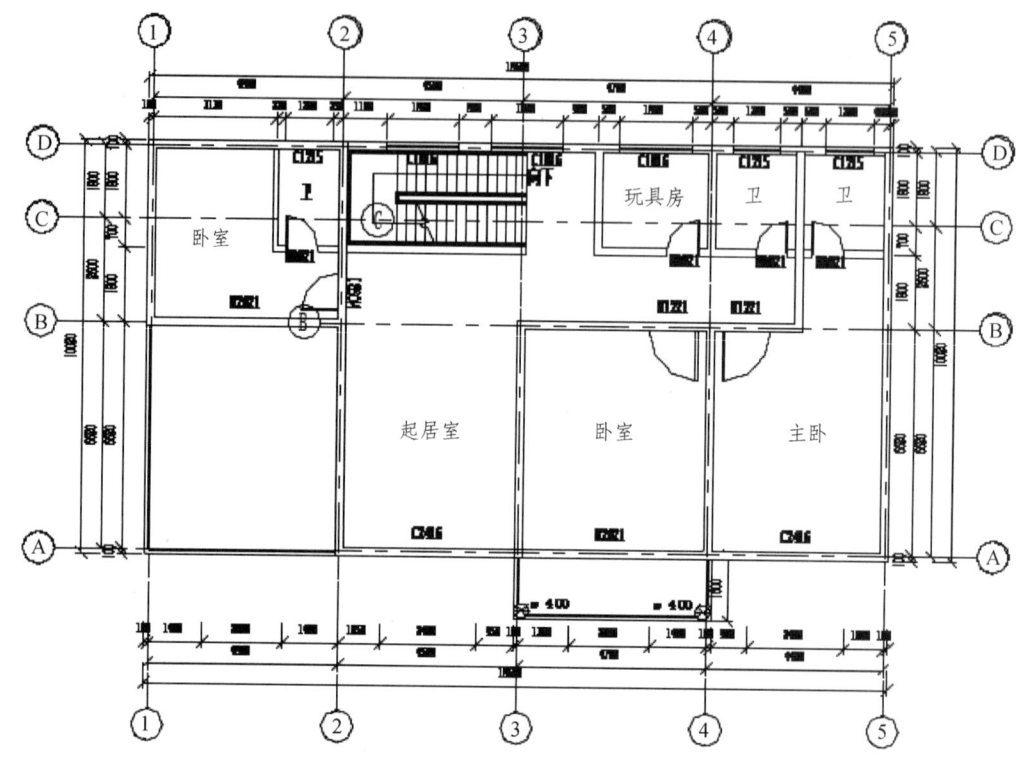

二层平面图 1:100

图 6.2-7　二层墙体创建

然后切换至"3F"楼层平面，用直接绘制方式或者导入 CAD 底图的方式创建。至此，项目所有的墙体都创建完成，三维模型如图 6.2-8 所示。

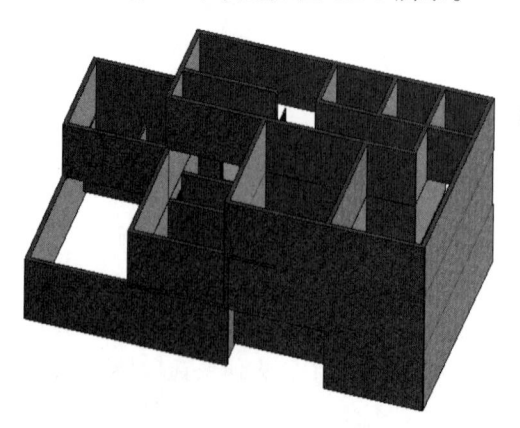

图 6.2-8　项目墙体三维模型

6.3 任务练习

一、单选题

1. 可以在哪个视图中使用"墙饰条"工具？（　　）
   A. 平面视图
   B. 立面视图
   C. 天花板视图
   D. 漫游视图

2. 下列哪一项不属于墙体的定义？（　　）
   A. 墙体的功能
   B. 墙体的形状
   C. 墙体的结构
   D. 墙体的材质

3. 在墙类型属性中设置墙结构，从上往下依次是面层 1、核心边界、结构、核心边界、涂膜层、面层 2，在可进行厚度设置结构层中均输入 100 mm，则该墙总厚度为（　　）。
   A. 300 mm
   B. 400 mm
   C. 500 mm
   D. 600 mm

4. 在平面视图中放置墙时，下列哪个键可以翻转墙体内外方向？（　　）
   A. Shift
   B. Ctrl
   C. Alt
   D. Space

5. 绘制墙体时，由于墙体具有宽度，Revit 对墙进行定位将根据（　　）。
   A. 墙中线
   B. 墙外边界
   C. 墙内边界
   D. 墙中线、核心层中心线、涂层面

6. 以下哪个视图中不能编辑墙体轮廓？（　　）
   A. 立面视图
   B. 剖面视图
   C. 平面视图
   D. 三维视图

7. 以下关于墙体轮廓的说法正确的是（　　）。
   A. 编辑的轮廓一定要是封闭不相交的形状
   B. 编辑的轮廓一定要是封闭相交的形状

C. 编辑的轮廓一定要是不封闭相交的形状

D. 编辑的轮廓一定要是不封闭不相交的形状

8. 关于编辑轮廓工具说法正确的是（　　）。

　　A. 仅对直线形墙有效

　　B. 仅对弧形、圆形等非直线形墙有效

　　C. 对直线形墙有效，对弧形、圆形等非直线形墙也有效

　　D. 以上选项都不对

9. 墙结构（材料层）在视图中如何可见？（　　）

　　A. 决定墙的连接如何显示

　　B. 设置材料层的类别

　　C. 视图精细程度设置为中等或精细

　　D. 连接柱与墙

10. 如不添加墙体参数，则改变视图详细程度时，墙体会发生什么改变？（　　）

　　A. 不发生改变

　　B. 粗略时墙体不显示材质

　　C. 中等时墙体显示材质

　　D. 精细时墙体显示材质及细节

11. 视图"（　　）"确定在视图中显示模型的详细程序，试图详细程度从粗略、中等到精细，可以显示模型的更多细节。

　　A. 详细程度

　　B. 精细程度

　　C. 视觉样式

　　D. 视觉程度

答案：1~5. BBADD　　6~10. CAACA　　11. A

二、多选题

1. Revit Architecture 中一共提供了三种墙系统族，分别为（　　）。

　　A. 基本墙

　　B. 墙

　　C. 幕墙

　　D. 叠层墙

2. 创建斜墙或异型墙图元，可以使用 Revit 的（　　），再利用"面墙"功能将（　　）表面转换为墙图元。

　　A. 体量功能创建体量；体量

　　B. 族模型；族

　　C. 体量模型；体量

　　D. 内建模型；族

3. 关于"墙：饰条"和"墙：分隔条"说法正确的有（　　）。

　　A. 这两个工具是依附于墙主体的带状模型，用于沿墙水平方向或垂直方向创

建带状墙装饰结构

B. "墙：饰条"和"墙：分隔条"实际上是预定义的轮廓沿墙水平或垂直方向放样生成的线性模型

C. "墙：饰条"和"墙：分隔条"可以很方便地创建如女儿墙压顶、室外散水、墙装饰线脚等

D. "墙：饰条"工具可以在平面视图中使用

答案：1. ACD　　2. AD　　3. ABC

三、练习题

1. 根据以下图纸，创建墙体。要求：根据图 6.3-1 所示设置墙体构造，包括功能、材质、厚度等，设置墙体在插入点和结束点为外部包络，墙体功能为外部；设置完成后绘制图 6.3-2 所示墙体，墙体的高度为 6000，墙体对齐方式为核心层中心线。

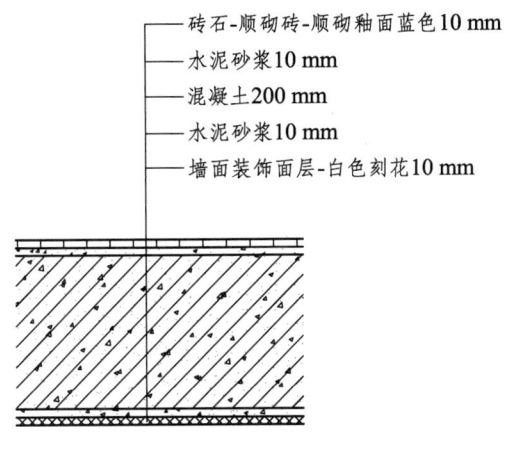

砖石-顺砌砖-顺砌釉面蓝色10 mm
水泥砂浆10 mm
混凝土200 mm
水泥砂浆10 mm
墙面装饰面层-白色刻花10 mm

图 6.3-1　墙体构造

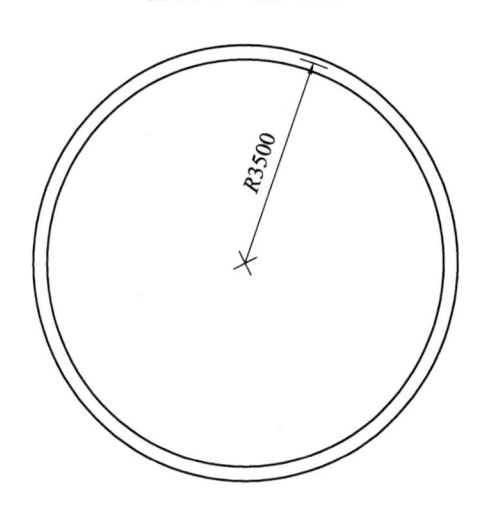

R3500

图 6.3-2　墙体尺寸及样式

2. 根据以下图纸，编辑墙体轮廓，轮廓的样式及尺寸如图 6.3-3 所示。

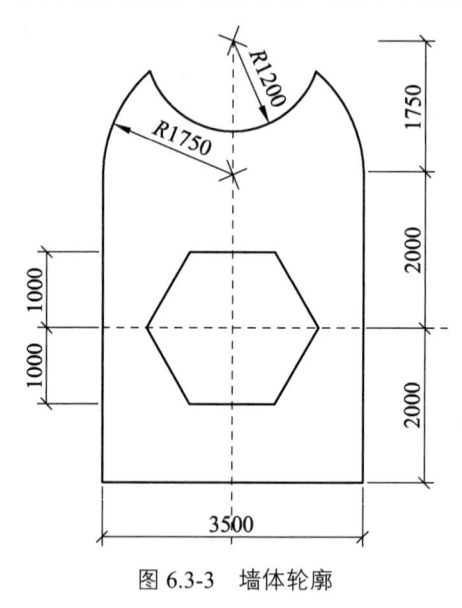

图 6.3-3 墙体轮廓

任务 7　幕墙创建

幕墙创建

　　幕墙是建筑的外墙围护，像幕布一样挂上去，故又称为"帷幕墙"，是现代大型和高层建筑常用的带有装饰效果的轻质墙体。幕墙由幕墙网格、竖梃和幕墙嵌板组成。Revit 提供了三种创建幕墙的方法：常规幕墙、规则幕墙和面幕墙。常规幕墙是墙体的一种特殊类型，其绘制方法和常规墙体相同，并具有常规墙体的各种属性，可以像编辑常规墙体一样编辑常规幕墙。本任务重点介绍常规幕墙的创建和幕墙网格的划分。

7.1　幕墙创建

幕墙创建分为两步：第一步幕墙的创建，第二步幕墙的属性设置。

1. 幕墙的创建

（1）首先利用"建筑样板"新建一个项目，在"建筑"选项卡中，点击"墙"，在属性面板中点击"类型选择"，可以看到，这里的幕墙提供了三种类型：幕墙、外部玻璃和店面，如图 7.1-1 所示。

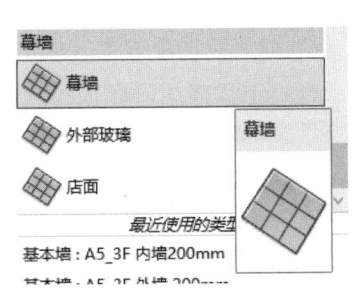

图 7.1-1　幕墙类型

（2）选择"幕墙"，进行任意绘制，切换到三维视图，可以看到已创建了一面幕墙。也可以选择现有的基本墙，直接将基本墙转换成幕墙。

　　此时的幕墙是一整块玻璃，如图 7.1-2 所示，和常见的幕墙有很大区别，还需要根据需求对它进行属性的设置。

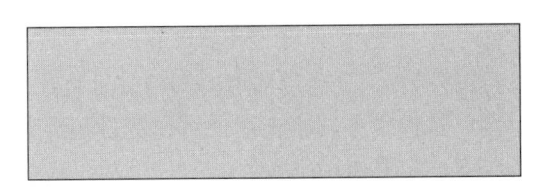

图 7.1-2　创建的幕墙

2. 幕墙的属性设置

（1）点击"幕墙"属性面板的"编辑类型"，进入类型属性窗口，点击"复制"，输入"阶梯式坡顶别墅-幕墙"。在这里可以对幕墙的构造、材质与装饰、垂直水平网络、垂直水平竖梃等属性进行设置。

（2）构造设置。

① 设置功能。首先根据幕墙的作用设置构造中的"功能"，若将幕墙作为外墙面，则功能选择外部。

② 设置自动嵌入。"自动嵌入"是指创建的幕墙是否嵌入墙体。为了对比，首先不勾选嵌入墙体，先新建一个墙体，再创建幕墙，可以发现所创建的幕墙被墙体遮盖了，如图 7.1-3 所示。选中幕墙，在"编辑类型"中勾选"自动嵌入"，此时幕墙就嵌入墙体了，如图 7.1-4 所示。

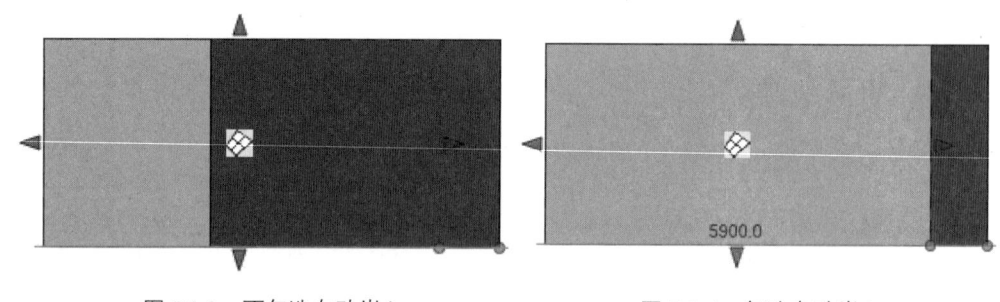

图 7.1-3　不勾选自动嵌入　　　　　　图 7.1-4　勾选自动嵌入

③ 设置幕墙嵌板。系统提供了多种嵌板可以选择，如果这里没有需要的幕墙嵌板形式，也可以插入其他嵌板。在"插入"选项卡中，点击"载入族"，在"建筑"文件夹中选择"幕墙"，在"门窗嵌板"中选择"窗嵌板-上悬无框铝窗"、"门嵌板-双开门1"；在"其他嵌板"中选择"点爪式幕墙嵌板 1"，点击"打开"。然后，回到项目界面，在"编辑类型"中点击"幕墙嵌板"，载入的幕墙嵌板就出现在这里了。选择"点爪式幕墙嵌板 1"，点击"确定"。在三维视图中可以看到幕墙嵌板的改变，如图 7.1-5 所示。

图 7.1-5　设置幕墙嵌板

④ 设置连接条件。"连接条件"是确定幕墙的网格是垂直连续还是水平连续的，可以选择垂直网格连续，可以选择水平网格连续，可以选择边界和垂直网格连续，也可以选择边界与水平网格连续，如图 7.1-6 所示。

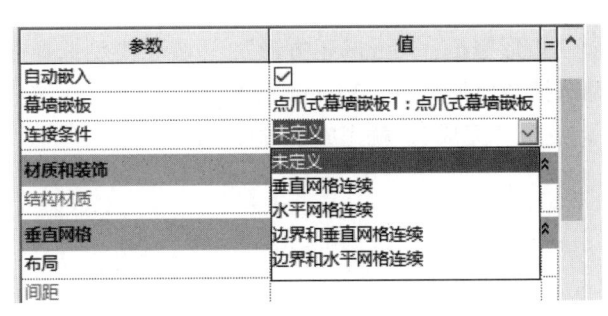

图 7.1-6 设置连接条件

（3）垂直网格与水平网格设置。

垂直网格和水平网格主要是对网格的布局和间距等进行设置。

①设置布局。布局提供了固定距离、固定数量、最大间距、最小间距等四种设置方式，通常使用垂直距离，如图 7.1-7 所示。

图 7.1-7 设置垂直网格

②设置间距。设置"布局"为"固定距离"后，默认网格间距为 1500，可以修改间距参数，如图 7.1-8 所示。用同样的方式完成水平网格的设置。

图 7.1-8 设置间距

③设置好后，点击"确定"，进入三维视图，结果如图 7.1-9 所示。

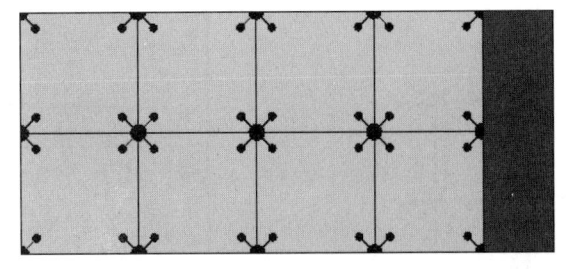

图 7.1-9 设置垂直网格和水平网格

（4）设置垂直竖梃和水平竖梃。垂直竖梃和水平竖梃主要对幕墙内部和边界的竖梃类型进行设置。为了便于观察，我们对垂直竖梃的内部、边界 1 和边界 2 进行不一样的设置，内部选择"矩形竖梃：30 mm 正方形"，边界 1 类型选择"圆形竖梃：25 mm 半径"，边界 2 类型选择"矩形竖梃：30 mm 正方形"，如图 7.1-10 所示。水平方向也可以这样进行修改，点击"完成"，就完成了对幕墙的设置。

图 7.1-10　设置垂直竖梃和水平竖梃

（5）嵌入门窗。幕墙也可以进行门窗的嵌入。Revit 可以对单独的一块幕墙进行修改，使用 Tab 键选中要替换的幕墙，此时幕墙是被锁定的，需要将其解锁，如图 7.1-11 所示。

将其解锁后，在属性栏里将其替换为窗，这里选择我们载入的"窗嵌板-上悬无框铝窗"，如图 7.1-12 所示。可以看到，此时这块幕墙已经是一面窗户了。

图 7.1-11　解锁幕墙　　　　图 7.1-12　替换幕墙

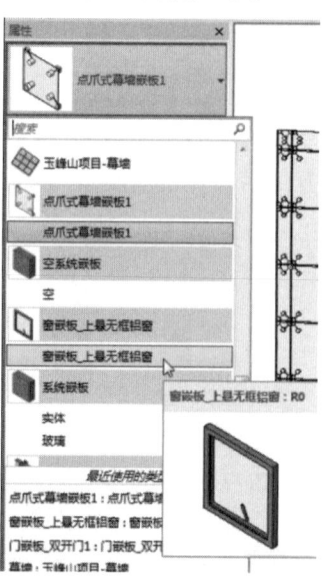

同样地，也可以对"门嵌板-双开门 1"进行同样的替换，当然也可以将其替换为基本墙，结果如图 7.1-13 所示。

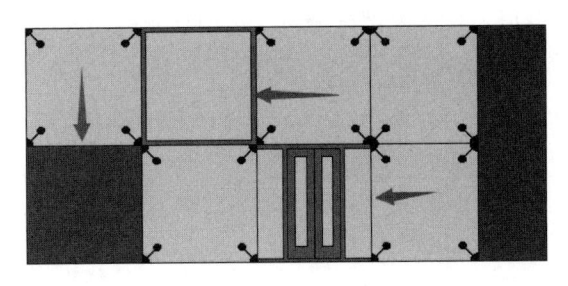

图 7.1-13 替换完成

7.2 幕墙网格的划分

上一节我们创建了简单的幕墙，学习了如何对幕墙属性进行设置，但有些建筑造型奇特，外立面也是不规则的，在这种情况下，自动生成的幕墙网格往往无法满足要求，就需要进行手动划分网格。

1. 手动划分幕墙网格

（1）幕墙网格的划分。

①在一层楼层平面上创建一面幕墙，选择"建筑"→"墙"→"幕墙"，点击"确定"，然后任意创建一面幕墙，进入三维视图，可以看到幕墙是一整块玻璃。然后在"建筑"选项卡中点击"幕墙网格"进行修改，如图 7.2-1 所示。

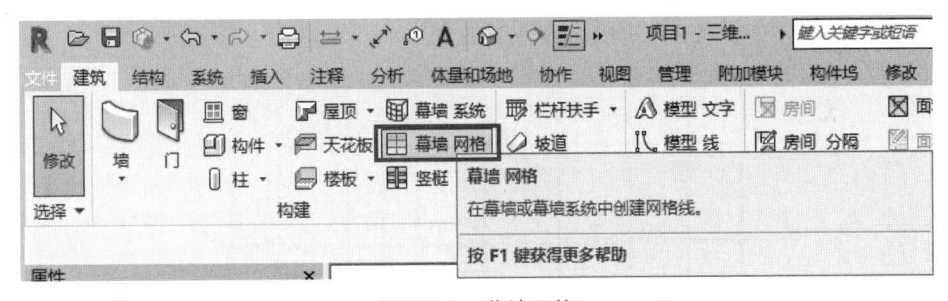

图 7.2-1 幕墙网格

②在"修改|放置幕墙网格"中，系统提供了三种放置网格的工具："全部分段""一段""除拾取线外的全部"，如图 7.2-2 所示。"全部分段"是贯通分段，"一段"是单段绘制。

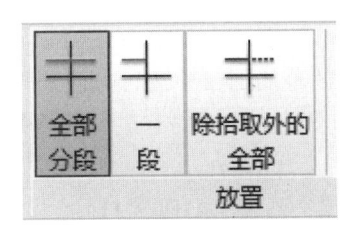

图 7.2-2 幕墙网格工具

③ 点击"全部分段",指针靠近边界时,进行网格绘制,如图 7.2-3 所示。

也可以进行一段的修改,在选项卡中点击"一段"就可以进行修改,如图 7.2-4 所示。

还可以在"全部分段"中删除部分分段。选中绘制的网格线,进入"修改|幕墙网格",系统提供了"添加/删除线段命令",如图 7.2-5 所示。

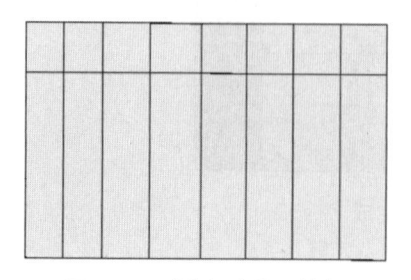

图 7.2-3 "全部分段"绘制　　　　图 7.2-4 "一段"绘制

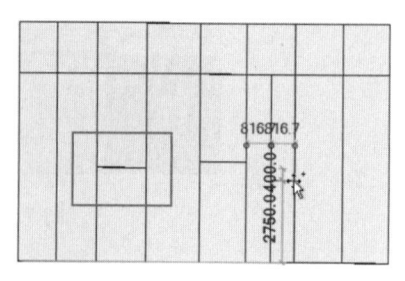

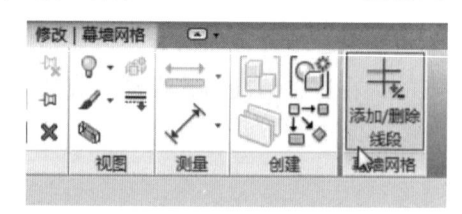

图 7.2-5 添加/删除线段命令

点击"添加/删除线段"命令,可删除创建的其中一条网格线,也可以用此方法添加分段。

(2)竖梃的设置。幕墙网格划分完成后就可进行竖梃的修改。点击"编辑属性",对竖梃进行修改,如图 7.2-6 所示完成幕墙的创建。

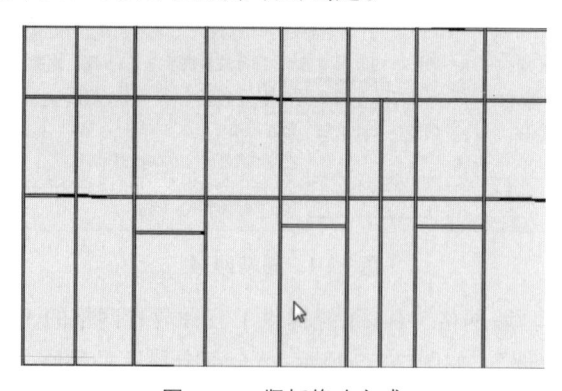

图 7.2-6 竖梃修改完成

2. 修改幕墙原有网格

此外,也可以在自动创建的幕墙网格中进行修改。再次创建一面幕墙,在属性栏点击"编辑类型",按照 7.1 节介绍的方式对它进行网格划分。垂直水平网格都设置为固定距离。

(1)创建完成后,选中幕墙,幕墙上出现⊗符号,如图 7.2-7 所示。点击该符号就进入了幕墙的编辑模式。

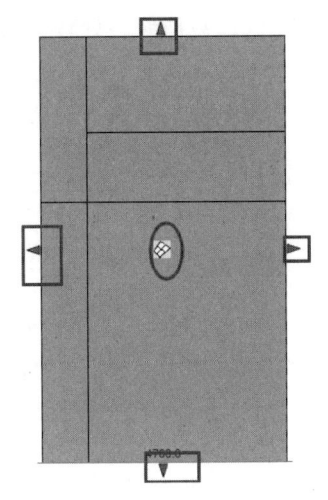

图 7.2-7 编辑符号

（2）点击箭头移动设计中心，如图 7.2-8 所示。然后就可以对幕墙网格进行修改了。

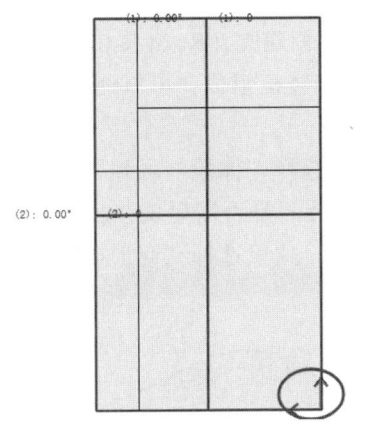

图 7.2-8 中心箭头

（3）对竖直网格线进行修改。在最上方角度的修改处输入 45°，然后对水平网线做同样的修改，完成后如图 7.2-9 所示。

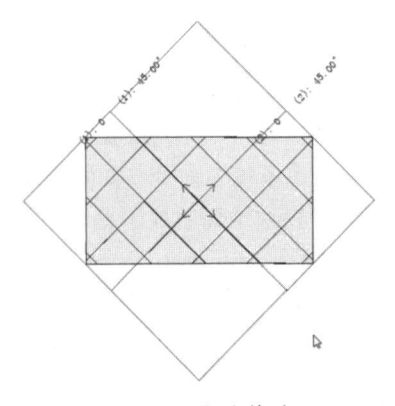

图 7.2-9 竖直修改

（4）对原点位置进行修改。在两处数值修改处输入 500，可以发现原点向上偏移，如图 7.2-10 所示。

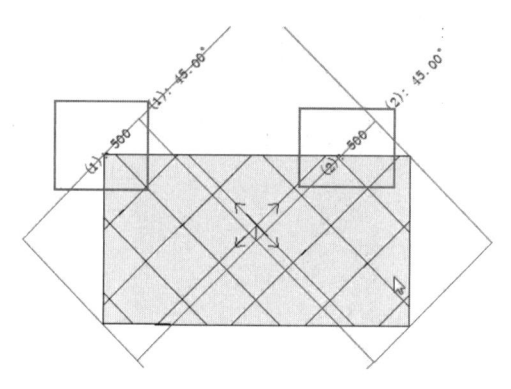

图 7.2-10　原点偏移

接下来在属性里对竖梃进行修改就完成幕墙网格的重新划分了。

3. 异型墙体幕墙网格划分

遇到异型墙体，其幕墙如何创建呢？Revit 提供了"幕墙系统"工具。幕墙系统是一种构件，由嵌板、幕墙网格和竖梃组成，可以通过拾取体量图元的面及常规模型来创建幕墙系统。

（1）任意放置一个体量，选择"体量与场地"，在"概念体量"里选择"放置体量"，提示"项目中未载入体量族。是否需要现在载入？"，点击"是"。选择"建筑"→"体量"，任意载入一个体量，这里选择"筒形拱顶"，放置在平面上，如图 7.2-11 所示。

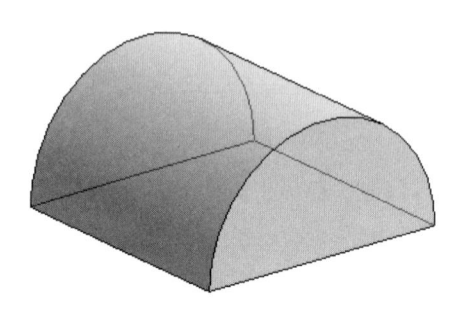

图 7.2-11　放置体量

（2）选择"幕墙系统"，就进入了"修改|放置面幕墙系统"选项卡，这里提供了"选择多个"、"清楚选择"和"创建系统"命令，如图 7.2-12 所示。任意选择体量的一个面，点击"创建系统"，可以看到这个面就成了幕墙系统了，如图 7.2-13 所示。

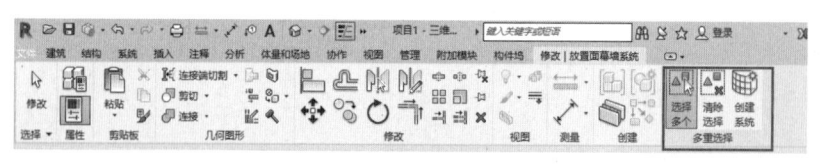

图 7.2-12　幕墙系统工具

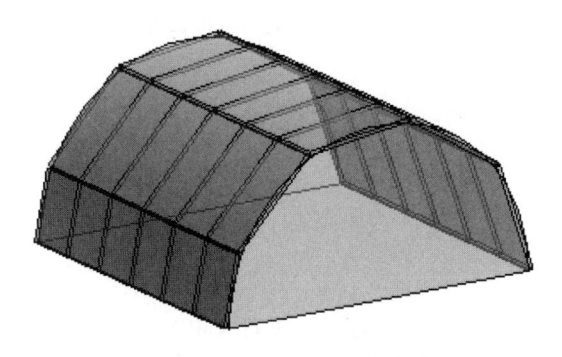

图 7.2-13　幕墙系统创建完成

在创建幕墙系统后，可以使用与幕墙相同的方法添加幕墙网格和竖梃。

7.3　任务练习

一、单选题

1. 以下哪种方法可以在幕墙内嵌入基本墙？（　　）
   A. 选择幕墙嵌板，将类型选择器改为基本墙
   B. 选择竖梃，将类型改为基本墙
   C. 删除基本墙部分的幕墙，绘制基本墙
   D. 直接在幕墙上绘制基本墙
2. 对于规则幕墙系统，下列描述错误的选项是（　　）。
   A. 可以通过选取建筑构件的边缘线来创建规则幕墙
   B. 可以绘制模型线并选择它们创建规则幕墙
   C. 通过绘制模型线并选择它们创建规则幕墙，两条线必须在不同的标高上
   D. 通过绘制模型线并选择它们创建规则幕墙，两条线可以在相同的标高上
3. 幕墙系统是一种建筑构件，它由什么主要构件组成？（　　）
   A. 嵌板
   B. 幕墙网格
   C. 竖梃
   D. 以上皆是
4. 在幕墙中如何添加门窗？（　　）
   A. 使用嵌板门窗替换幕墙嵌板
   B. 直接放置门窗
   C. 复制基本墙体门窗至幕墙上
   D. 以上皆是
5. 放置幕墙网格时，系统将首先默认捕捉到（　　）。
   A. 墙的均分处，或 1/3 标记处
   B. 将幕墙网格放到墙、玻璃斜窗和幕墙系统上时，幕墙网格将捕捉视图中的可见标高、网格和参照平面

C. 在选择公共角边缘时，幕墙网格将捕捉相交幕墙网格的位置。

D. 以上皆对

6. 在幕墙上放置幕墙竖梃时，只能放在（　　）。

　　A. 幕墙中间

　　B. 洞口边缘

　　C. 幕墙网格上

　　D. 嵌板上

7. 在幕墙网格上放置竖梃时如何部分放置竖梃？（　　）

　　A. 按住 Ctrl

　　B. 按住 Shift

　　C. 按住 Tab

　　D. 按住 Alt

8. 在幕墙上怎样创建斜幕墙网格？（　　）

　　A. 旋转幕墙网格

　　B. 在幕墙属性栏中设置参数

　　C. 在幕墙网格属性栏中设置参数

　　D. 创建幕墙网格前设置角度

答案：1~5. AADAD　　6~8. CBB

二、练习题

1. 根据图 7.3-1 创建墙体。建筑墙体的材质及构造不作要求，幕墙网格根据图示尺寸进行划分，幕墙竖梃为"矩形竖梃 50×150 mm"。

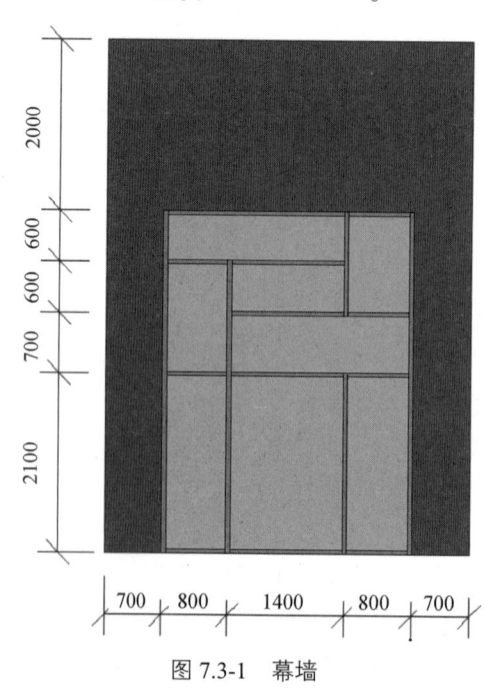

图 7.3-1　幕墙

任务 8 门窗创建

门窗创建

门、窗是建筑设计中最常用的构件。Revit 提供了门、窗工具，用于在项目中添加门、窗图元。门、窗构件与墙构件不同，门、窗图元属于可载入族，在添加门、窗前，必须在项目中载入所需的门、窗族，才能在项目中使用。同时，可以通过修改门窗的类型参数，比如门窗的宽、高以及材质等，形成新的门窗类型。

在门窗构件的应用中，其插入点、门窗平立剖面的图纸表达、可见性控制等都和门窗族的参数设置有关。所以我们不仅需要了解门窗构件族的参数修改设置，还需要在后面的族制作课程中深入了解门窗族制作的原理。本任务内容主要学习门窗的设置和创建。

建立门、窗模型前，先根据本别墅项目图纸查阅门、窗构件的尺寸、定位、属性等信息，保证门、窗布置的正确性。根据一层楼层平面图、二层楼层平面图、三层楼层平面图可知门、窗构件的平面定位信息，根据东立面图、西立面图、南立面图、北立面图可知门、窗构件的立面定位信息。

8.1 门窗设置

门窗的设置要注意是先载入门窗族再修改属性。

（1）载入门族。切换至"1F 楼层平面视图"。在"建筑"选项卡的"构建"面板中单击"门"，进入"修改|放置门"选项卡，注意属性面板的类型选择器中仅有默认"单扇-与墙齐"族。要放置其他类型门图元，必须先向项目中载入合适的门族。以 A 轴线上 3 号轴线和 4 号轴线之间的这扇门为例，单击"编辑类型"中的"载入"按钮，进入"平开门"中的"双扇"，选择"双面嵌板连窗玻璃门 2"。

（2）修改门属性。点击"双面嵌板连窗玻璃门 2"的"编辑类型"，点击"复制"，根据图纸里的名字，将其命名为"MLC3321"。修改构造、材质和装饰、尺寸标准等。这扇门依附于外墙面，选择"功能"为"外部"；"墙闭合"一般选择"按主体"；材质根据需要进行修改；最后将"尺寸标注"的高度、宽度改为需要的尺寸即可。根据图纸要求，分别在"高度"位置输入"2100"，在"宽度"位置输入"3300"，点击"确定"；修改"类型标记"为"MLC3321"，就完成了这扇门的设置，如图 8.1-1 所示。然后就可以选择用它来创建项目的门了。按上述方法继续完成其他的门和窗类型设置。

8.2 门窗创建

门窗设置完成后，就可以进行门窗的创建了。门窗可以在平面、剖面、立面或三维视图中布置。一般只需要在大致位置插入，然后修改临时尺寸标注或尺寸标注来精确定位，因为在 Revit 中具有尺寸和对象相关联的特点。同样以上一节设置的门 MLC3321 为例进行创建。

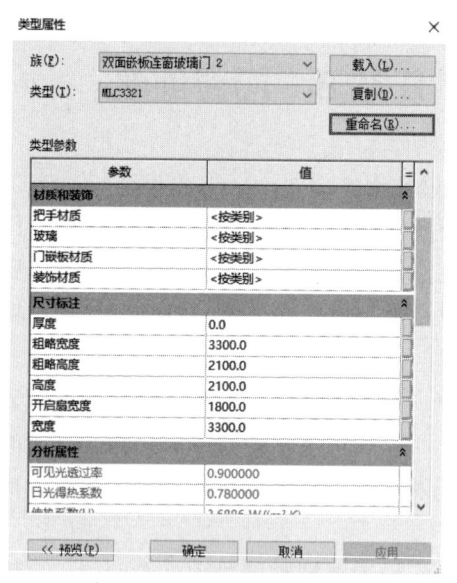

图 8.1-1 修改门属性

（1）切换至"1F 平面视图"，单击"建筑"选项卡中的"构建"面板"修改|放置门"选项卡。在"标记"面板中激活"在放置时进行标记"按钮，这样放置的门就会自动标记了。

（2）在视图中移动鼠标指针，当指针处于视图中的空白位置时，鼠标指针显示为圆圈单斜杠，表示不允许在该位置放置门图元。因为门和窗的主体是墙体，门、窗必须放置于墙、屋顶等主体图元上，如果墙体被删除了，门、窗也就没有了。这种依赖于主体图元而存在的构件称为"基于主体的构件"。

移动鼠标指针至 A 轴线 3~4 号轴线间外墙，将沿墙方向显示门预览并在门两侧与 3~4 号轴线间显示临时尺寸标注，指示门边与轴线的距离，单击标注文字修改距离即可。这里修改为距离左右两边"610"，如图 8.2-1 所示。如果是在墙体的中点处插入门窗，比如 MLC3321 的位置就是中点，可以在插入时键盘输入"SM"，就能自动捕捉到中点进行插入了。

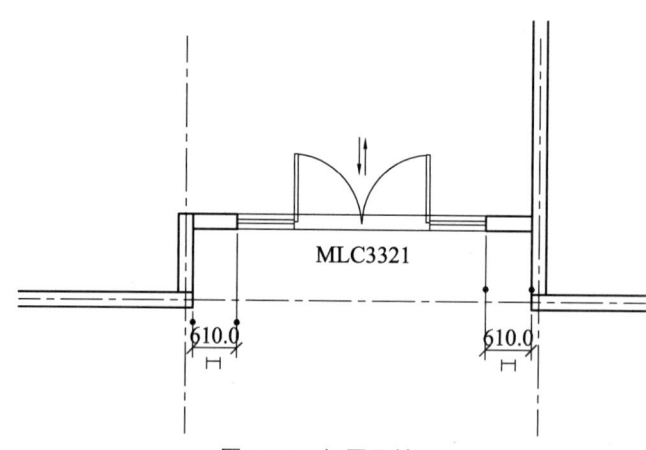

图 8.2-1 门图元放置

（3）插入门窗时在墙内外移动鼠标以改变内外开启方向。这里以单开门"M0821"为例。选中门，可以看到有两个符号⇌和↕，利用这两个符号可以翻转门的安装方向，也可以利用空格键改变左右开启方向。放置完成后按 Esc 键两次退出门工具。

（4）门"M0821"布置完成以后，要对其进行修改，以满足图纸要求。主要是对约束的标高和底高度进行修改。选择创建的门 M0821，"属性"面板的约束"标高"选择"1F"，根据门窗距离底部的要求设置底高度，然后也可以继续对材质和类型等参数进行设置。

按上述方法创建"1F"楼层的其他的门、窗图元，继续创建"2F""3F"的门、窗图元。门窗创建完成后的三维模型如图 8.2-2 所示。

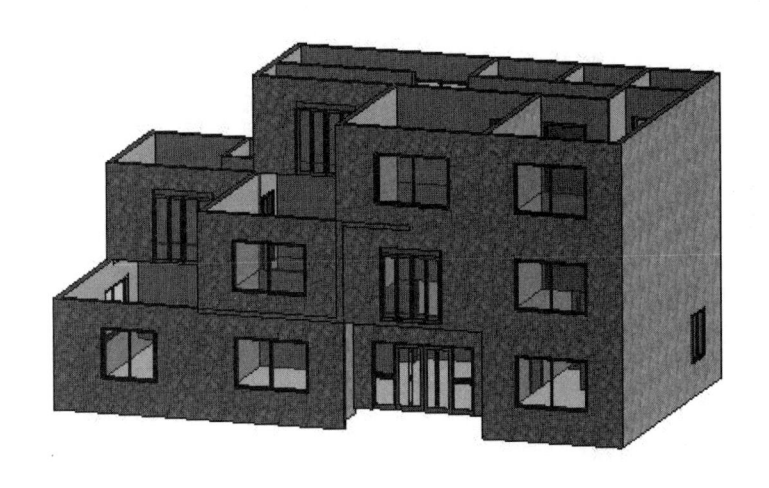

图 8.2-2　门、窗图元创建完成后的三维模型

8.3　任务练习

一、单选题

1. 以下说法有误的是（　　）。
   A. 可以在平面视图中移动、复制、阵列、镜像、对齐门窗
   B. 可以在立面视图中移动、复制、阵列、镜像、对齐门窗
   C. 不可以在剖面视图中移动、复制、阵列、镜像、对齐门窗
   D. 可以在三维视图中移动、复制、阵列、镜像、对齐门窗

2. 以下关于门窗的创建说法错误的是（　　）。
   A. 门窗可以在平面、剖面、立面或三维视图中布置
   B. 创建门、窗前，先根据项目图纸查阅墙构件的尺寸、定位、属性等信息，保证门、窗模型布置的正确性
   C. 门窗一般只需要在大致位置插入，然后修改临时尺寸标注或尺寸标注来精确定位，因为在 Revit 中具有尺寸和对象相关联的特点

D. 门窗布置完成以后，要对其进行修改，以满足图纸要求，只需要对标高进行修改

3. 布置完一层门窗后，其余层的构造相同时，布置其余楼层门窗最快捷的方法是（　　）。

　　A. 选择一层门窗图元，复制到剪切板并配合使用"对其粘贴"→"与选定的标高对齐"的方法对齐至其他标高相同位置
　　B. 点击布置
　　C. 复制同楼层构件进行布置
　　D. 在立面框选一层构件进行立面复制

答案：1~3. CDA

二、练习题

根据图 8.3-1 创建墙体及门窗。建筑墙体的尺寸参照图 8.3-1，材质及构造不作要求，门窗样式、尺寸以及平、立面位置与图 8.3-1 保持一致。

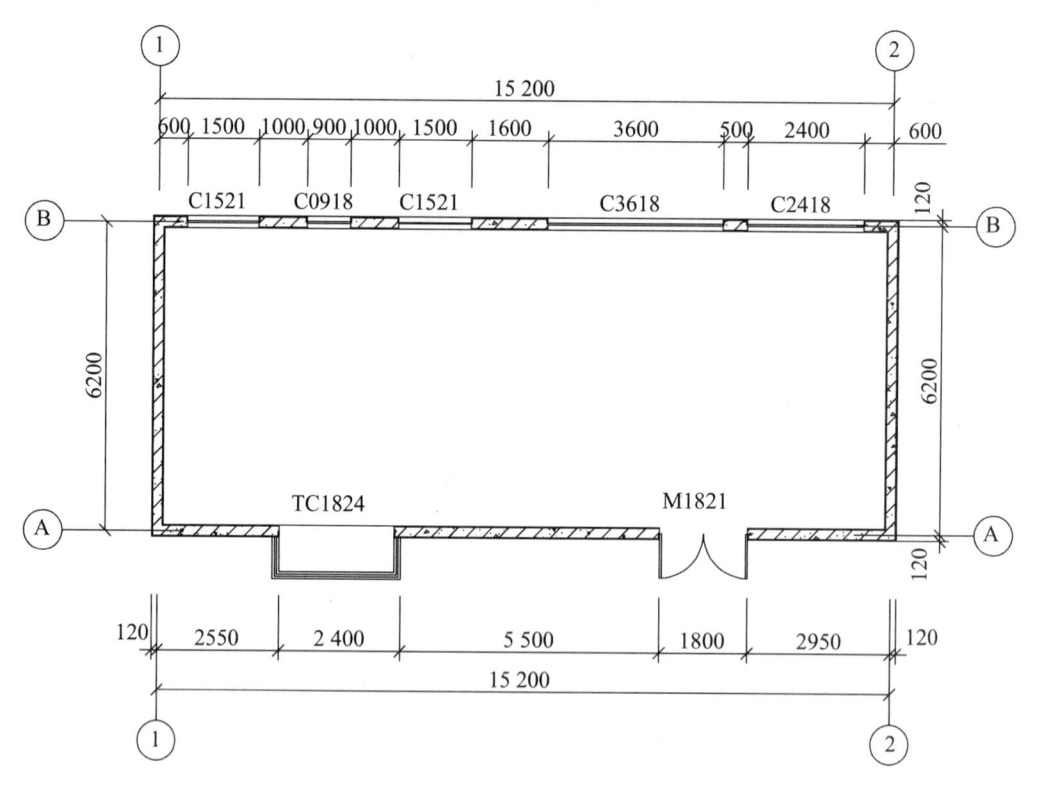

平面图 1∶100

南立面图 1：100

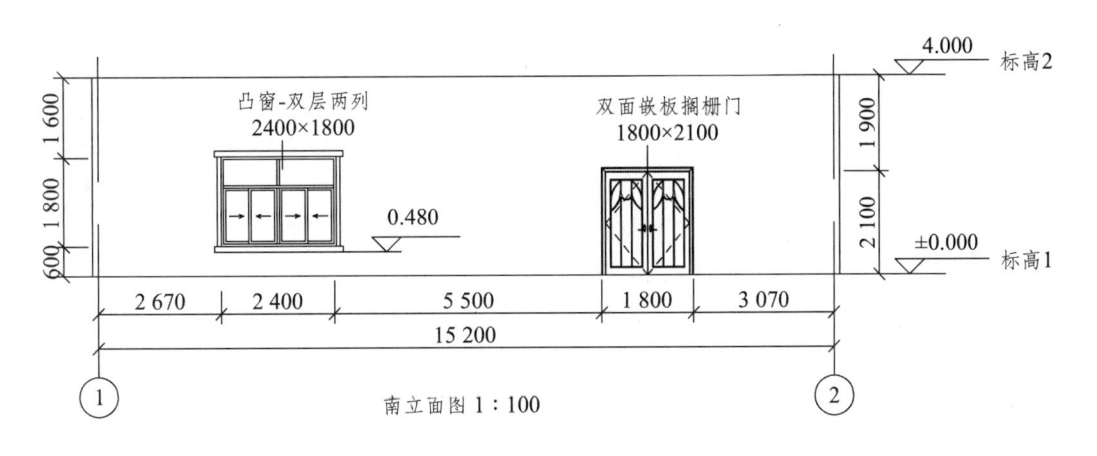

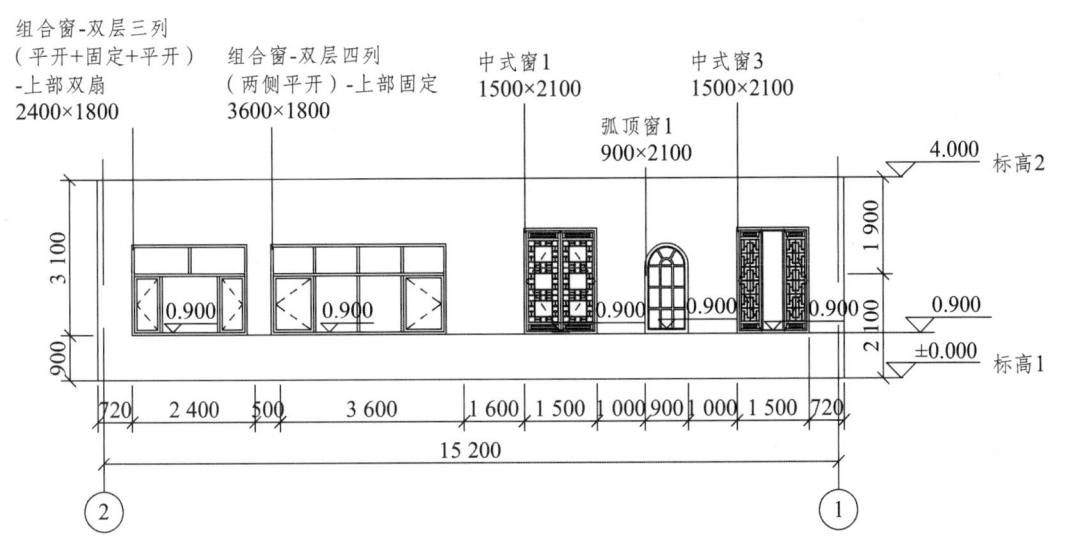

组合窗-双层三列
（平开+固定+平开）
-上部双扇
2400×1800

组合窗-双层四列
（两侧平开）-上部固定
3600×1800

中式窗1
1500×2100

中式窗3
1500×2100

弧顶窗1
900×2100

双面嵌板搁栅门
1800×2100

凸窗-双层两列
2400×1800

北立面图 1：100

图 8.3-1　门窗样式及尺寸

任务 9　楼板创建

楼板创建

Revit 提供了三种楼板工具"楼板：建筑""楼板：结构""面楼板"，还提供了"楼板：楼板边"，如图 9-1 所示。其中结构楼板的使用方法与建筑楼板相似，面楼板主要是用于体量当中将体量楼层转换为建筑模型的楼板。接下来，进行别墅项目案例楼板的设置与创建。

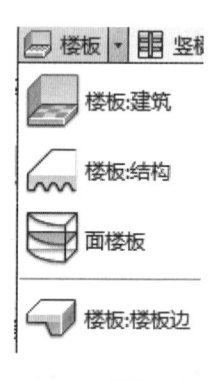

图 9-1　楼板工具

9.1　楼板的设置与创建基础知识

楼板和门窗不同，要先创建再进行属性的设置。

1. 楼板的绘制

（1）单击"楼板：建筑"命令后，进入"修改|创建楼层边界"上下文选项卡，在这里可以进行楼板边界的绘制，如图 9.1-1 所示。

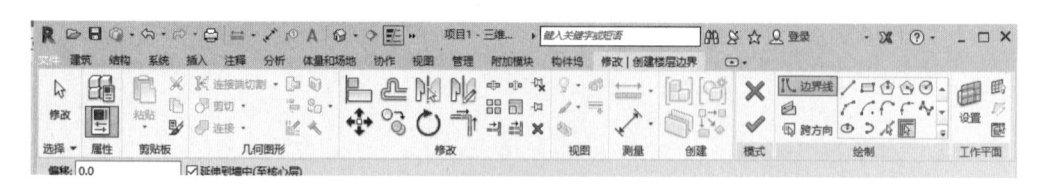

图 9.1-1　"修改|创建楼层边界"选项卡

（2）在绘制面板上有"边界线""坡度箭头""跨方向"三个命令。"边界线"用来绘制楼板的边界；有些楼板存在一定的坡度，就可以使用"坡度箭头"来创建；"跨方向"用于为金属压型板指定与之平行的结构楼层边界线。

边界线里给了多种绘制边界线的方式，例如直线、圆弧、样条曲线、拾取线、拾取墙等。我们可以直接绘制楼板，如果有 CAD 底图也可以直接拾取楼板线，已经创建了墙体时还可以利用墙体边界用"拾取墙"来绘制楼板，如图 9.1-2 所示。

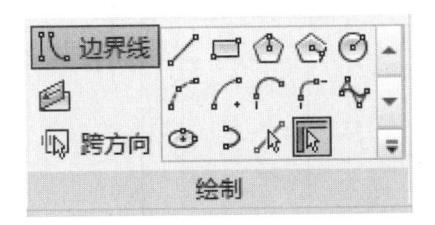

图 9.1-2　绘制边界线

2. 楼板半径和偏移量的设置

（1）首先绘制一个最简单的楼板，在绘制面板上选择绘制的方式为矩形，在选项栏位置会出现"偏移量"以及"半径"的选项。"半径"指的是在绘制过程中对矩形进行倒角的半径，例如：在绘图区域上绘制矩形楼板，勾选选项栏上的半径，当在绘图区域确定第一点时，可以看到矩形四个角都已经变成了有 400 mm 倒角的圆弧，如图 9.1-3 所示。单击模式面板上面的"完成编辑模式"按钮，完成楼板的绘制。

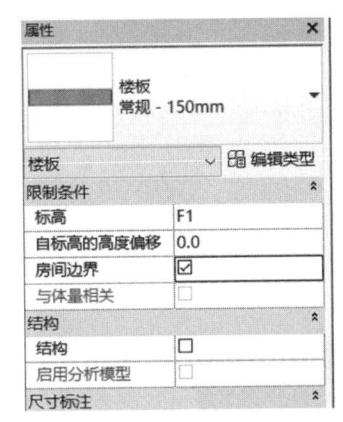

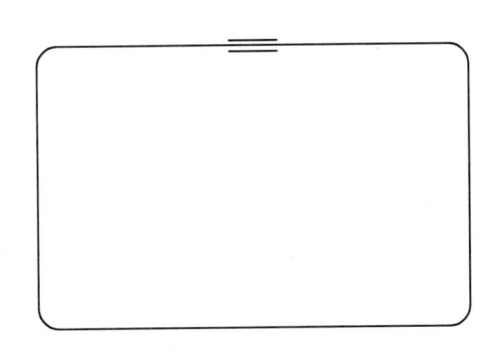

图 9.1-3　楼板半径设置

（2）为了对比，再绘制第二个矩形楼板，不勾选半径，如图 9.1-4。可以看到第二个矩形四个角都没用进行倒角。

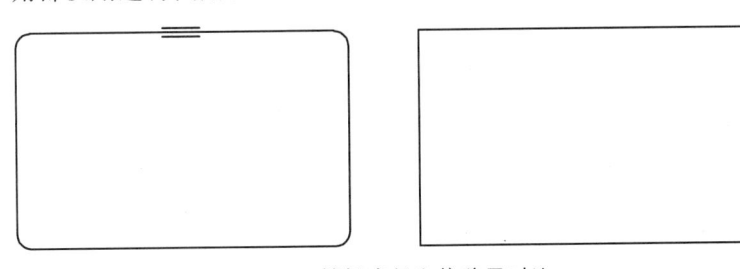

图 9.1-4　楼板半径和偏移量对比

（3）偏移量指的是相对于鼠标在绘图区单击的位置偏移的距离。例如：在楼层平面标高 1 中绘制楼板，选择绘制方式为矩形，绘制完成第一个矩形。再次单击矩形命令，将选项栏上的"偏移量"改为 800 mm，在图中可以看到所生成的轮廓草图线比鼠标单击的位置向外偏移了 800 mm，按空格键可以将草图线的偏移方向从外侧转回内侧。同样，再按空格键会从内侧转回外侧，如图 9.1-5 所示。

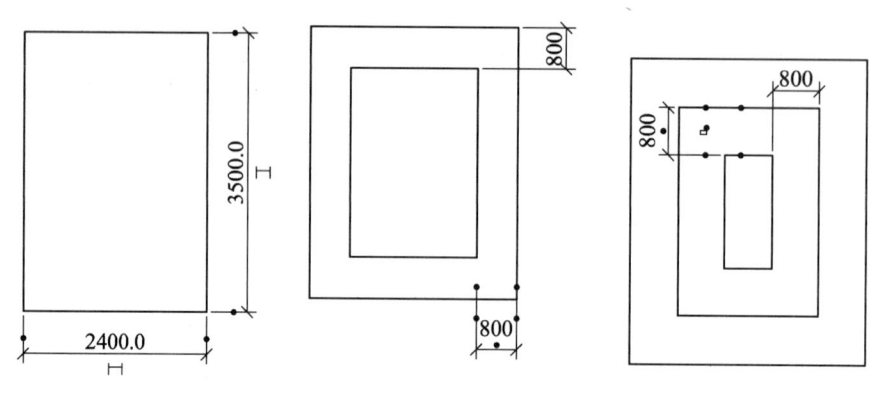

图 9.1-5 内外偏移

单击模式面板上面的"完成编辑模式"按钮，完成楼板的绘制。

3. 楼板的属性

（1）楼板的实例属性。

使用图 9.1-5 的楼板，切换到三维视图，选中楼板，观察属性栏。在属性栏中，楼板的限制条件是比较主要的，楼板所在的位置是 1F，指标高的高度偏移是 0。其他实例属性如图 9.1-6 所示。

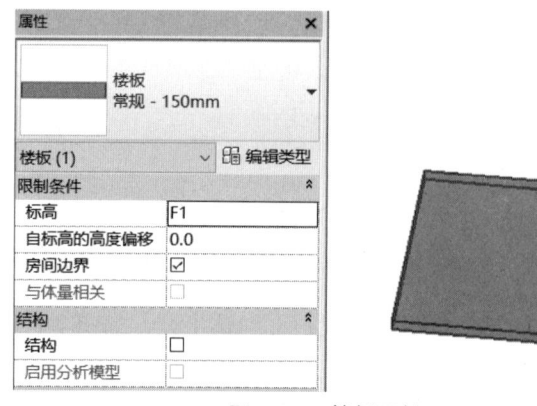

图 9.1-6 楼板属性

若将"自标高的高度偏移"改为 500 mm，选择"注释"选项卡上的"高程点"命令，对楼板进行注释，可以看到楼板向上偏移了 500 mm，如图 9.1-7 所示。选中楼板，将楼板的限制条件切换到"标高 2"，因为高程值是 4000 mm，所以现在楼板的高度为 4500 mm，如图 9.1-8 所示。

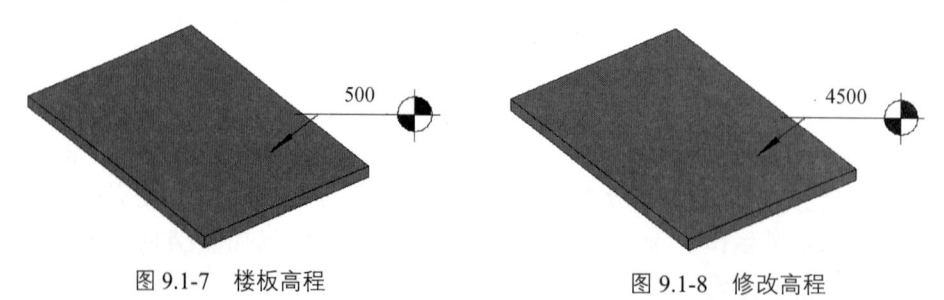

图 9.1-7 楼板高程

图 9.1-8 修改高程

（2）楼板的类型属性。

楼板和墙一样都是系统族，是通过参数定义的方式来生成不同类型楼板的，楼板的属性设置与墙的属性设置基本相同，有"结构编辑""粗略比例填充颜色"和"粗略比例填充样式"。"粗略比例填充样式"指的是当视图的详细程度设置为粗略的时候所表现的外在形态，如图9.1-9所示。楼板的编辑部件对话框与墙的编辑部件对话框使用方式相似，如图9.1-10所示。

图 9.1-9　楼板类型编辑

图 9.1-10　楼板部件编辑

4. 楼板边

（1）在建筑选项卡上单击"楼板"下拉列表中的"楼板：楼板边"命令，此时状态栏的提示是"单击楼板边、楼板边缘或模型线进行添加，再次单击进行删除"，也就是说楼板边自己本身可以把自己作为第二次、第三次放置楼板边缘拾取线，例如选中楼板，单击楼板边缘。但是楼板边是不能连续放置的，需要点击放置面板上面的"重新放置楼板边缘"，如图9.1-11所示，这样可以使用多个楼板进行叠加。

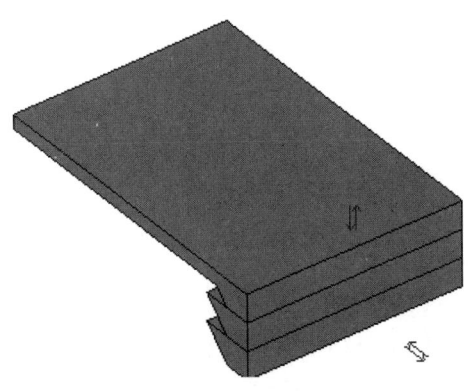

图 9.1-11　重叠楼板边

（2）选中板边会出现翻转的箭头，可以上下左右相对于拾取线进行偏移。同时在属性栏中可以看到"垂直轮廓偏移"，如果是正值就是向上进行偏移，负值就是向下偏移。例如：将垂直轮廓偏移改为-900 mm，如图 9.1-12 所示。楼板边是可以脱离拾取边向下偏移的。属性栏中的"角度"也是可以改变的，例如：将"角度"改为45°，楼板边会进行45°旋转，如图9.1-13 所示。

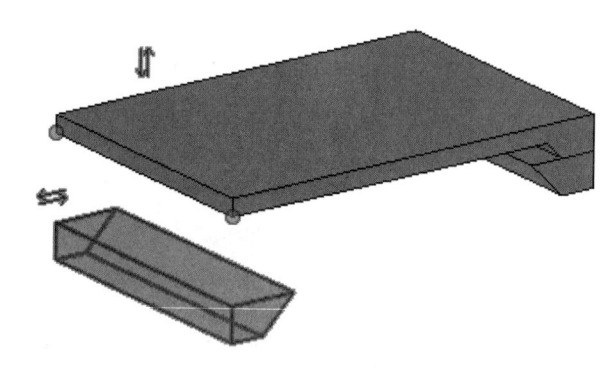

图 9.1-12　偏移楼板边

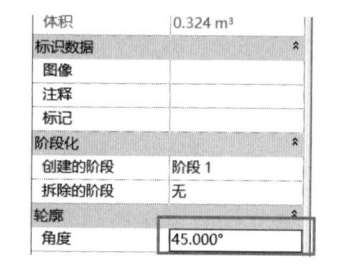

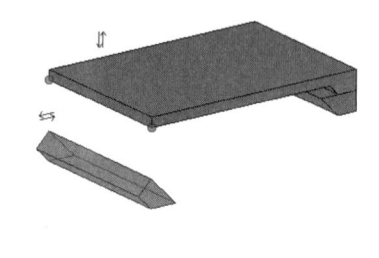

图 9.1-13　设置楼板边的角度

9.2　项目楼板创建

上一节学习了楼板的设置与创建，现在来创建别墅项目的楼板。同上一节所讲内容一样，项目楼板创建主要分为楼板创建和楼板编辑两个步骤。

1. 楼板创建

针对已经创建了墙体的别墅项目，楼板的创建可以在 CAD 底图上进行直接绘制或者拾取。

（1）处理 CAD 底图。打开创建了墙体的别墅项目，因为导入了 CAD 底图，直接绘制楼板不清晰，可以先将 CAD 底图隐藏。先进入一层平面视图，然后输入"VV"，在"可见性/图形替换"中点击"导入的类别"，选择不勾选底面图，确定。CAD 底图已经隐藏了，这样创建楼板的时候比较方便。

（2）拾取墙或者拾取线绘制楼板。拾取线和拾取墙在这里差不多。点击"拾取墙"，在绘图区域选择要用作楼板边界的墙，依次选择即可。注意楼板边界必须为闭合环，所以要依次拾取，沿着外墙体拾取结束后点击"完成"，一层的楼板就创建完成。切换到三维视图，就能看到创建的楼板了。然后检查一下楼板是否有错误，若有进行相应的调整就可以了。

（3）直接绘制楼板。接下来，创建 2F 的楼板，这里选择直接绘制线方式。沿着墙体的外墙外边缘绘制，一定要注意绘制过程中应一气呵成，中间不能间断，绘制成一个闭合环，点击"完成"，然后切换到三维视图，检查一下细节即可。

采用拾取墙或者直接绘制的方式创建完成 3F 的楼板。创建完成后，如图 9.2-1 所示。

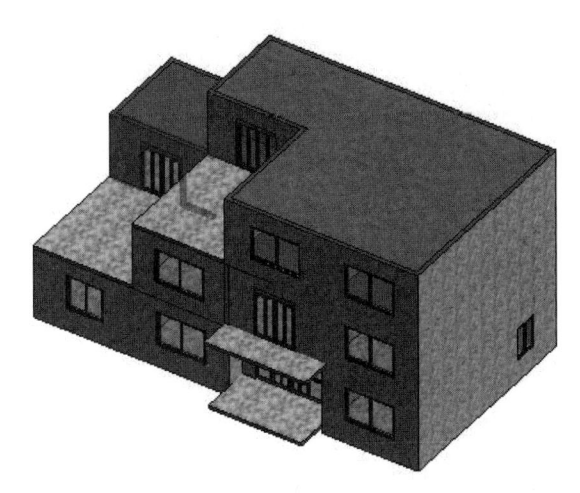

图 9.2-1　楼板创建完成

2. 楼板编辑

如果对楼板的形状需要做一些修改，那么选中需要修改的楼板点击"模式"里的"编辑边界"就可以在草图中进行修改了，还可以利用"形状编辑"面板的工具进行形状编辑，添加点或者添加分割线等。如果仅想对某一条边进行修改，可以点击"修改子图元"对其进行编辑即可。

9.3　任务练习

一、单选题

1. 可以在以下哪个视图中绘制楼板轮廓？（　　）

   A. 立面视图

   B. 剖面视图

   C. 楼层平面视图

   D. 详图视图

2. 以下关于楼板创建的绘制面板说法错误的是（　　）。

   A. "边界线"用来绘制楼板的边界，边界线里给了多种绘制边界线的方式，例如直线、圆弧、样条曲线、拾取线、拾取墙等

   B. "坡度箭头"创建楼板的坡度

   C. "跨方向"用于为金属压型板指定与之平行的结构楼层边界线

   D. "偏移量"指的是相对于鼠标在绘图区单击的位置偏移的距离

3. 创建楼板时，在修改栏中绘制楼板边界不包含命令（　　）。

A. 边界线

B. 跨方向

C. 坡度箭头

D. 默认厚度

答案：1~3. CDD

二、多选题

1. 下列哪些项属于系统族？（　　）

A. 屋顶

B. 楼板

C. 独立基础

D. 墙

E. 门窗

2. 楼板的开洞方式有下列哪几种？（　　）

A. 绘制楼板草图时，在闭合边界中需要开洞口的位置添加小的闭合草图线条

B. 使用基于楼板的洞口族

C. 使用洞口工具下的"按面开洞"

D. 使用洞口工具下的"竖井洞口"

E. 使用洞口工具下的"垂直洞口"

3. Revit Architecture 提供了 3 种楼板：（　　）。

A. 面楼板

B. 楼板

C. 结构楼板

D. 建筑楼板

答案：1. ABD　2. ABCDE　3. ACD

三、练习题

根据以下平面和剖面图，载入附件"楼板边轮廓"，使用楼板及楼板边工具创建集水坑，尺寸参照图 9.3-1，材质及构造不作要求。

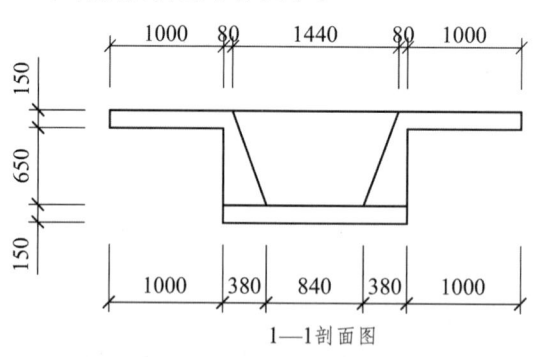

1—1剖面图

平面图 1:100

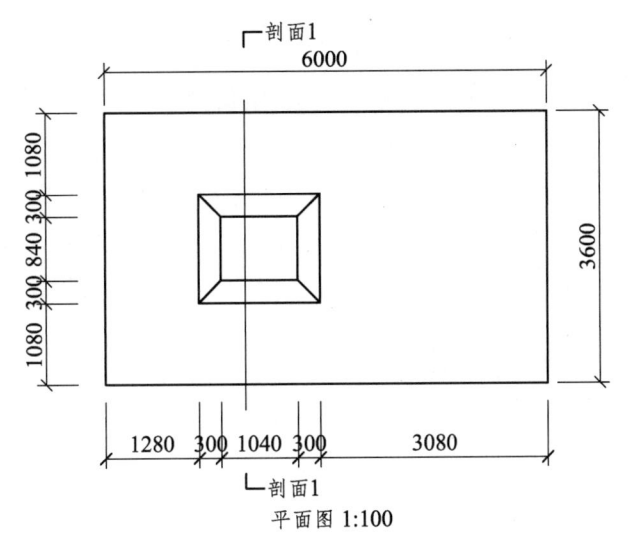

图 9.3-1 集水坑尺寸

任务 10　屋面创建

屋顶是建筑围护结构的重要组成部分之一，不仅为人们提供了抵御风雨侵袭的庇护所，还具有重要的美学价值。屋顶的创建主要分为两个步骤：第一步绘制屋顶边界轮廓线，第二步定义屋顶坡度。

10.1　绘制屋顶边界轮廓线

（1）屋顶的设置命令在"建筑"选项卡中的"构建"里，Revit 提供了多种屋顶创建工具，如"迹线屋顶""拉伸屋顶""面屋顶"，如图 10.1-1 所示。

图 10.1-1　屋顶创建工具

其中："迹线屋顶"是使用建筑迹线来定义边界，一般在创建常规坡屋顶和平屋顶时都采用迹线屋顶；"拉伸屋顶"是通过拉伸绘制的轮廓来创建屋顶，创建有规则断面的屋顶时可以采用这种方式；"面屋顶"是使用非垂直的体量面来创建屋顶，遇到需要创建异型曲面屋顶时，可以考虑采用面屋顶来创建。

（2）选择绘制工具。迹线屋顶与楼板的创建方式类似，在屋顶下拉列表中选择"迹线屋顶"工具，绘制屋顶边界轮廓线。这里提供了多种工具，可以很方便地创建矩形屋顶、圆锥屋顶、棱锥屋顶等，在墙体已经创建完成的情况下，通常采用"拾取墙"工具。

注意：

①"拾取墙"命令要拾取到墙体，因此用此命令应该在屋顶的下一层平面视图中创建，针对本项目则切换至 3F 平面视图进行"拾取"。"拾取墙"创建的屋顶轮廓，会自动和拾取的墙体之间建立关联，完成屋顶后如果移动墙体，则屋顶边界位置会自动随墙体更新，这样比较方便在项目中调整。

② 选用直接绘制工具，如"线""矩形"等工具，是在屋顶层直接进行绘制，因此选用这些命令应切换至屋顶平面层，沿着屋顶迹线直接绘制即可。绘制之后需要与三楼墙体进行附着处理。

（3）设置参数。采用"拾取墙"命令，在选项卡里还要注意下面有几个参数，如图 10.1-2 所示。

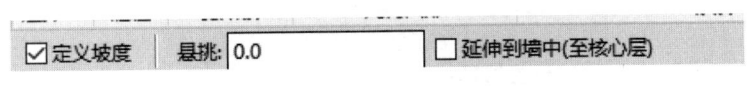

图 10.1-2　拾取墙屋顶参数设置

① 悬挑值的设置。屋顶是否有悬挑，悬挑值是多少，在这里事先应设置好。查看别墅案例屋顶平面图，设置悬挑值为 700。

② 定义屋顶的坡度。勾选了"定义坡度"，编辑的屋顶就有默认的 30°坡度，生成标准的坡屋顶，也可以对屋顶迹线的坡度进行更改。

采用"线"等绘制工具，参数有所变化，如图 10.1-3 所示。"定义坡度"和"链"如前面所述，"偏移"类似上述"悬挑"，"半径"是指屋顶迹线是否有弧度。

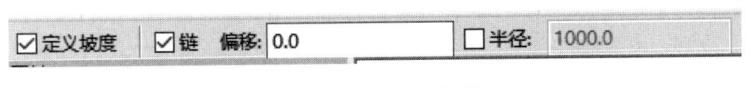

图 10.1-3　绘制屋顶参数设置

（4）绘制屋顶迹线。定义好参数就可以进行绘制了。这里切换至屋顶平面视图，采用"线"直接绘制，可以看到迹线自动向外悬挑 700，如图 10.1-4 所示。注意屋顶迹线也必须是封闭的轮廓线，当然可以在外边界内绘制嵌套的封闭轮廓，形成"回"字形，从而创建带洞口的屋顶。

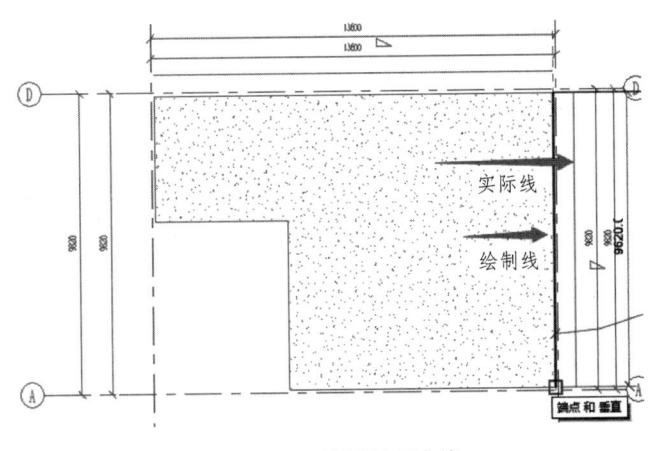

图 10.1-4　绘制屋顶迹线

（5）屋顶绘制完成后，切换至三维视图，查看屋顶，如图 10.1-5 所示。

图 10.1-5　三层屋顶绘制完成

（6）点击 3F 墙体，在上方命令栏里找到"附着顶部/底部"，如图 10.1-6 所示，完成屋顶的绘制。

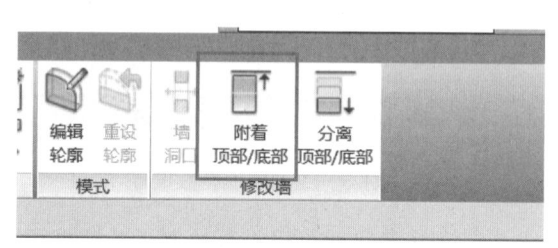

图 10.1-6　附着顶部/底部

（7）用同样的方式创建 2F 上方屋顶。进入 3F 平面视图，点击"屋顶"选择"迹线屋顶"，选择"线"，沿着三层 CAD 平面图中的屋顶迹线完成迹线绘制，如图 10.1-7 所示。完成后项目屋顶如图 10.1-8 所示。

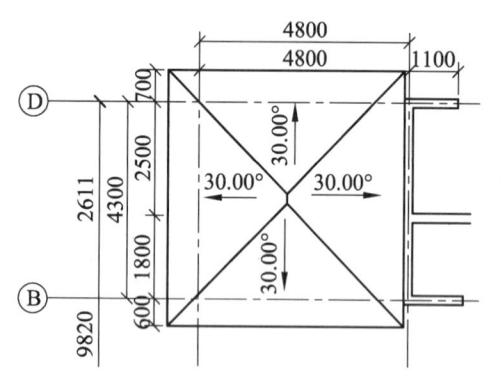

图 10.1-7　二层屋顶

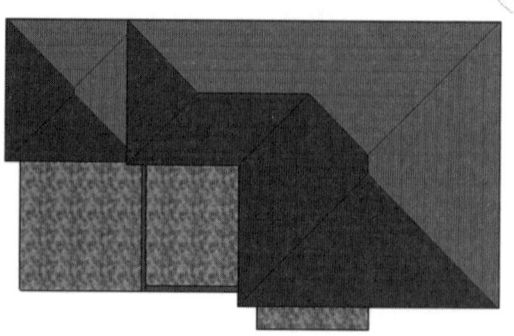

图 10.1-8　二层屋顶绘制完成

（8）屋顶的材质设置。屋顶的材质设置和楼板、墙体等设置的方式一致，在"属性"中的"编辑属性"里进行修改，单击"复制"按钮，在弹出的"名称"对话框中输入名为"A5-3F 屋顶 200 mm"的屋顶类型，单击"确定"。单击"结构"→"编辑"按钮，创建"屋顶-西班牙瓷砖"结构，如图 10.1-9 所示。点击"确定"。

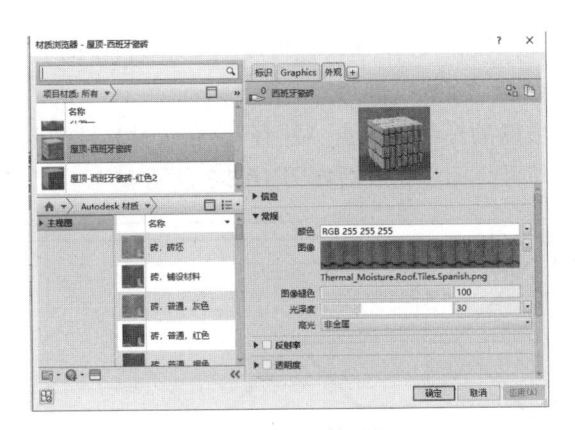

图 10.1-9　屋顶材质设置

10.2　定义屋顶坡度

（1）选中屋顶，点击"编辑迹线"或者双击屋顶，可以看到屋顶的四条边周围都有一个坡度符号　　　，点击边线，就出现了对应的坡度，默认为30°，如图10.2-1所示。可以更改这个值。注意：如果不需要坡度，就不勾选定义坡度，但不能直接输入0°，否则会提示错误。也可以直接在边界的属性面板上操作，效果一样。

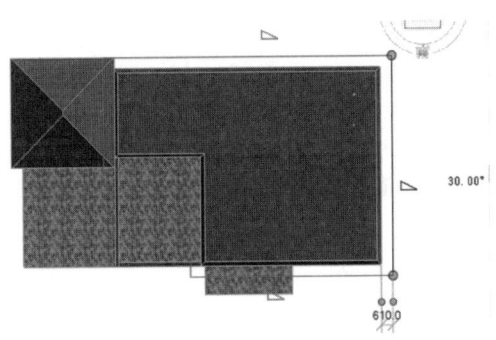

图 10.2-1　坡度修改

（2）如果需要变换坡度方向就可以用工具"坡度箭头"。利用坡度箭头就可以在草图中添加需要的坡度。

例如现在重新生成一个标准四坡屋顶，利用"拆分图元"命令，将这条边分成三段，中间这段给它取消定义坡度，点击坡度箭头，分别从左右向中心创建一个坡度，点击"完成"，可以看到现在创建的坡屋顶如图10.2-2所示。

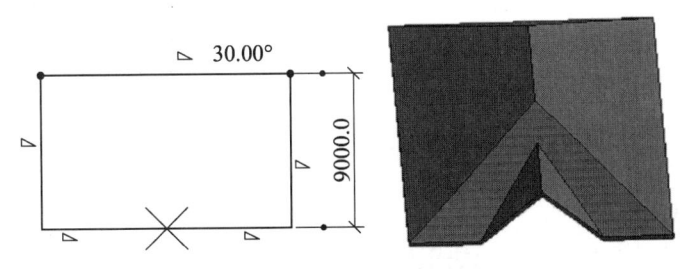

图 10.2-2　坡度箭头修改屋顶

（3）针对本项目，根据底图数据来设置坡度，因为项目中的坡度就是默认坡度30°，所以不用修改，直接点击"完成"即可。

（4）屋顶高程点坡度的标注。点击"注释"，在尺寸标注里选择"高程点坡度"，然后对屋顶进行标注即可。标注完成后如图 10.2-3 所示。

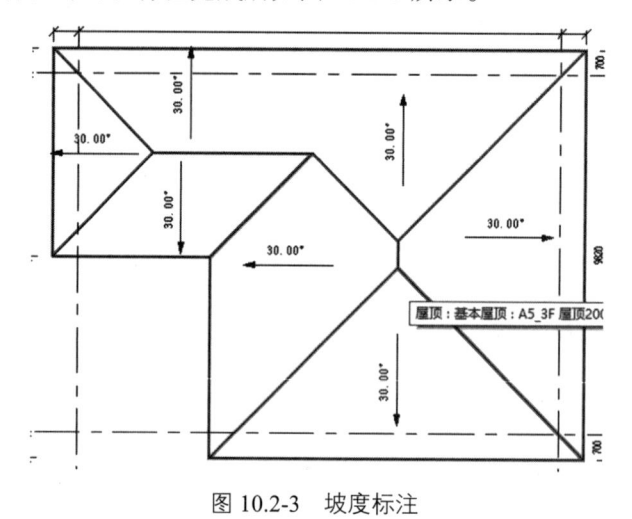

图 10.2-3 坡度标注

10.3 任务练习

一、单选题

1. 当墙体附着至屋顶后，再次修改屋顶的坡度，则墙体（   ）。
   A. 不会随屋顶的变化而变化
   B. 会随屋顶的变化而变化
   C. 自动恢复附着前墙体状态
   D. 不再允许修改屋顶

2. 编辑屋顶属性，关于构造选项中的椽截面说法错误的是（   ）。
   A. 它是垂直截面
   B. 它是垂直双截面
   C. 它是正方形双截面
   D. 它是圆形双截面

3. 何种情况下可以使用编辑屋顶的"顶点"选项？（   ）
   A. 屋顶坡度小于 30°时
   B. 屋顶坡度大于 30°时
   C. 屋顶坡度小于 0°时
   D. 屋顶没有坡度时

答案：1～3. BDD

二、多选题

1. 关于创建屋顶所在视图说法正确的是（   ）。

A. 迹线屋顶可以在立面视图和剖面视图中创建

B. 迹线屋顶可以在楼层平面视图和天花板投影平面视图中创建

C. 拉伸屋顶可以在立面视图和剖面视图中创建

D. 拉伸屋顶可以在楼层平面视图和天花板投影平面视图中创建

E. 迹线屋顶和拉伸屋顶都可以在三维视图中创建

2. 下列哪些是修改屋顶坡度的方法？（　　）

A. 修改楼板和屋顶图元顶点高程

B. 修改边界

C. 修改割线子图元高程

D. 加坡度符号

3. 创建屋顶有下列哪几种方式？（　　）

A. 构件屋顶

B. 面屋顶

C. 迹线屋顶

D. 拉伸屋顶

E. 旋转屋顶

答案：1. BCED　　2. ABC　　3. BCD

三、练习题

创建屋顶，厚度为 125 mm，材质及构造不作要求，尺寸如图 10.3-1 所示。

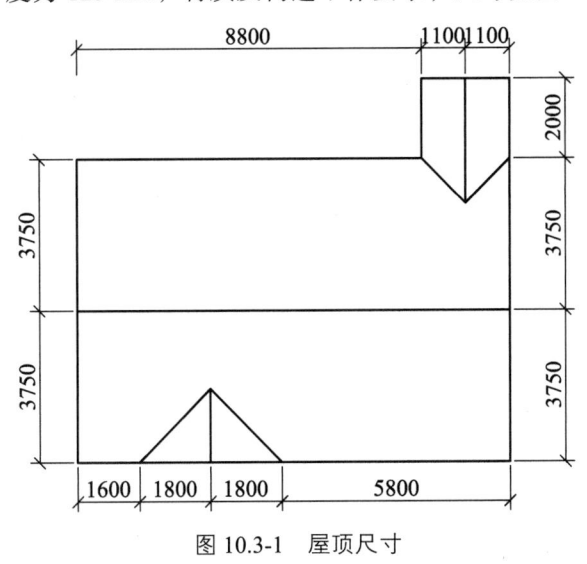

图 10.3-1　屋顶尺寸

任务 11　洞口创建

洞口创建

在 Revit 中，可以通过编辑楼板、屋顶、墙体的轮廓来实现开洞口，还可以利用软件提供的专门的"洞口"命令来创建。利用"洞口"命令可以创建垂直洞口、竖井洞口、老虎窗洞口等。此外，对于异型洞口造型，我们还可以通过创建内建族的空心形式，应用剪切几何形体命令来创建。本任务内容重点介绍"编辑轮廓"和"洞口"命令创建洞口。

11.1　编辑墙体轮廓

在大多数情况下，放置墙时，墙的轮廓为矩形。需要在墙体上设置洞口时，可以通过编辑墙体轮廓来创建。

墙体轮廓的编辑主要分为两步：第一步创建墙体，第二步进行墙体轮廓编辑。现在以图 11.1-1 所示为例。

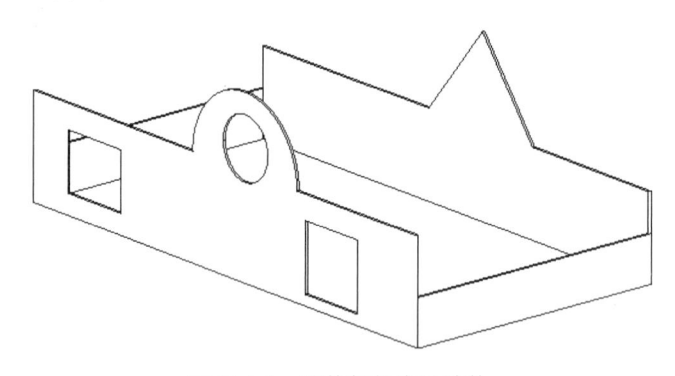

图 11.1-1　需编辑轮廓的墙体

1. 创建墙体

（1）首先利用"建筑模板"新建一个项目，在"建筑"选项卡中，点击"墙"，在标高 1 视图框中任意创建一面矩形墙，创建完后进入三维视图，切换到前立面视图。

（2）在绘制区域，选择墙，在"修改|墙"选项卡中的"模式"面板里就提供了"编辑轮廓"工具，利用它就可以修改选定的墙或洞口的形状，如图 11.1-2 所示。

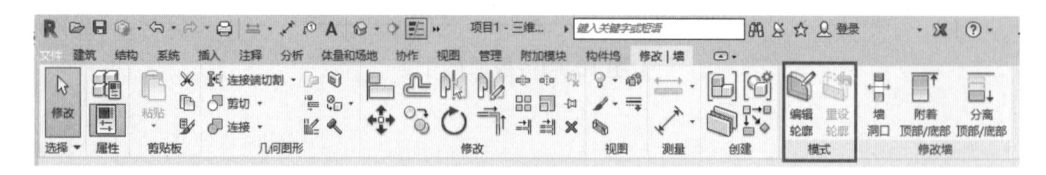

图 11.1-2　编辑轮廓命令

2. 墙体轮廓编辑

（1）点击"编辑轮廓"，打开后墙的轮廓以洋红色模型线显示，使用"修改"和"绘制"面板上的工具根据需要编辑轮廓，如图 11.1-3 所示。

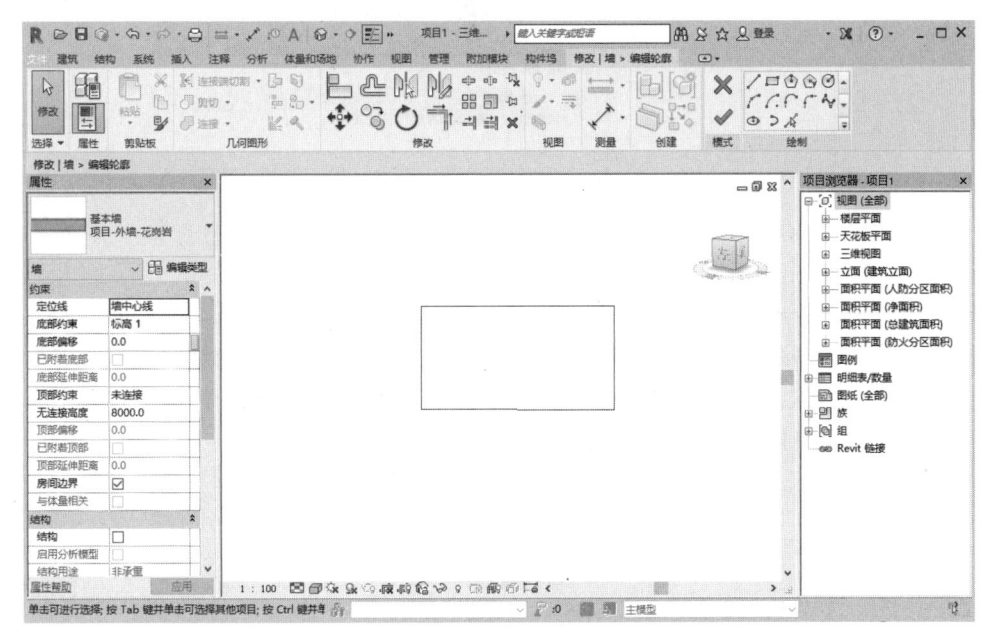

图 11.1-3 编辑轮廓窗口

（2）矩形轮廓编辑。进入草图模式后，"绘制"提供了多种编辑形状。选择"▭"可以直接在墙体上编辑一个矩形轮廓，点击 ✔ 就完成了带矩形洞口墙体轮廓的编辑，如图 11.1-4 所示。

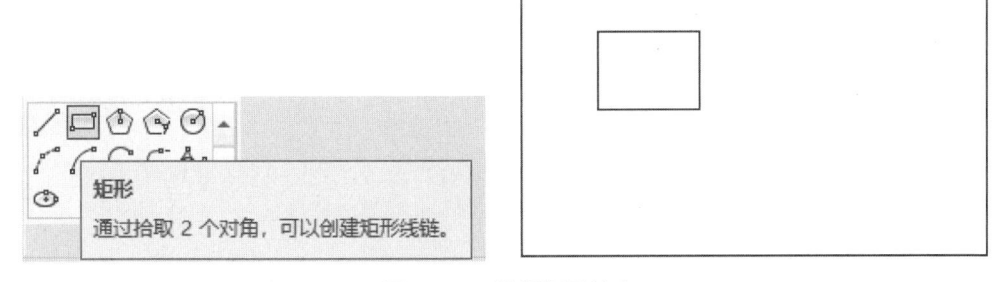

图 11.1-4 编辑矩形轮廓

注意：编辑的轮廓一定要是封闭的形状。假如轮廓不封闭，点击"完成"，会提示：线必须在闭合的环内，高亮显示的线有一端是开放的。同样地，如果轮廓线有交叉，点击"完成"，也会提示错误：高亮显示的线是相交的。因此，绘制时有提示错误应检查是否存在线条未闭合或者存在交叉的情况。

（3）曲线轮廓编辑。同样地，也可以编辑曲线轮廓，接下来编辑示例墙体上方的半圆轮廓。

选中墙体，选中"圆心-端点弧"，在墙体上画一个半圆，此时线条有交叉，如果直接点击"完成"，会提示错误，如图 11.1-5 所示。

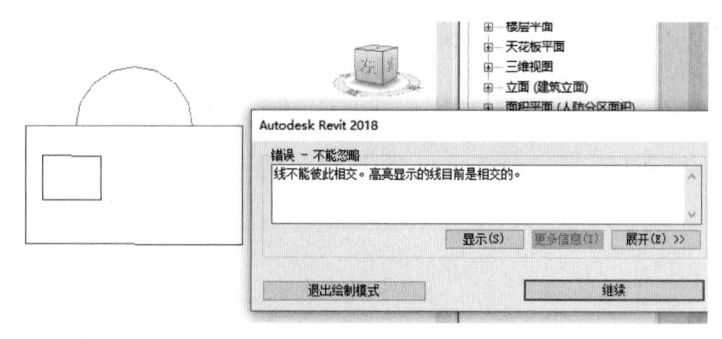

图 11.1-5 轮廓线编辑错误提示

此时需要对多余的线条进行剪裁。利用"修改"里的 "修改延伸为角"进行剪裁，点击 ，依次选中所需要的线条，就可以剪掉不需要的线条。但由于墙体上方边缘线是连续的，直接剪裁整条墙边线就剪掉了，如图 11.1-6 所示。

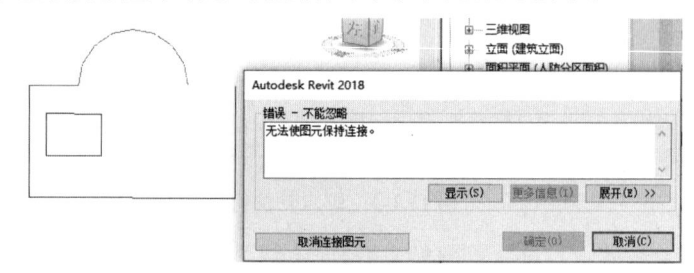

图 11.1-6 轮廓线剪裁错误提示

这种情况，可以利用另一个工具——拆分图元，如图 11.1-7 所示。

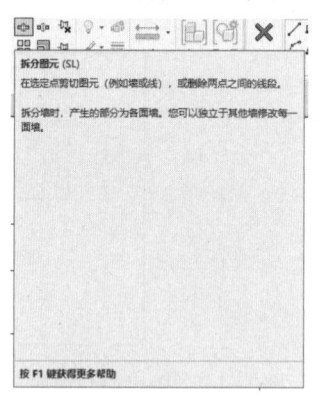

图 11.1-7 拆分图元命令

点击"拆分图元"，在圆弧和线段的其中一个相交点点击进行拆分，如图 11.1-8 所示。

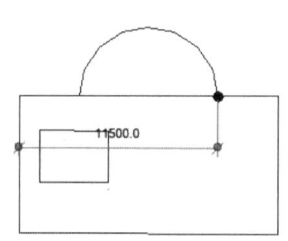

图 11.1-8 拆分图元

然后点击 ![剪裁] 进行剪裁，点击 ![完成] 完成，或者拆分成三段直接删除，就编辑好一个带圆弧的墙体轮廓了，如图 11.1-9 所示。

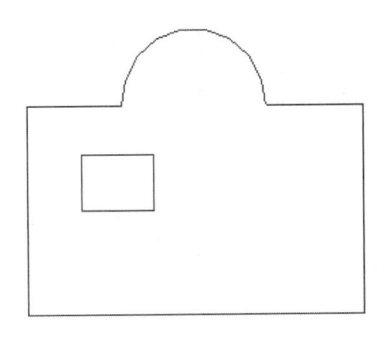

图 11.1-9 带圆弧的墙体轮廓

（4）圆形轮廓编辑。按照与编辑矩形轮廓同样的方法创建一个圆形洞口，完成墙体轮廓编辑，如图 11.1-10 所示。

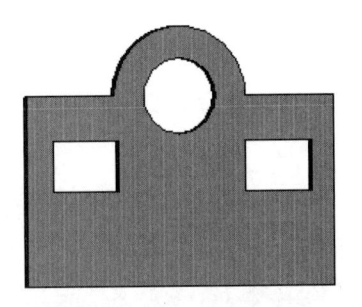

图 11.1-10 编辑轮廓后的墙体

11.2 利用"洞口"命令创建洞口

利用 Revit 的洞口工具，不仅可以在楼板、天花板、墙等图元构件上创建洞口，还能在一定高度范围内创建竖井，用于创建如电梯井、管道井等垂直洞口。Revit 提供了"按面""墙""垂直""老虎窗"和"竖井"等几种洞口工具，如图 11.2-1 所示。

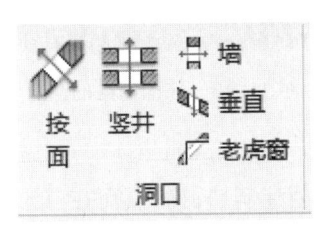

图 11.2-1 洞口工具

11.2.1 按面创建洞口

1. 创建面洞口基础知识

（1）先利用"建筑样板"新建一个项目，点击"建筑"→"墙：基础墙"→"基本墙",任意创建三面墙,创建一个楼板,再创建一个屋顶。为了直观观察"按面"创建洞口的特点,切换至三维视图。

(2)在"洞口"面板中选择"按面"创建洞口命令,此时鼠标箭头变成了十字形,表明可以选择需要创建洞口的面。选中屋顶的其中一个面,进入"修改|创建洞口边界"状态栏,在"绘制"里同前面创建楼板等一致,也提供了很多洞口轮廓绘制工具,如图 11.2-2 所示。

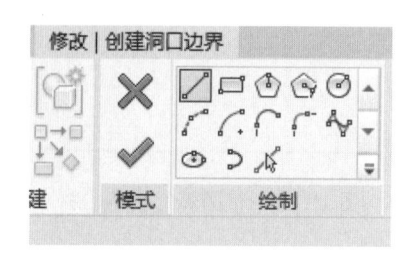

图 11.2-2 修改|创建洞口边界

(3)选择▢绘制一个矩形洞口,点击"完成",就按面创建了一个洞口了。

注意:"按面"创建的洞口是与拾取的这个面垂直的。这个命令是通过拾取屋顶、楼板或天花板的某一面并垂直于该面进行剪切绘制洞口形状的,如图 11.2-3 所示。

图 11.2-3 按面创建的洞口

2. 创面项目楼板洞口

上述是为了观察"按面"创建洞口的特点而在三维视图中创建了洞口。一般情况下,洞口要根据具体的尺寸准确创建,通常采用在楼层平面视图中创建。

(1)打开创建的别墅项目,进入三维视图,在"属性"面板中的"范围"里,勾选"剖面框",如图 11.2-4 所示。此时项目模型周围会有一个线框,点击线框,线框周围会出现箭头,通过上下或者左右拖动箭头,能够控制当前项目视图范围。向下拖拽剖面框至显示出二层楼板,如图 11.2-5 所示。

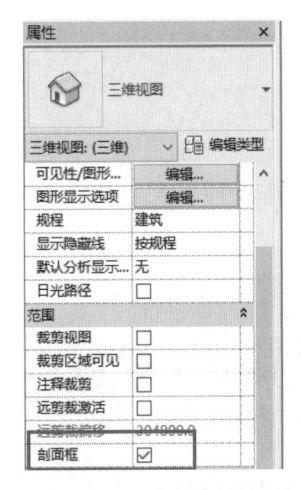

图 11.2-4　勾选剖面框

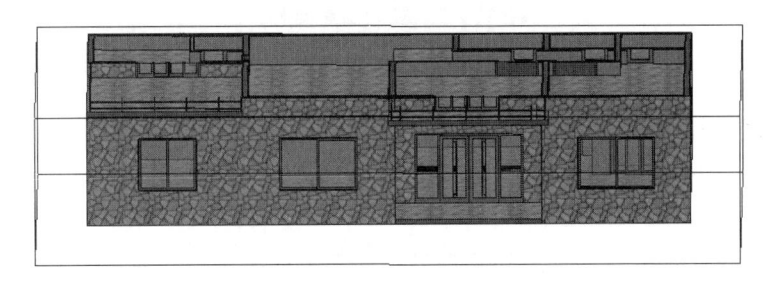

图 11.2-5　移动剖面框

（2）打开项目"2F 楼层平面视图"，选择"洞口"中的"按面"，拾取到二层楼层平面，进入"修改|创建洞口边界"，选择矩形工具，在 CAD 底图中指定的位置创建洞口。再次进入三维视图，查看所创建洞口是否正确，创建的洞口如图 11.2-6 所示。用同样的方式可以创建其余楼层的洞口。

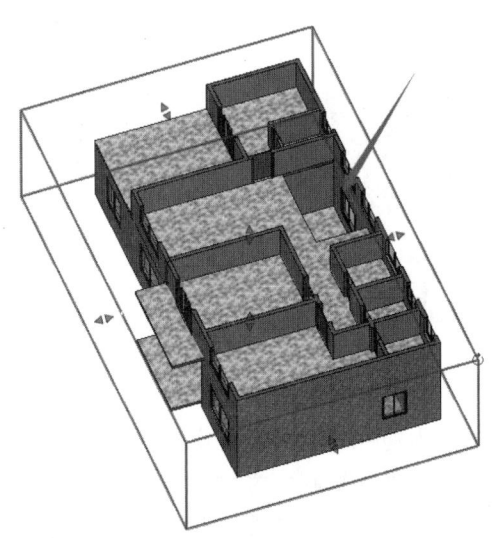

图 11.2-6　二层楼板洞口

11.2.2 垂直创建洞口

1. 创建垂直洞口基础知识

点击"垂直"命令，为了对比"按面"命令，同样在三维视图下，拾取屋顶进行剪切，沿着"按面"洞口线创建一个同样大小的矩形洞口，点击"完成"。得到的洞口如图 11.2-7 所示。

图 11.2-7 垂直创建的洞口

提示：垂直洞口是垂直于指定标高的，而面洞口是垂直于这个面的，如图 11.2-8 所示。

2. 创建项目三层楼板洞口

（1）利用"垂直"命令创建项目楼梯洞口。查看别墅项目三层平面视图 CAD 图纸，确定楼梯洞口的位置，它与二层楼板的洞口位置重合。

（2）切换至"3F 楼层平面视图"，按照上一小节中垂直洞口的创建方式，选择"垂直"，拾取三层楼板，在洞口指定位置创建洞口。切换至三维视图，创建的楼梯洞口如图 11.2-9 所示。

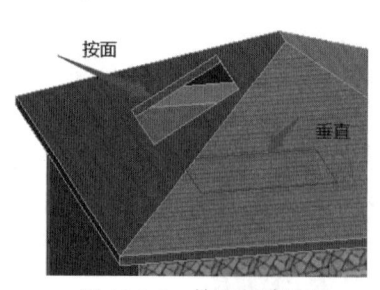

图 11.2-8 按面创建的洞口　　图 11.2-9 三层楼板洞口

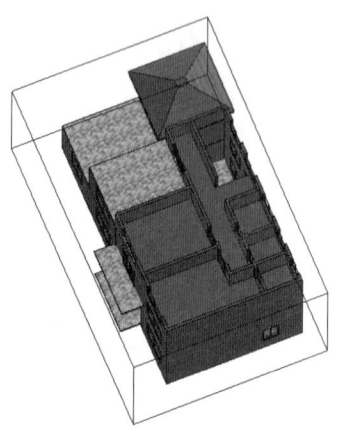

同样地，也可以采用"垂直"方式完成其他楼层的洞口创建。

使用"垂直"洞口工具为构件开洞时，一次只能为所选择的单构件创建洞口。若各楼层洞口位置一致，则可以采用复制的方式进行创建。移动鼠标指针至楼板洞口边缘位置，当状态栏中的高亮显示构件为"楼板洞口剪切：洞口截面"时单击鼠标左键选择洞口，复制到 Windows 剪贴板，使用"粘贴"→"与选定的标高对齐"方式对齐粘贴至指定标高，就可以在指定标高楼板的相同位置生成楼板洞口。

11.2.3 竖井创建洞口

除了前面讲到的"垂直"创建洞口并复制的方式，还可以采用"竖井"工具，为垂直高度范围内的所有楼板、天花板、屋顶及檐底板构件创建洞口，更为便捷。

（1）切换至 1F 楼层平面视图，适当放大 2~3 轴之间入口楼梯位置。单击"建筑"选项卡"洞口"面板中的"竖井"按钮，进入"创建竖井洞口草图"状态，自动切换至"修改|创建竖井洞口草图"上下文选项卡。

（2）确认"绘制"面中板的绘制模式为"边界线"，绘制方式为"矩形"；确认选项栏中的"偏移量"值为 0，不勾选"半径"选项，完成矩形边界线。使用对齐工具对齐矩形右侧边界线至 CAD 底图中楼梯段起始位置。

（3）在"属性"面板中修改"底部限制条件"为 1F 标高，"顶部约束"为"直到标高：3F"，"底部偏移"值为 200，即 Revit 将在 1F 标高上 200 mm 处至 3F 标高之间的范围内创建竖井洞口。单击"应用"按钮应用该设置。

（4）单击"模式"面板中的"完成编辑模式"按钮完成竖井。切换至三维视图，Revit 将剪切高度内所有楼板、天花板。

11.2.4 其他洞口

1. 墙洞口

"墙"洞口是用来在选中的墙体上创建洞口的。值得注意的是，墙洞口只能创建矩形洞口。

2."老虎窗"洞口

老虎窗洞口是一个比较特殊的洞口，需要同时水平和垂直剪切屋顶。老虎窗的绘制其实就是三面墙和两个屋顶的组合。与普通房屋先建立墙体再进行屋面创建的过程相反，老虎窗是先进行屋面的建立，再进行墙体的创建，最后进行洞口的开设。归纳起来，老虎窗的创建分为三个步骤：屋面绘制→墙体创建→洞口开设。

（1）屋面绘制。进入屋顶平面视图，点击"建筑"选项卡下方的"屋顶-迹线屋顶"，选择矩形框命令进行绘制，在别墅右屋面下方适当位置绘制一个矩形。绘制完成后，选择矩形两侧需要放坡位置的线条，勾选"定义坡度"，并对坡度进行适当的修改，这里修改为 45°，点击 ✓ 完成编辑。进入三维视图，点击别墅屋面，点击几何图形中的"连接"按钮，选择老虎窗屋面，再选择别墅屋面，对两个屋面进行链接。

（2）墙体创建。进入屋顶平面视图，在"建筑"选项卡中选择"墙体"，点击"墙：建筑墙"，选择任意一种墙体，进入绘制墙体状态，修改偏移距离为 200。

提示：屋面一般是超出墙体的，即檐口，主要是为了防止墙体直接受雨水冲刷而损害，这里按屋面超出墙体外边缘 200 mm 进行设置。

完成设置后，沿屋面边缘处进行绘制，使用空格键切换墙体偏移方向，完成三面墙体绘制，再按 Esc 键退出绘制。

再次进入三维模式，对墙体的顶标高还有底标高进行修改。点击"附着顶部/底部"按钮，再点击老虎窗屋顶，让其墙体顶标高附着在屋面下；点击"附着顶部/底部"按钮，勾选附着底部，点击别墅屋面，完成墙体底标高的修改，按 Esc 键退出，屋面和墙体完成绘制。

　　（3）洞口开设。点击"建筑"选项卡"洞口"中的老虎窗按钮，再选择别墅屋面，切换视图模式为线框模式，选择屋面和墙体的内框线。使用修剪命令对刚才拾取的洞口线条进行修剪，使它成为闭合的连接线，最后再点击 ✓ 完成编辑。切换视图模式为着色模式，完成老虎窗的创建。

11.3　任务练习

一、单选题

1. 可以使用"面洞口"工具在各种结构图元（例如梁、支撑或结构柱）中剪切洞口，以下说法错误的是（　　）。

　　A. 弯曲梁是梁洞口的有效主体

　　B. 梁洞口适用于垂直或水平穿过梁主轴和副轴（通常是垂直或水平）的面

　　C. 梁洞口会剪切整个图元（例如它不能只剪切宽翼缘梁的一个翼缘）

　　D. 每个梁、支撑或柱提供洞口的两个垂直平面，这些平面与构件的主轴和副轴对齐

2. 下列创建老虎窗步骤正确的是（　　）。

　　A. 屋面绘制→墙体绘制→洞口开设→完成绘制

　　B. 墙体绘制→屋面绘制→洞口开始→完成绘制

　　C. 屋面绘制→洞口开设→墙体绘制→完成绘制

　　D. 墙体绘制→洞口开设→屋面绘制→完成绘制

3. 下列屋面绘制步骤正确的是（　　）。

　　A. 平面图→迹线屋顶→矩形框→定义坡度→三维查看

　　B. 平面图→迹线屋顶→定义坡度→矩形框→修改坡度→三维查看

　　C. 平面图→迹线屋顶→矩形框→定义坡度→修改坡度→三维查看

　　D. 平面图→迹线屋顶→定义坡度→修改坡度→三维查看

4. Revit 专用的创建"洞口"工具有哪些？（　　）

　　A. 按面、墙、竖井

　　B. 按面、垂直、竖井

　　C. 按面、垂直、老虎窗

　　D. 按面、垂直、竖井、墙、老虎窗

答案：1~4. AACC

二、多选题

1. 在"建筑"选项栏中的"洞口"命令下具体包含以下哪些功能？（　　）

　　A. 垂直洞口

B. 水平洞口

C. 竖井洞口

D. 面洞口

E. 老虎窗洞口

2. 楼板的开洞方式有下列哪几种？（　　）

A. 绘制楼板草图时，在闭合边界中需要开洞口的位置添加小的闭合草图线条

B. 使用基于楼板的洞口族

C. 使用洞口工具下的"按面开洞"

D. 使用洞口工具下的"竖井洞口"

E. 使用洞口工具下的"垂直洞口"

答案：1. ACDE　　2. ABCDE

三、练习题

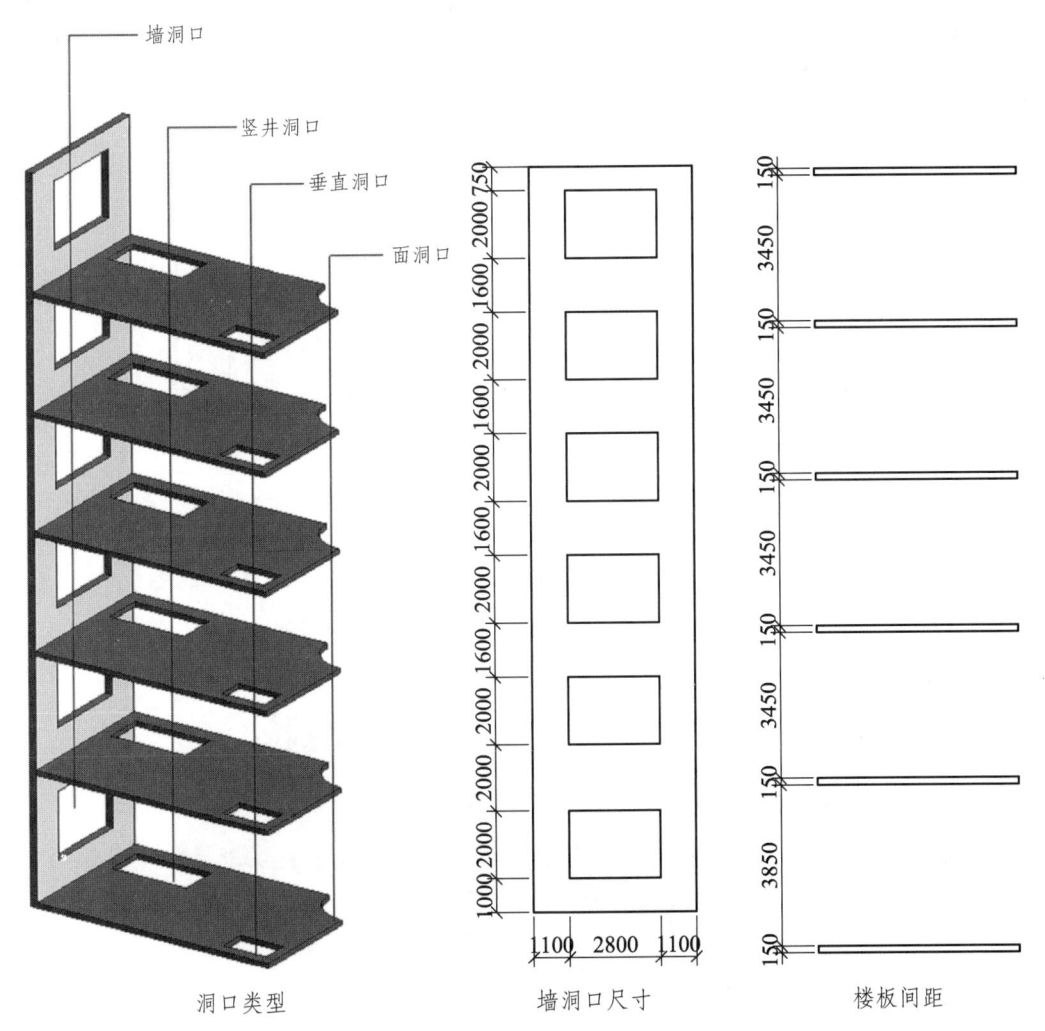

1. 创建楼板、墙体及不同类型的洞口。洞口类型及尺寸如图 11.3-1 所示，要求尺寸和洞口类型准确。

洞口类型　　　　　　　墙洞口尺寸　　　　　　楼板间距

平面图 1:100
洞口平面尺寸

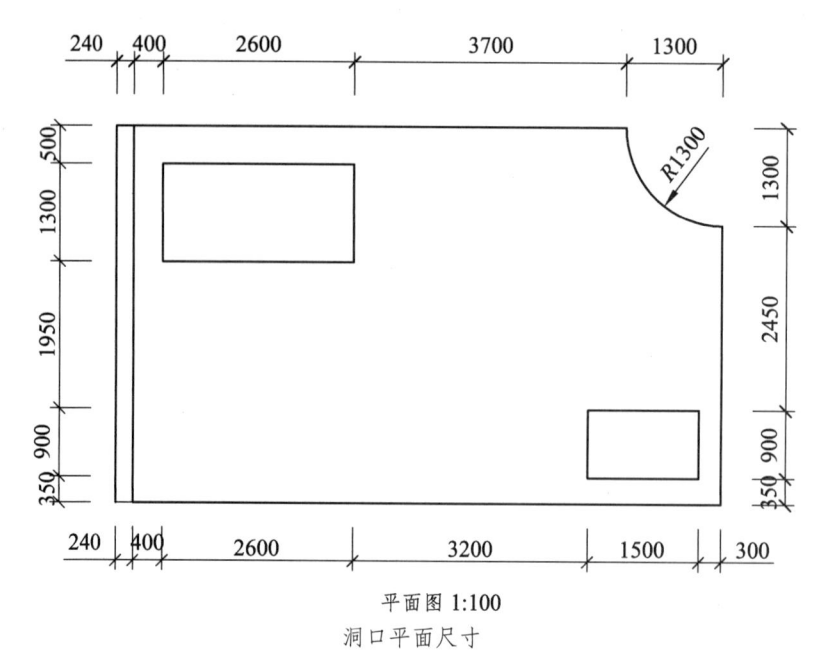

图 11.3-1　洞口类型及尺寸

2. 创建老虎窗，屋顶尺寸如图 11.3-2 所示，未标注尺寸的不作要求，墙体外边线距离小屋顶边缘 200 mm。

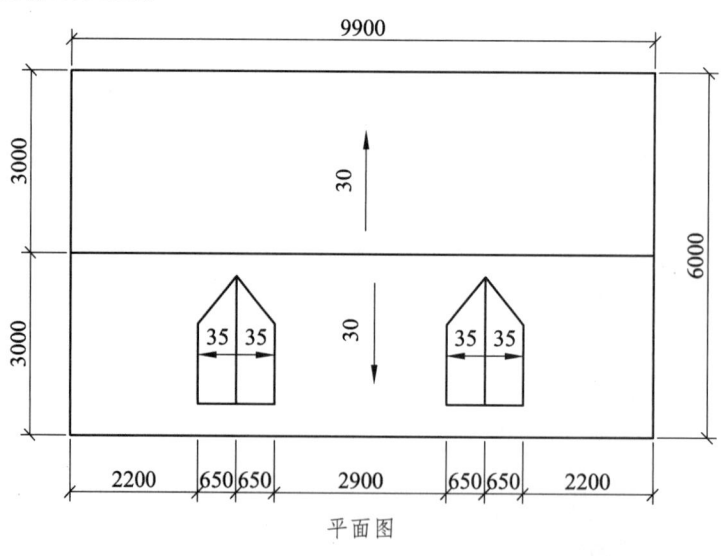

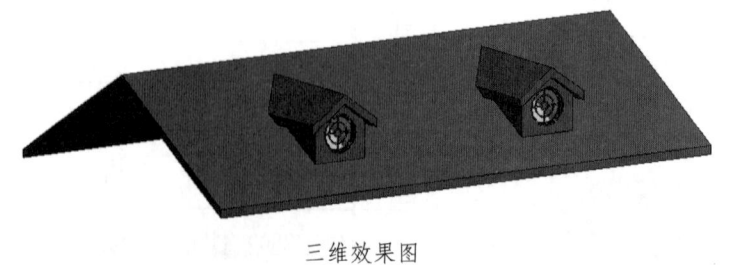

平面图

三维效果图

图 11.3-2　屋顶尺寸及效果图

任务 12　楼梯栏杆创建

12.1　创建楼梯

创建楼梯有两种路径，分别是"按构件"和"按草图"。前一种创建方法比后一种创建方法使用得多，若在创建时"按草图"创建楼梯复杂，可以试着采用按构件创建楼梯。

1. 按构件创建楼梯

楼梯的创建主要分为三个步骤：参数设置→楼梯绘制→楼梯修改。

以本书中别墅项目为例，进入1F楼层平面，点击"按构件"创建楼梯，如图12.1-1。

（1）参数设置。楼梯的参数主要包括楼梯的类型、梯段类型、平台类型、踢面高度、踏步深度、梯段宽度等。别墅项目中 1F~2F 踢面高度为 150×20，踏步深度为 250×9，梯段宽度图纸没有说明，默认为1100。

点击"建筑"选项卡下方的"楼梯坡道"命令→"楼梯"，进入创建楼梯界面，选择直梯。在左侧属性栏中进行参数设置，选择"整体现浇楼梯"，确认楼梯底部标高1F、顶部标高2F，"所需踢面数"修改为20，"实际踏板深度"修改为250，界面上方实际梯段宽度按图纸设置为1100，定位线选择梯段左。在属性面板中进行修改，见图12.1-2。

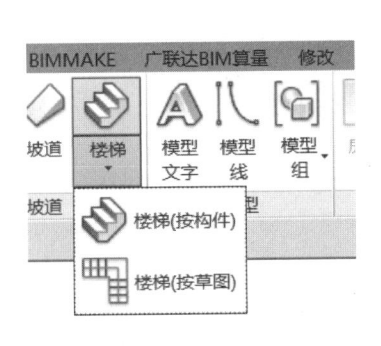

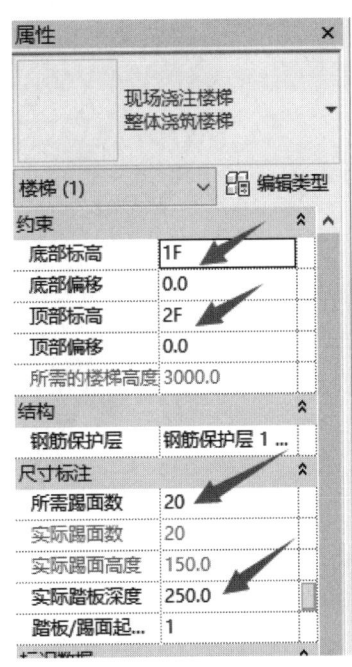

图 12.1-1　楼梯命令　　　　图 12.1-2　楼梯参数设置

（2）绘制楼梯。在绘制面板里面点击直梯开始绘制，点击鼠标左键确定楼梯起点，然后向左方拉，直到显示剩余10个台阶时再次点击鼠标左键，然后把鼠标向下移绘制另外一边楼梯，绘制完成后使用对齐把楼梯边缘与墙体紧靠，使用拖拽或对齐命令使楼梯平台紧靠墙体，如图12.1-3。

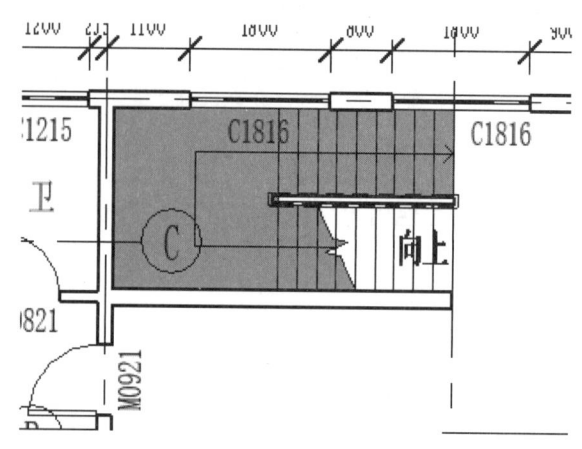

图 12.1-3 楼梯绘制

（3）楼梯修改。绘制完成后，对尺寸有偏差的楼梯平台或者梯段尺寸可以进行修改，点击软件自动生成的平台拉伸至墙边缘，最后点击 ✓ 完成编辑模式。进入三维视图勾选剖面框，剖面框下拉查看绘制的楼梯。此时的楼梯自动生成了楼梯栏杆。本别墅项目内，靠墙一层是不需要楼梯栏杆的，因此选中内侧栏杆进行删除，完成楼梯绘制，如图12.1-4所示。2F～3F 楼梯与1F 楼梯创建方法一致。

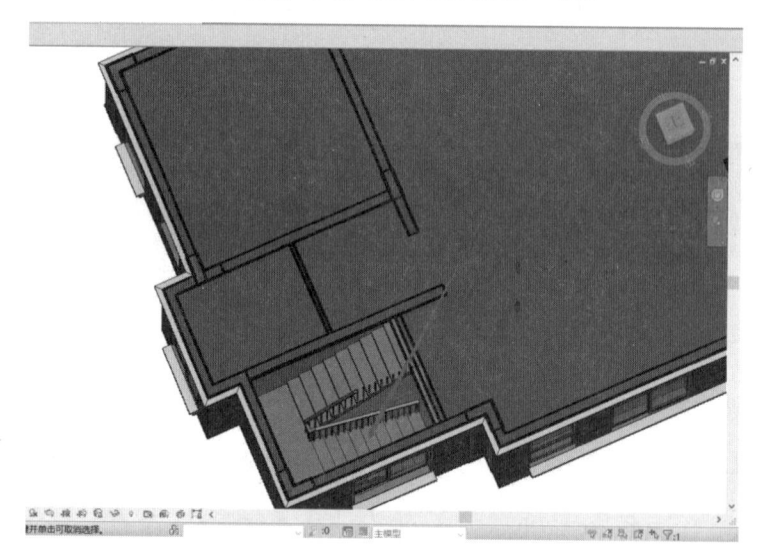

图 12.1-4　1F 到 2F 楼梯绘制

2. 绘制梯边梁

（1）载入梯边梁。点击上方的"插入"面板，点击"载入族"，然后点击"框架"→"混凝土"→"混凝土矩形梁"，点击"确定"。

（2）点击"结构面板"选择"梁"，在结构面板中选择载入的"混凝土-矩形梁"，见图12.1-5。

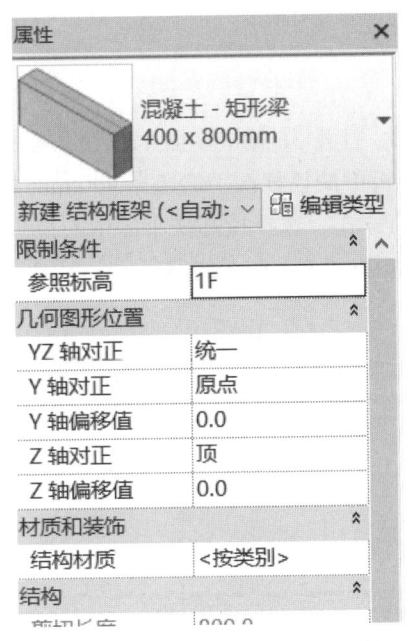

图 12.1-5 "混凝土-矩形梁"属性

（3）点击"编辑类型"→"复制"，输入名称为 200×440 mm，修改宽度 200 mm、高度 440 mm，点击"确定"，然后选择刚刚创建的梁，点击修改面板中的拾取线，到三维视图中去绘制，点击楼梯顶部与楼板交接处绘制梯边梁，使用对齐命令将梯边梁与楼板对齐，见图 12.1-6。

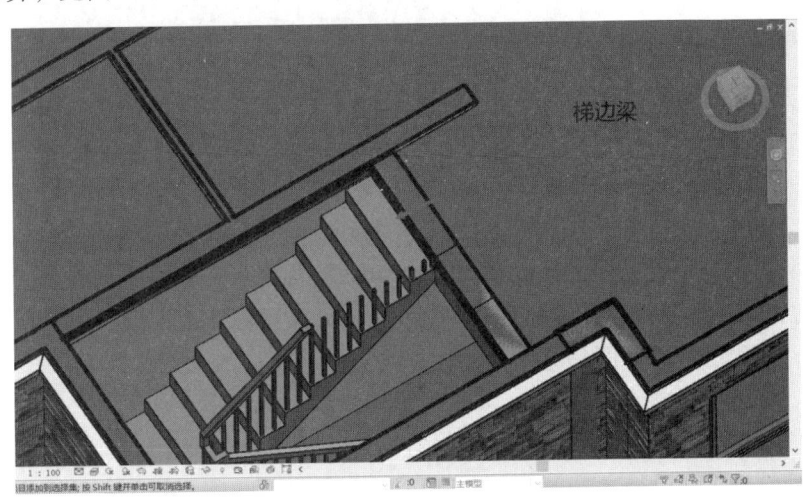

图 12.1-6　绘制梯边梁

12.2　栏杆编辑与创建

在绘制完楼梯以后我们要对项目中的一些栏杆进行添加，一般根据实际情况，首先确定栏杆扶手的路径和位置，再根据不同的样式对其进行编辑。归纳起来，在项目中栏杆扶手的绘制一般分为两个步骤：栏杆扶手创建→栏杆扶手编辑。

12.2.1 栏杆扶手创建

1. 添加栏杆

（1）三楼楼梯栏杆添加。打开 3F 楼层平面，在三层楼梯边缘缺少栏杆，现在对其进行添加。点击"建筑"面板中的栏杆扶手，选择 900 mm 栏杆，点击"栏杆扶手"→"绘制路径"，选择"线"的方式，选择栏杆扶手的中心位置进行绘制，在属性面板中修改底部标高为 3F，绘制如图 12.2-1 所示的路径。

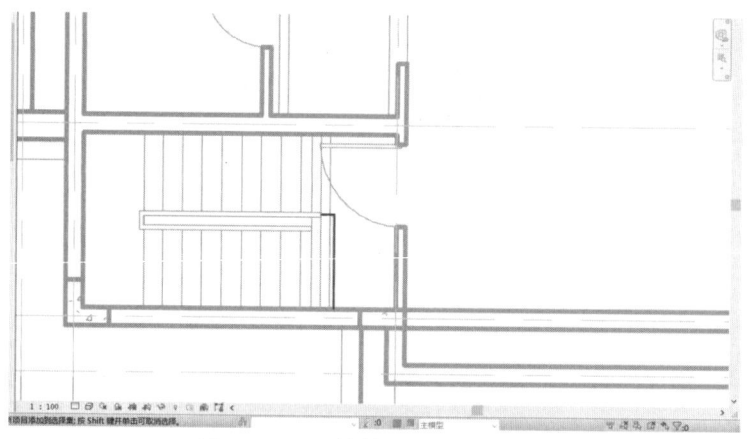

图 12.2-1 三楼楼梯栏杆绘制路径

绘制完成后点击"确定"，然后查看三维视图，如图 12.2-2 所示。

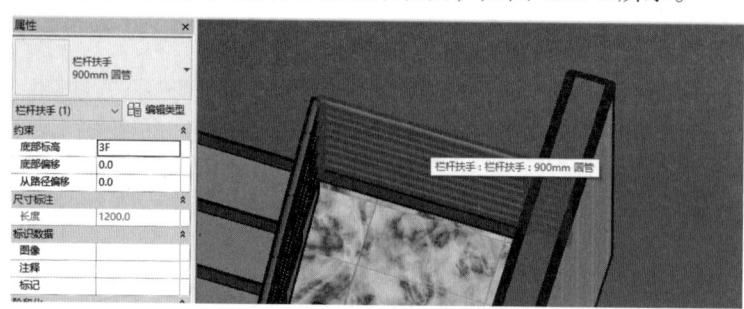

图 12.2-2 三楼楼梯栏杆添加

（2）二楼楼梯栏杆添加。进入楼层平面 2F，可以看到转角处缺少栏杆，需要对其进行添加。使用与三楼相同的方法绘制栏杆路径，路径如图 12.2-3 所示。

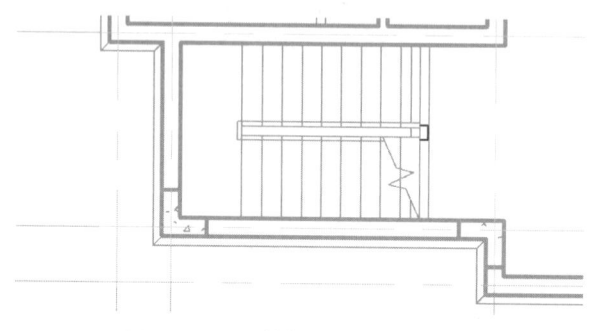

图 12.2-3 二楼楼梯栏杆绘制路径

绘制完成后点击"确定",然后进入三维视图里面看,如图 12.2-4 所示。

图 12.2-4　二楼楼梯栏杆添加

2. 绘制栏杆

上节内容完成了在项目里面添加楼梯栏杆,接下来绘制项目的露台栏杆。

(1)首先进入二层楼层平面图,绘制景观露台处的栏杆。找到露天阳台位置,滑动鼠标滚轮放大露天阳台区域。选择"建筑"选项卡→"楼梯坡道"中的"栏杆扶手",选择"绘制路径",进入创建栏杆扶手路径界面。栏杆扶手类型选择系统默认的 900 mm 圆管,参数可以在"编辑类型"中设置,点击"确定"。沿着阳台边缘进行绘制,绘制如图 12.2-5 所示的路径。

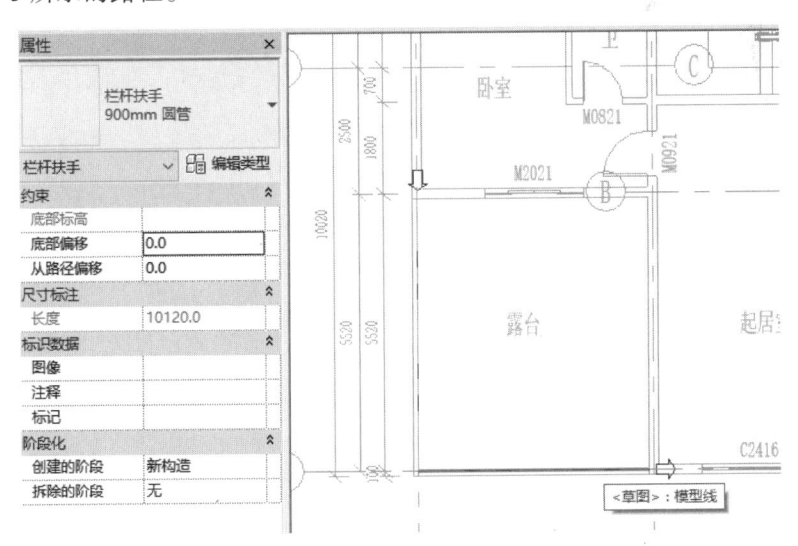

图 12.2-5　绘制露台栏杆路径

(2)绘制完路径后点击"确认",完成栏杆的绘制,其余两个露台也采用同样方法完成绘制。然后进入三维视图查看,见图 12.2-6。

图 12.2-6　露台栏杆绘制完成

12.2.2　栏杆扶手编辑

栏杆创建完成后可以对其结构和位置进行编辑。为了便于观察，选择二楼露台栏杆为例。

1. 栏杆结构编辑

（1）选中栏杆，在属性面板中可以更改栏杆类型及参数，点击"编辑类型"，进入类型属性面板，如图 12.2-7 所示。

图 12.2-7　栏杆类型属性

（2）点击"复制"，输入名称为"别墅项目-栏杆"，点击"确定"，点击栏杆结构中的"编辑"，进入栏杆扶手编辑界面，如图12.2-8所示。

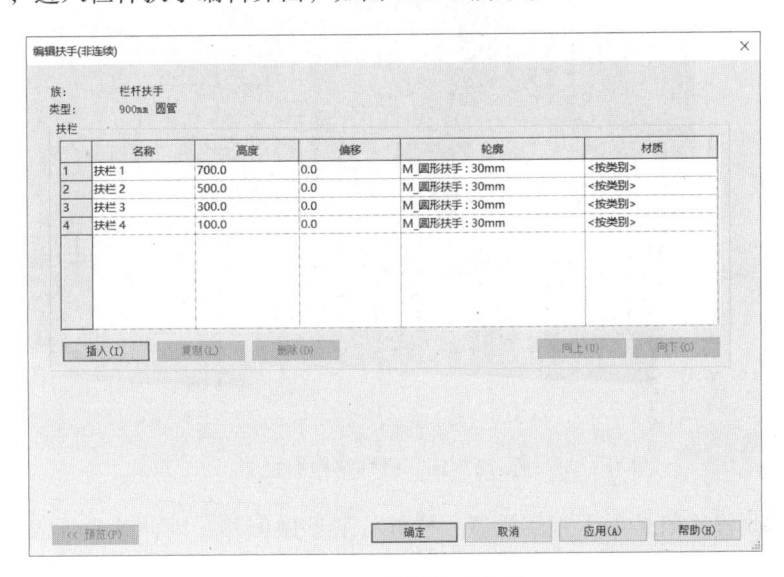

图12.2-8　编辑扶手界面

（3）将扶栏3高度修改为200，扶栏2改为600，进入三维视图可以看到扶栏2、扶栏3上下进行了偏移，如图12.2-9所示。

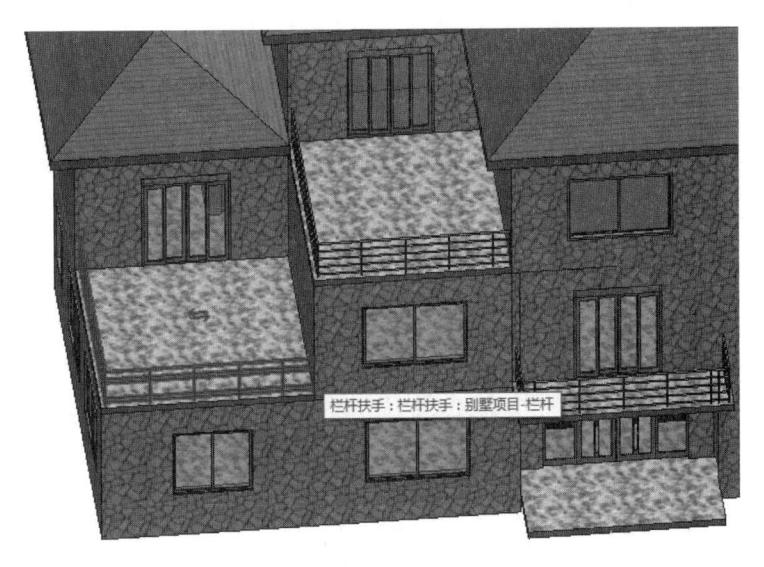

图12.2-9　栏杆结构编辑

（4）继续点击"编辑类型"，进入栏杆结构中的编辑，修改扶栏1偏移为1000，扶栏4偏移为-1000，点击"确定"，可以看到扶栏1、扶栏4分别向外和向里偏移了1000，如图12.2-10所示。

图 12.2-10 栏杆结构编辑

这里修改偏移值是为了观察设置，栏杆一般不做偏移，因此这里输入"0"，将扶栏 2、扶栏 3 改回 500 和 300，点击"应用"。

（5）修改轮廓。同样地，可以对栏杆的轮廓进行修改。将扶栏 1 的轮廓修改为"椭圆形扶手：40×30"，扶栏 3 修改为"槽钢"，如图 12.2-11 所示。

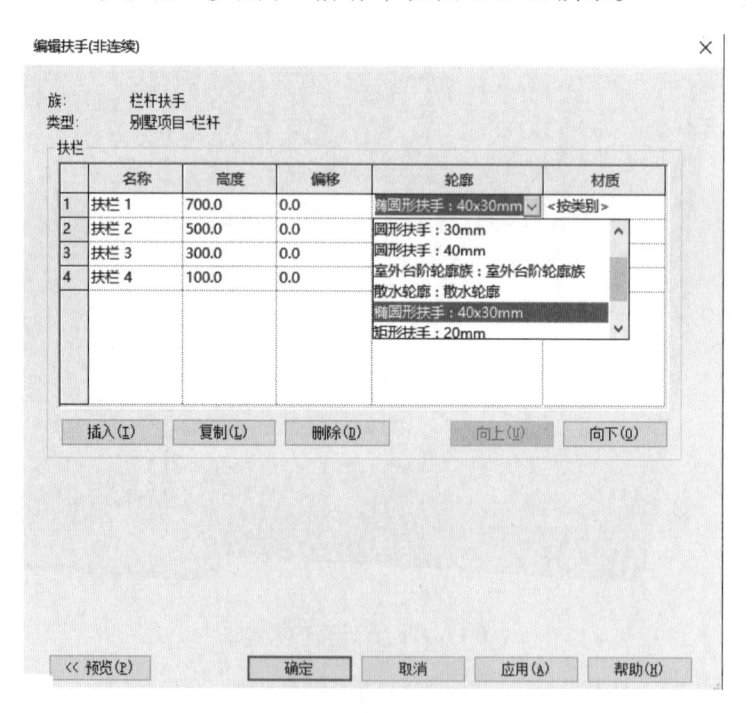

图 12.2-11 栏杆轮廓编辑

点击"确定"后进入三维视图查看，见图 12.2-12。

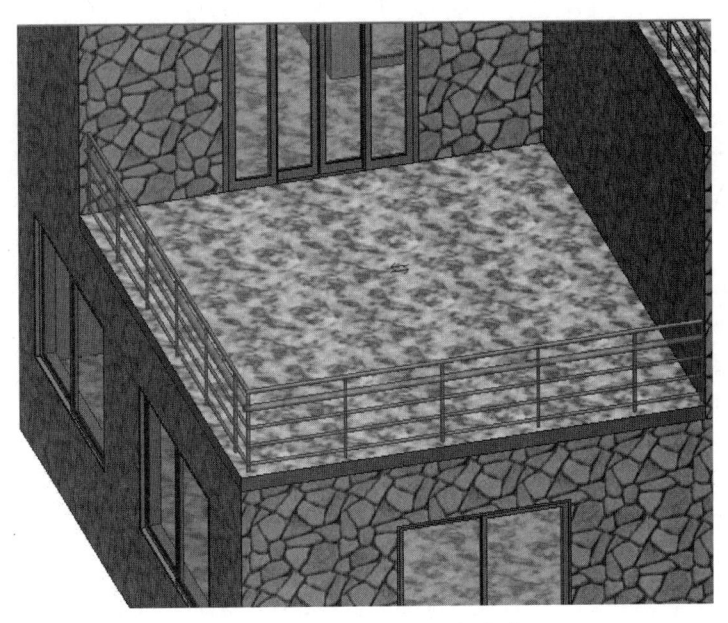

图 12.2-12　栏杆轮廓编辑完成

（6）还可以修改栏杆材质，点击材质里面的选项即可对栏杆材质进行修改。

点击"新建材质"，命名为"不锈钢栏杆"，如图 12.2-13 所示，颜色设置为淡蓝色，外观设置为不锈钢，然后点击"确定"。

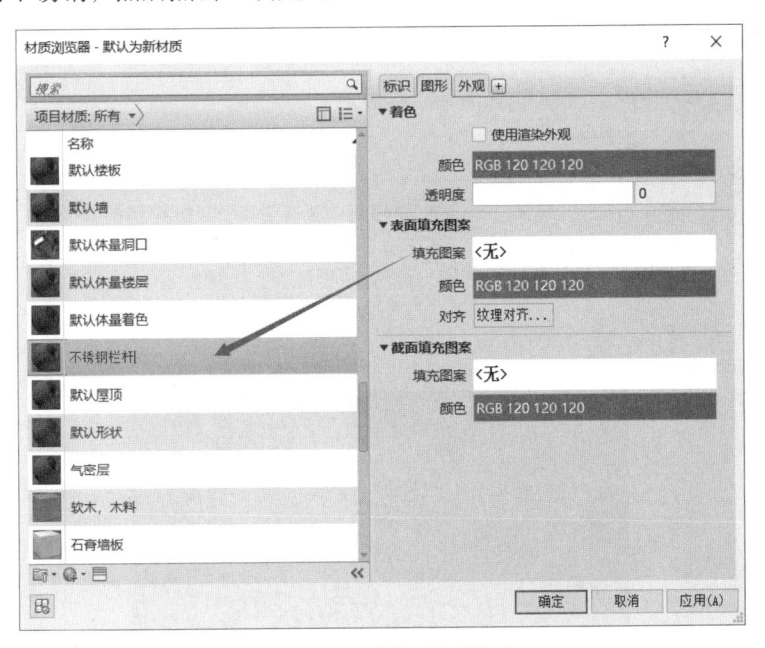

图 12.2-13　栏杆材质修改

2. 栏杆位置编辑

在类型属性面板中，点击"编辑栏杆位置"，如图 12.2-14 所示。

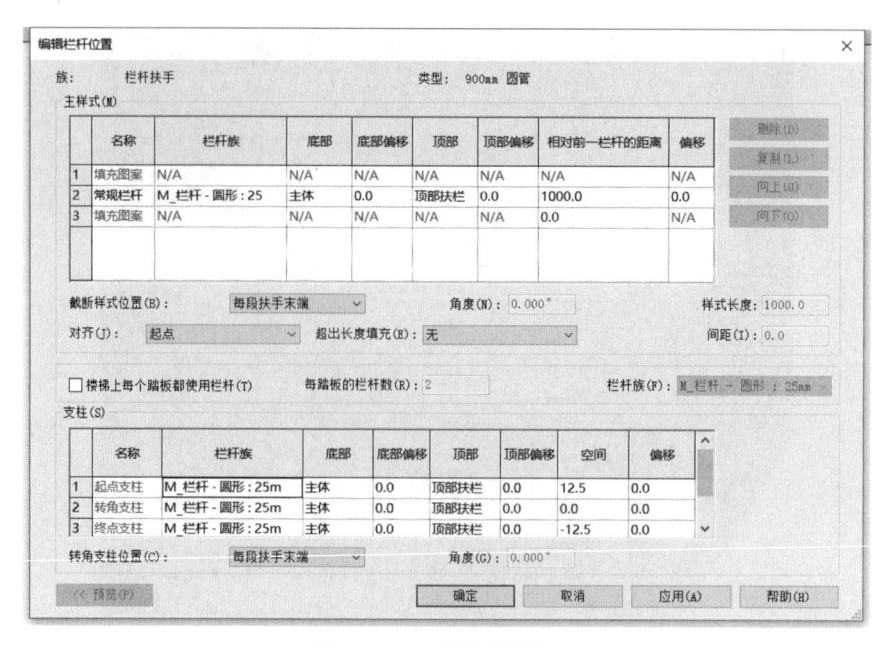

图 12.2-14　编辑栏杆位置

栏杆位置属性分为主样式和支柱：主样式为纵向的栏杆；支柱为起点、转角、终点这几条支柱。

（1）修改主样式。修改栏杆族为"栏杆-扁钢立杆"，将底部改为"扶栏 3"，底部偏移 200，修改完成后点击"应用"，到三维视图查看变化，见图 12.2-15。

图 12.2-15　修改主样式

（2）修改支柱。修改起点支柱空间为 200，终点支柱为 200，点击"应用"，进入三维视图，结果如图 12.2-16 所示。

图 12.2-16 修改支柱位置

3. 修改顶部扶栏

在类型属性面板中修改顶部扶栏高度,将顶部扶栏高度设置为 1000,如图 12.2-17 所示。

图 12.2-17 修改顶部扶栏高度

点击"应用"查看三维视图,如图 12.2-18 所示。

图 12.2-18　顶部扶栏高度修改完成

12.3　绘制室外台阶

在 Revit 软件中，室外台阶一般建立轮廓族，然后使用"楼板：楼板边"工具辅助生成台阶。本项目中首层已经绘制了楼板构件，因此直接使用楼板边创建。

进入三维视图，放大正门口需要创建室外台阶的位置。点击"建筑"，选择"楼板"→"楼板：楼板边"，进入"修改|放置楼板边缘"选项卡。在属性里可以对垂直轮廓偏移和水平轮廓偏移进行设置，如图 12.3-1 所示。

图 12.3-1　楼板边缘属性

移动鼠标至门口楼板的三条边缘处，分别点击鼠标左键，放置楼板边缘，室外台阶就创建完成了，如图 12.3-2 所示。

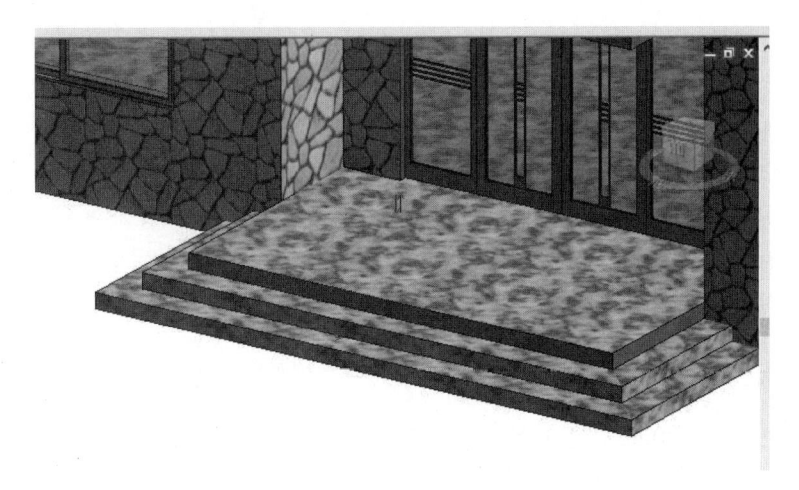

图 12.3-2　室外台阶创建

12.4　任务练习

一、单选题

1. 在 Revit 中创建楼梯说法正确的是（　　）。
    A. 通过绘制梯段、边界和踢面线创建楼梯
    B. 使用梯段命令可以创建 360°的螺旋楼梯
    C. 在完成楼梯草图后，不可以修改楼梯的方向
    D. 修改草图改变楼梯的外边界，踢面和梯段不会相应更新
2. 在 Revit 中创建楼梯，在"修改|创建楼梯"→"构件"中不包含哪个构件？（　　）
    A. 支座
    B. 平台
    C. 梯段
    D. 梯边梁
3. 在绘制楼梯时，在类型属性中设置"最大踢面高度"为 150，楼梯到达的高度为 3000，如果设置楼梯图元属性中"所需梯面数"为 18，则（　　）。
    A. 给出警告，并以 18 步绘制楼梯
    B. 给出警告，并以 20 步绘制楼梯
    C. Revit 不允许设置为此值
    D. 给出警告，并退出楼梯绘制
4. 按构件创建楼梯由哪几个主要部分组成？（　　）
    A. 梯段、平台和栏杆扶手
    B. 踢面、踏面和栏杆扶手
    C. 梯段、踏面和踢面
    D. 梯段、路径和栏杆扶手
5. 下列图元属于系统族的是（　　）。
    A. 结构柱

B. 楼梯

C. 门

D. 形表面

6. 下列哪项不属于扶手的实例属性？（　　）

A. 扶手高度

B. 扶手结构

C. 扶手连接

D. 以上都是

7. 以下关于栏杆扶手创建说法正确的是（　　）。

A. 可以直接在建筑平面图中创建栏杆扶手

B. 可以在楼梯主体上创建栏杆扶手

C. 可以在坡道主体上创建栏杆扶手

D. 以上均可

8. 关于绘制栏杆扶手下列说法错误的是（　　）。

A. 一般不封闭阳台栏杆扶手高度的设置为 900 mm

B. 栏杆扶手线必须是一条单一且连接的草图

C. 绘制坡道或者楼梯栏杆扶手可以使用"放置在主体上"的方式

D. 删除楼梯图元，则通过放置在主体上生成的栏杆也将消失

9. 栏杆扶手中的横向扶栏个数设置，是点击"类型属性"对话框中哪个参数进行编辑的？（　　）

A. 扶栏位置

B. 扶栏结构

C. 扶栏偏移

D. 扶栏连接

10. 下列说法错误的是（　　）。

A. 扶手高度取决于"顶部扶栏"的高度设置

B. 扶手路径迹线必须连续，但可以不封闭

C. 绘制完扶手路径后再勾选预览选项将不能显示扶手预览

D. 生成扶手后编辑路径不可将连续路径拆分成独立路径线段

11. 关于扶手的描述错误的是（　　）。

A. 扶手不能作为独立构件添加到楼层中，只能将其附着到主体上，例如楼板或楼梯

B. 扶手可以作为独立构件添加到楼层中

C. 可以通过选择主体的方式创建扶手

D. 可以通过绘制的方法创建扶手

12. 栏杆扶手对齐方式不包含（　　）。

A. 起点

B. 终点

C. 等距

D. 中心

13. 创建楼梯中栏杆扶手的放置位置可以在哪两者之间进行选择？（　　）

    A. 踏板或不自动创建

    B. 踢边梁或不自动创建

    C. 踏板或踢边梁

    D. 踏板或平台梁

答案：1～5. AACAB   6～10. DDABD   11～13. ACC

二、练习题

1. 创建楼梯，楼梯尺寸如图 12.4-1 所示，未标注尺寸及栏杆样式不作要求。

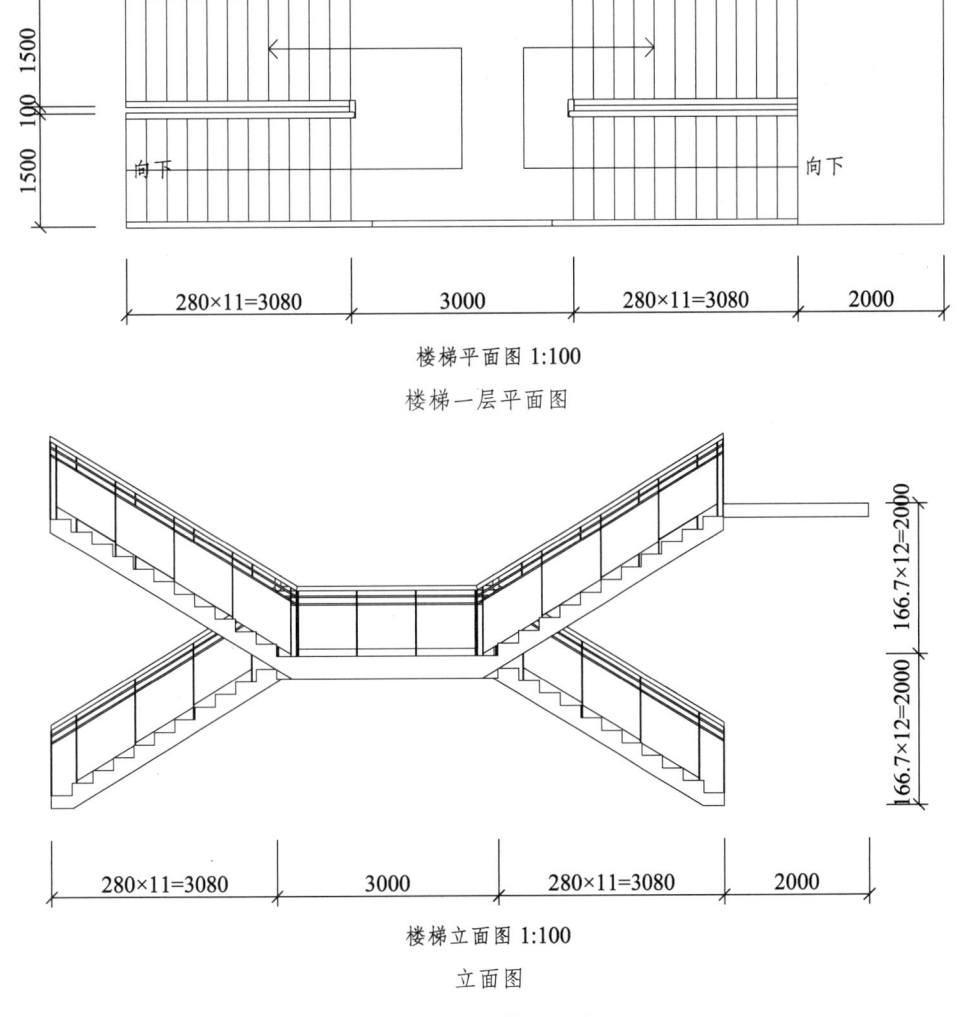

楼梯平面图 1:100

楼梯一层平面图

楼梯立面图 1:100

立面图

图 12.4-1　楼梯尺寸

2. 创建栏杆扶手，栏杆扶手样式如图 12.4-2 所示，长度为 8000 mm，栏杆的对齐方式为展开样式以匹配。未标注尺寸及样式不作要求。

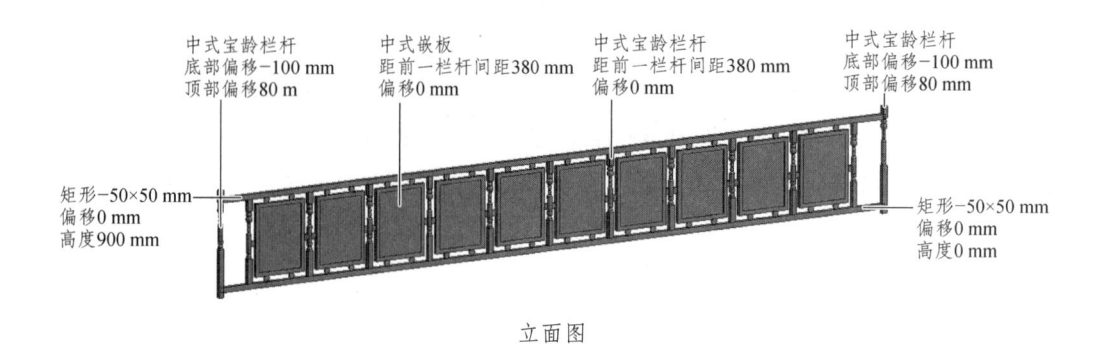

中式宝龄栏杆
底部偏移-100 mm
顶部偏移80 m

中式嵌板
距前一栏杆间距380 mm
偏移0 mm

中式宝龄栏杆
距前一栏杆间距380 mm
偏移0 mm

中式宝龄栏杆
底部偏移-100 mm
顶部偏移80 mm

矩形-50×50 mm
偏移0 mm
高度900 mm

矩形-50×50 mm
偏移0 mm
高度0 mm

立面图

图 12.4-2　栏杆扶手样式

任务 13　房间创建

房间的创建

Revit 中的"房间"工具用于在项目中创建房间对象。"房间"属于模型对象类别，可以像其他模型对象图元一样使用"房间标记"提取并显示房间各参数信息，如房间名称、面积、用途等。Revit 还可以根据房间的属性在视图中创建房间图例，以彩色填充图案直观标识各房间。

13.1　创建房间

只有具有封闭边界的区域才能创建房间对象。在 Revit 中，墙、结构柱、建筑柱、楼板、幕墙、建筑地坪、房间分隔线等图元对象均可作为房间边界。下面为别墅项目添加房间和房间标记。

房间布置的基本过程：设置房间面积、体积计算规则、放置房间、放置或修改房间标记。

（1）打开项目文件。切换至 1F 楼层平面视图，单击"建筑"选项卡"房间与面积"面板中的"房间"，进入"修改 | 放置房间"上下文选项卡，确定"标记"面板"在放置时进行标记"已被选择，如图 13.1-1 所示。

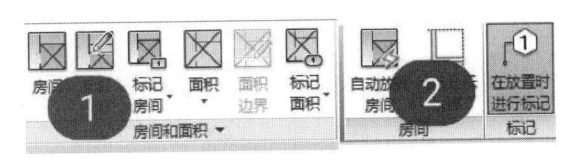

图 13.1-1　"修改 | 放置房间"选项卡

（2）在属性浏览器中的类型选择器中选择"标记_房间-有面积-方案-黑体"，在项目中进行房间放置。

（3）项目中的客厅、中堂、娱乐区以及楼梯间等若没有墙等分隔线将会被注释成一间房间，如图 13.1-2 所示，所以这里需要使用房间分隔。

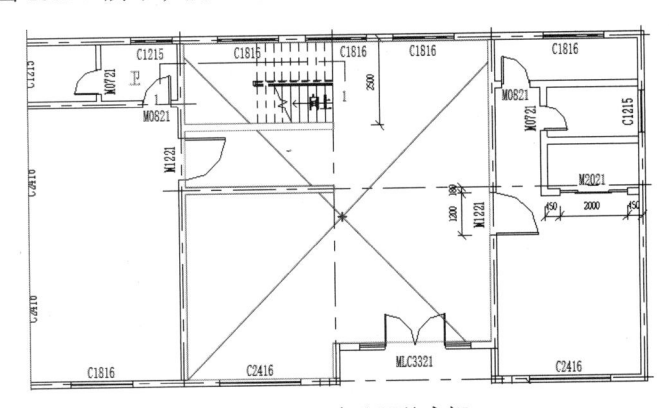

图 13.1-2　未分隔的房间

单击"房间和面积"面板中的"房间分隔",将客厅、中堂、娱乐区以及楼梯间分隔开。分隔后的显示为"＜房间分隔＞：模型线",如图 13.1-3。

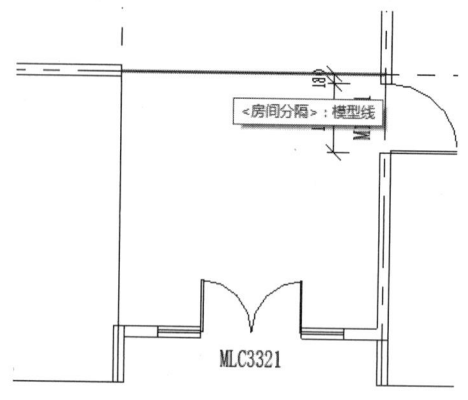

图 13.1-3　房间分隔线

(4)完成放置后修改每个房间的标注,如图 13.1-4。

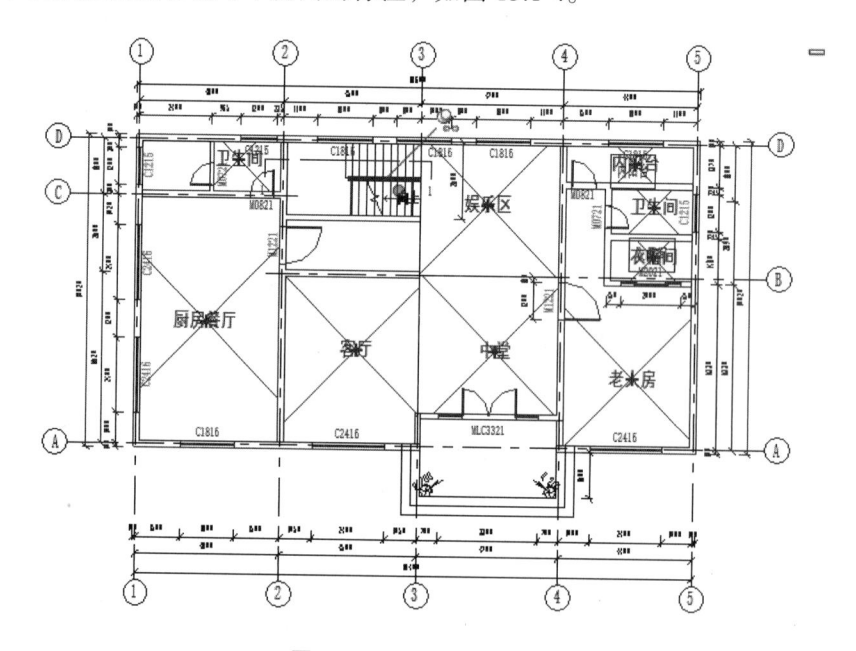

图 13.1-4　一层房间创建

(5)切换至 2F 楼层平面和 3F 楼层平面视图进行同样的操作。完成操作后,保存项目文件。

13.2　房间图例添加

添加房间后,可以在视图中添加房间图例,并采用颜色块方式,用于更清晰地表现房间图案、分布等。下面继续为别墅项目添加房间图例。

(1)接上一小节练习。在项目浏览器中,用鼠标右键单击 1F 楼层平面视图,在弹出的快捷菜单中选择"复制视图→带细节复制"命令,复制新建新视图。切换至该视图，重命名该视图为"1F 房间图例",如图 13.2-1 所示。用同样的方法复制 2F 和 3F 的楼层平面视图。

图 13.2-1 复制视图

（2）切换至 1F 房间图例楼层平面视图。单击"房间和面积"面板中的黑色三角形，展开"房间和面积"面板，单击"颜色方案"工具后进行房间图例方案设置。在弹出的"编辑方案颜色"对话框左侧方案列表中默认类别为"房间"，修改"方案 1"为"1F 房间图例"；在左侧方案定义中，修改"标题"为"1F 房间图例"，选择"颜色"列表为"名称"，即按房间名称定义颜色。弹出"不保留颜色"对话框，提示用户如果修改颜色方案定义将清除当前已定义颜色，单击"确定"按钮确认；在颜色定义列表中自动为项目中所有房间名称生成颜色定义，完成后单击"确定"按钮，完成颜色方案设置，如图 13.2-2 所示。

图 13.2-2 颜色方案设置

提示：在"编辑颜色方案"对话框中单击颜色列表左侧的向上、向下按钮可调整房间名称顺序。同时，在"颜色"列中可以对自动生成的图例颜色进行更改，在"填充样式"列中可以对图例的填充样式（默认是"实体填充"）进行更改。

（3）在"编辑颜色方案"对话框中显示的是整个项目的所有房间，选择"1F 房间图例"，在"可见"列表中只选择 1F 的房间，如图 13.2-3。单击"确定"，暂时不放置房间图例。

（4）分别切换至 2F 房间图例和 3F 房间图例楼层平面视图，重复（3）中操作，完成 2F、3F 的房间图例。

（5）切换至 1F 房间图例楼层平面视图，单击"注释"选项卡"颜色填充"面板中的"颜色填充图例"，指定空白位置，弹出"选择空间类型和颜色方案"对话框，选择"空间类型"为"房间"，"颜色方案"为"1F 房间图例"，如图 13.2-4，单击"确定"按钮。

图 13.2-3　颜色填充图例

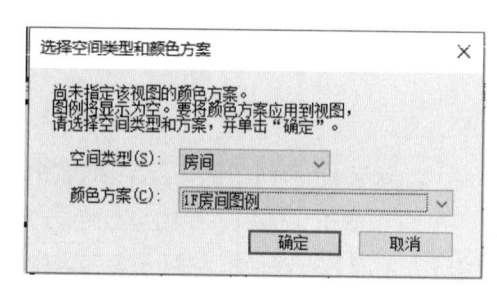

图 13.2-4　图例选择

提示：放置图例之后，可拾取图例，在属性浏览器中的"编辑类型"对话框里修改它的一些属性；也可在拾取图例后，拖动外框，改变图例排列位置。

（6）分别切换至 2F 和 3F 房间图例，重复（5）中的操作，如图 13.2-5 所示。

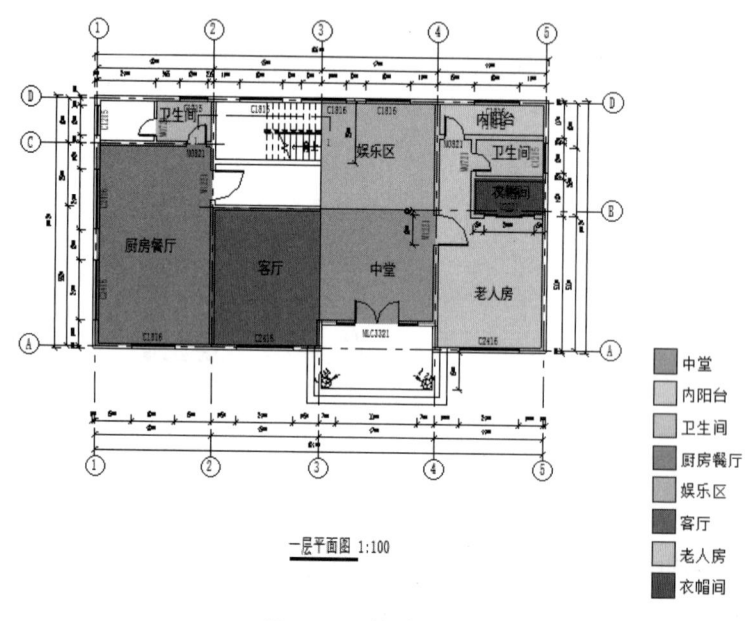

图 13.2-5　颜色填充效果

13.3 任务练习

一、单选题

1. 颜色方案可用于以图形方式表示空间类别，要使用颜色方案，必须在项目中定义的是（   ）。
   A. 房间或面积
   B. 代表颜色的符号
   C. 每个房间定义的特定值
   D. 分别定义颜色

2. 关于房间布置创建下列说法错误的是（   ）。
   A. 房间布置可不用依附于主体，直接进行布置
   B. 房间布置只能水平布置
   C. 房间布置后可以修改房间的标记和名称
   D. 房间布置可以显示房间是否封闭

3. 房间面积计算方式不包含（   ）。
   A. 在墙面面层外部
   B. 在墙中心
   C. 在墙核心层
   D. 在墙核心层中心

4. 图纸上的图例可帮助建筑专业人员正确地了解图形。在施工图文档集中，不包含下列哪个图例？（   ）
   A. 构件图例
   B. 房间图例
   C. 注释记号图例
   D. 符号图例

5. 要制作"填充区域"的样式图例，需要（   ）。
   A. 先绘制填充区域，再建立图例视图，将填充区域拖拽至图例视图
   B. 使用"图例"类型绘制填充区域，再建立图例视图，填充区域将自动显示在图例视图中
   C. 先建立图例视图，在族列表中找到"填充区域"族类型，将其拖拽至图例视图，绘制填充区域即可
   D. 先建立图例视图，将绘制好的填充区域拖拽至图例视图即可

答案：1~5. ABABD

二、练习题

1. 创建房间、房间分隔、房间图例。打开提供的附件房间，创建房间、房间标记、房间图例等，房间名称及样式如图13.3-1所示。房间图例颜色不作要求。

平面图 1：100

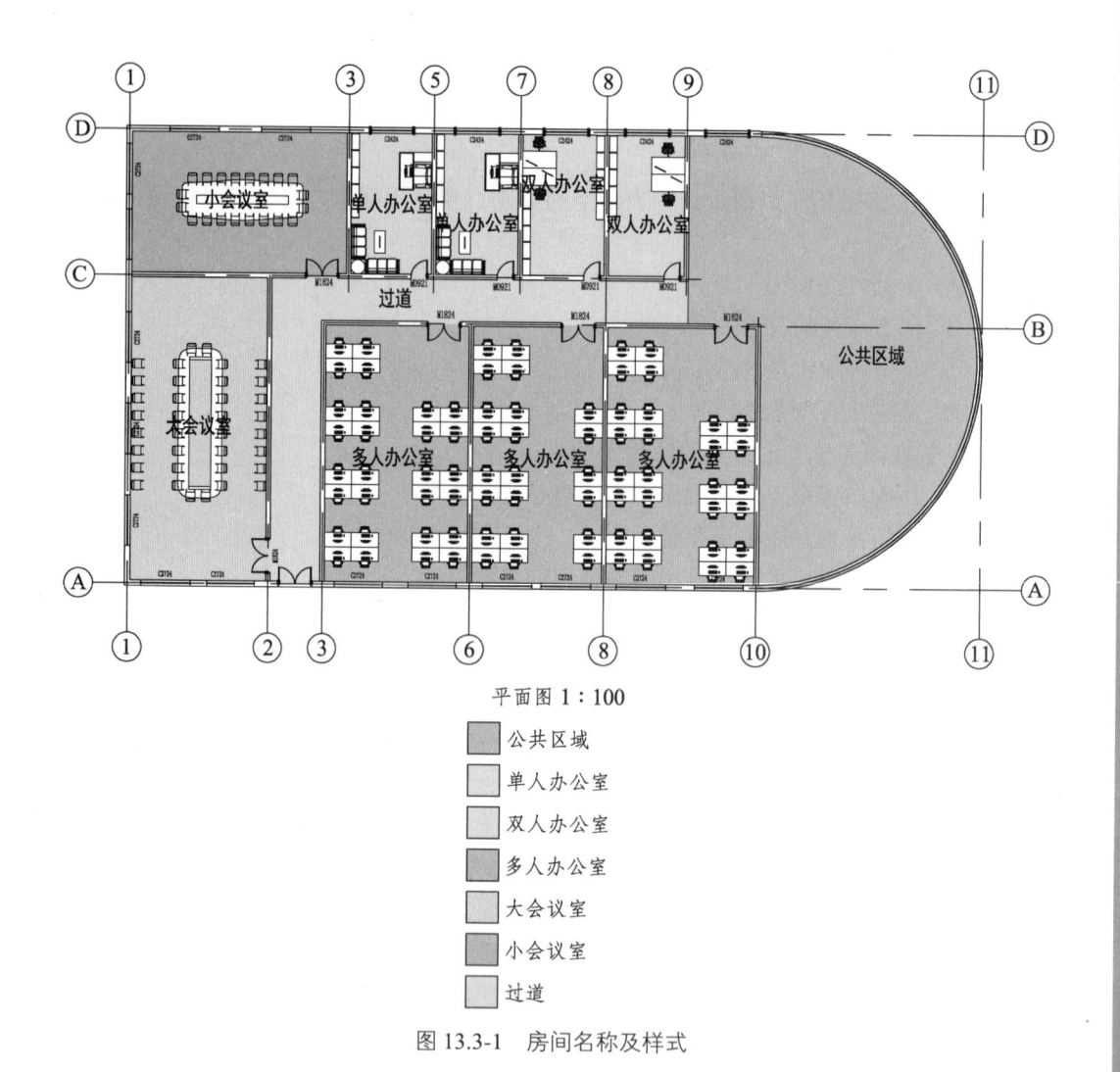

图 13.3-1　房间名称及样式

模块 3 场地与内建

任务 14 场地构建

14.1 项目坡道和散水的创建

1. 项目坡道

坡道的绘制大概可以归纳为两个步骤：创建坡道→修改边界。

（1）创建坡道。

① 新建一个项目，点击建筑样板，进入项目创建。点击"建筑"选项卡下方的"楼梯坡道"→"坡道"，如图 14.1-1。

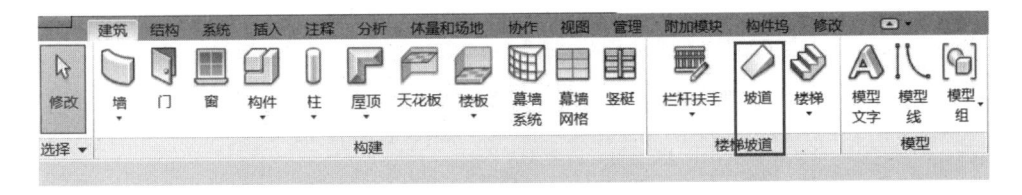

图 14.1-1 "坡道"选项卡

② 进入创建坡道草图界面，在左侧属性面板内，标高 1 指坡道底部，标高 2 指坡道顶部，对参数进行设置，单击"编辑类型"，复制重命名为"课程-坡道"，单击"确定"，如图 14.1-2。

③ 点击"造型"值的下拉菜单，选择结构板，厚度为 150，"尺寸标注"可以对坡道坡度进行设置，其他默认设置不进行修改，点击"确定"，如图 14.1-3。

④ 使用直线进行绘制，完成编辑，进入三维查看，如图 14.1-4、图 14.1-5。

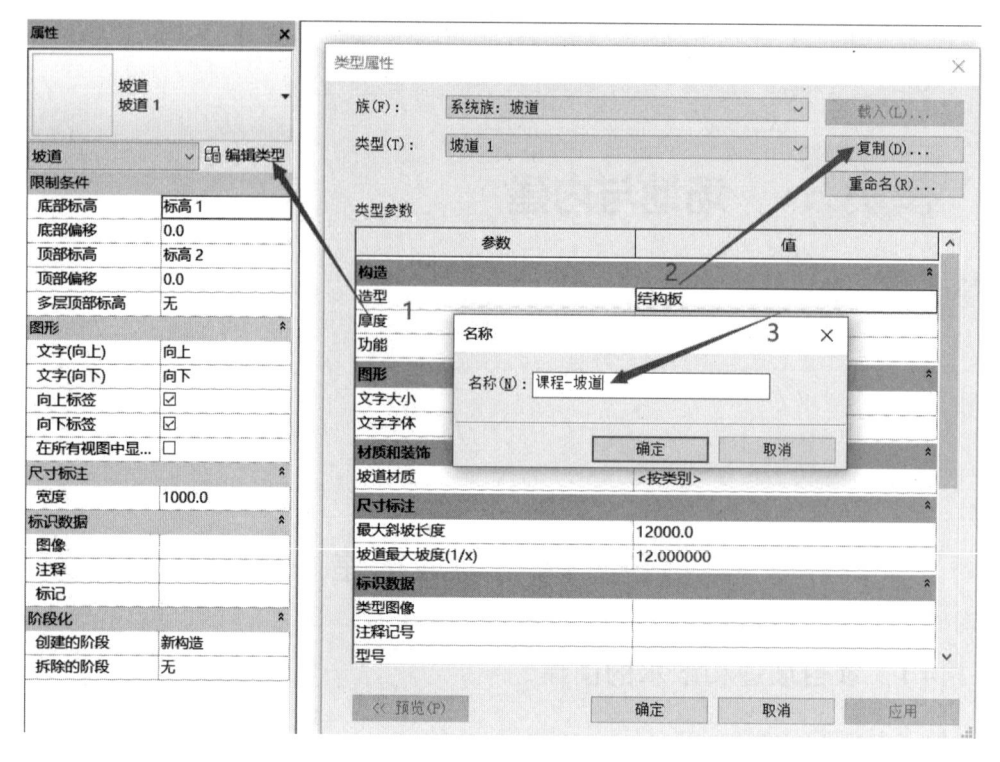

图 14.1-2 复制坡道

图 14.1-3 编辑属性

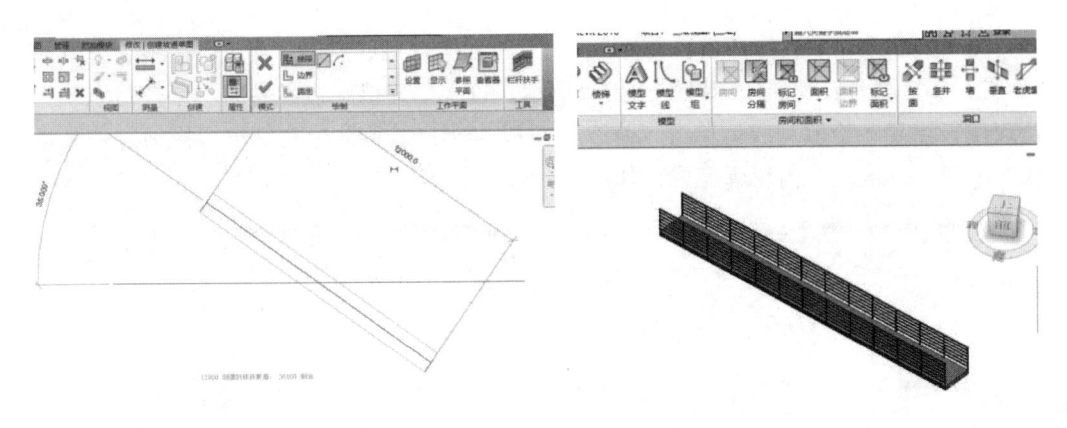

图 14.1-4　坡道绘制　　　　　　　图 14.1-5　完成坡道

（2）修改边界。

①进入平面标高 1 视图，鼠标点击坡道，点击"编辑草图"命令，点击直线绘制任意边界，完成后删除原本边界线，点击 ✔ 完成编辑，如图 14.1-6、图 14.1-7。

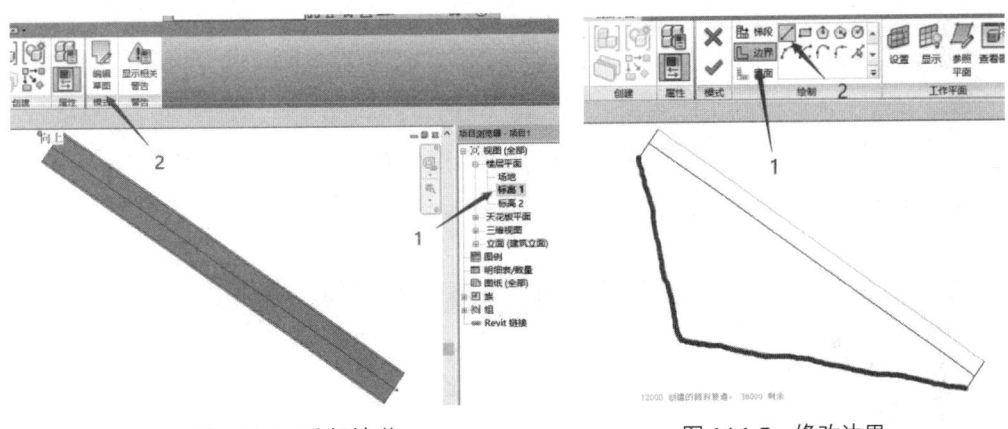

图 14.1-6　选择坡道　　　　　　　图 14.1-7　修改边界

②进入三维视图，查看修改过后的坡道，如图 14.1-8。以上完成了坡道的绘制。

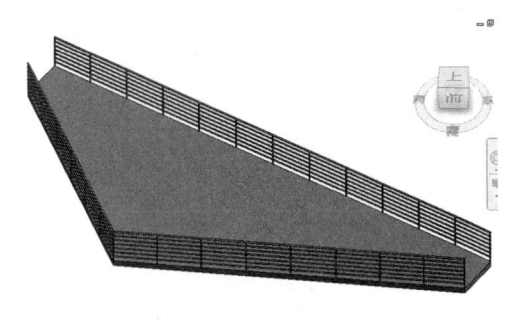

图 14.1-8　修改后坡道

2. 散水的创建

散水的创建可以采用楼板绘制，绘制的步骤可以归纳为三步：绘制内轮廓→绘制外轮廓→修改外围子图元高度。

（1）绘制内轮廓：打开项目文件 1，进入一层平面图，点击"建筑"选项卡下方的"楼板"→"楼板：建筑"，如图 14.1-9 所示，进入创建楼层边界界面。选择拾取线，拾取楼板边界，拾取完成后单击"修改"面板→ 修剪命令对其进行修剪，使其形成一个封闭的区域，内轮廓完成，如图 14.1-10 所示。

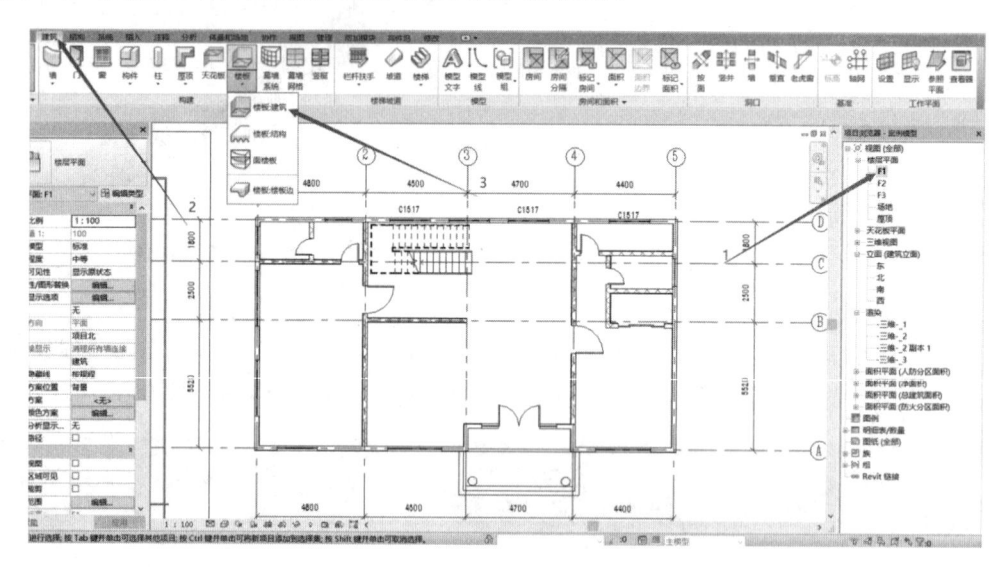

图 14.1-9　创建楼层边界

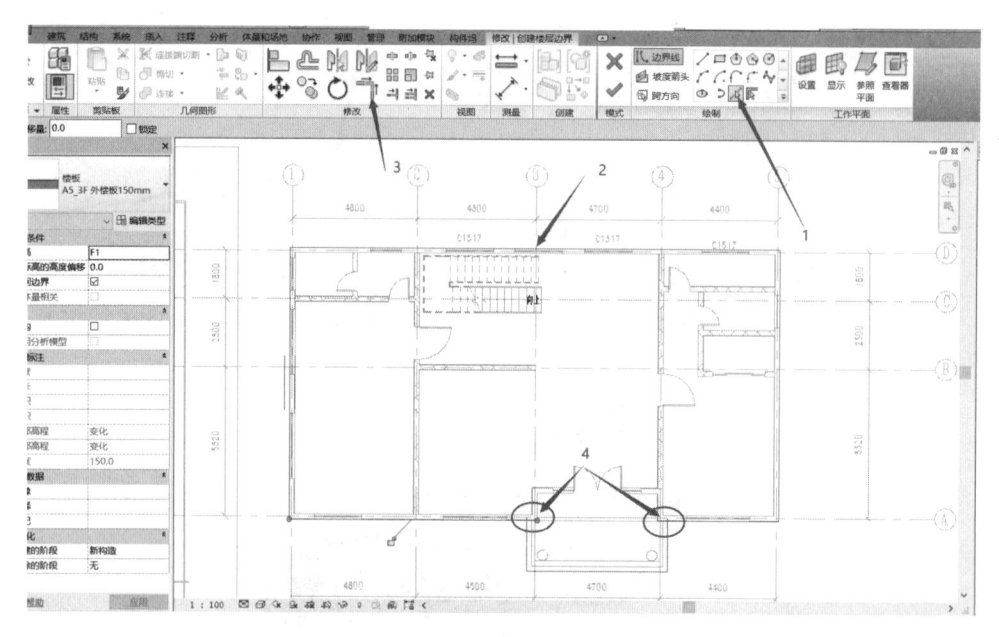

图 14.1-10　内轮廓编辑

（2）使用偏移命令绘制外轮廓：点击"修改 | 创建楼层边界"选项卡→ 偏移命令，可以修改偏移值，这里不做修改。将内轮廓进行偏移，点击"绘制"面板→ 拾取内轮廓线，编辑门庭部分楼板边界，添加和删除一些线段，使其形成封闭区域，如图 14.1-11 所示，绘制完成，单击 完成编辑。

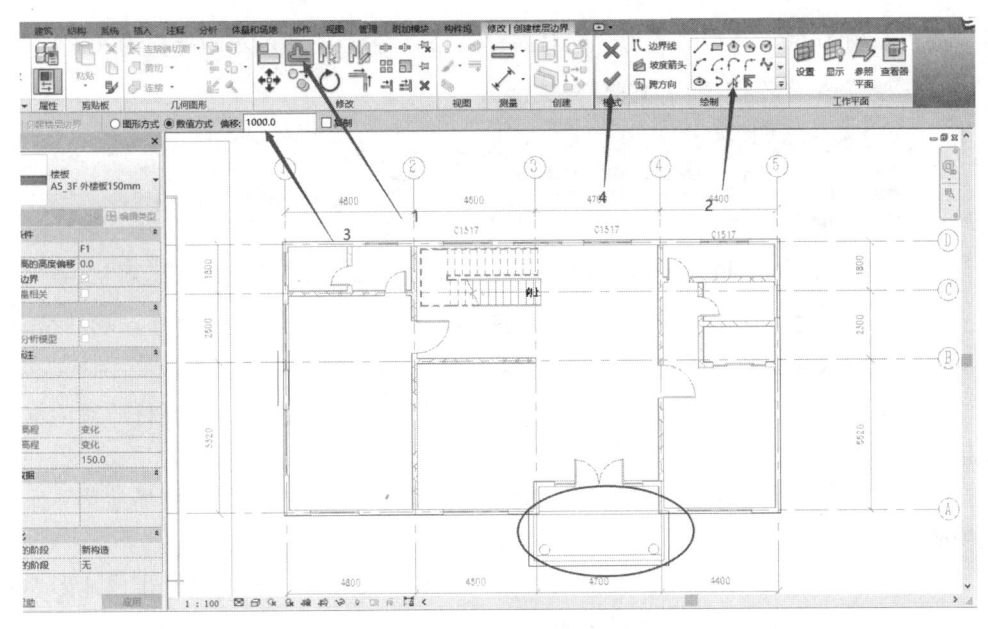

图 14.1-11　绘制内轮廓线

（3）修改外围子图元高度，形成坡度：点击"形状编辑"面板→"修改子图元"，对楼板的外轮廓高度进行修改，边界高度设置为-150，依次修改外轮廓的高度，如图 14.1-12 所示。设置完成后按 Esc 退出命令，进入三维视图查看，项目文件 1 的散水创建完成，如图 14.1-13 所示。

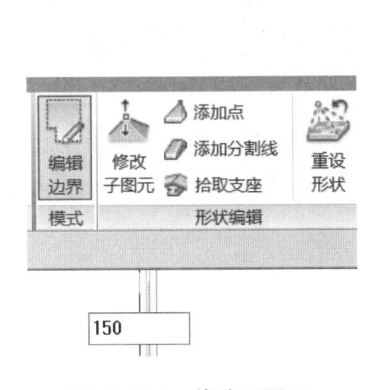

图 14.1-12　修改子图元　　　　　图 14.1-13　完成散水

14.2　添加场地

（1）打开项目文件 2。切换至"场地"楼层平面视图，如图 14.2-1 所示，单击"体量和场地"选项卡→"场地建筑"面板中的"地形表面"工具，自动切换至"修改｜编辑表面"上下文选项卡。

（2）如图 14.2-2 所示，点击"工具"面板中的"放置点"工具，设置选项面板中的"高程"值为 60，高程形式为"绝对高程"，即设置点高程的绝对标高为-0.6 m。

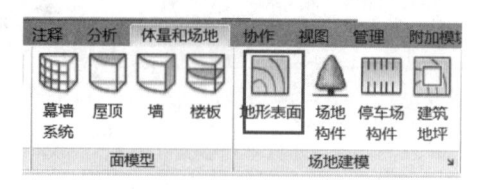

图 14.2-1 "地形表面"选项卡

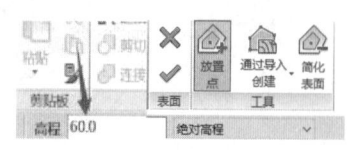

图 14.2-2 "放置点"选项卡

（3）按图 14.2-3 所示位置在综合楼四周单击鼠标左键，放置高程点，Revit 将在地形点范围内创建标高为-600 的地形表面。

（4）选择场地，单击"属性"面板中"材质"后的浏览按钮，打开材质对话框。在材质列表中选择"场地-草"，该材质位于"材质"对话框的"植物"材质类中，并以该材质为基础复制出名称为"场地-草"的新材质类型，并选择"综合楼场地草"作为该场地材质。

（5）单击"表面"面板中的"完成表面"按钮，Revit 将按指定高程生成地形表面模型。切换至三维视图，完成后的地形表面如图 14.2-4 所示。由于本例中为地形表面创建 4 个相同高程的地形点，因此将生成水平地形表面。保存该文件。

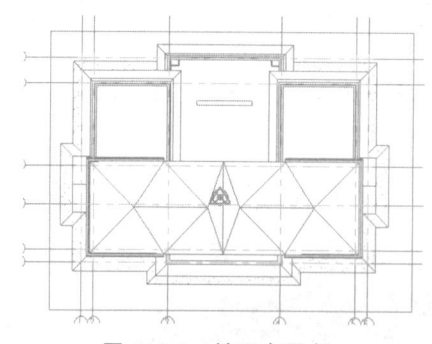

图 14.2-3 放置高程点

图 14.2-4 完成场地

（6）使用"放置点"创建地形表面的方式比较简单，适合于创建较为简单的场地地形表面。如果场地地形较为复杂，使用"放置点"方式将显得较为烦琐。Revit 还提供了通过导入测量数据创建地形表面模型的方式。

14.3 地坪建立

创建地形表面后，可以沿建筑轮廓创建建筑地坪，平整场地表面。在 Revit 中，建筑地坪的使用方法与楼板的使用方法非常类似。在项目中，建筑地坪将充当建筑内部楼板底部与室外标高间碎石填充层。

（1）打开项目文件 2，切换至室外地坪楼层平面视图，单击"体量和场地"选项卡→"场地建模"面板中的"建筑地坪"工具，自动切换至"修改|创建建筑地坪边界"上下文选项卡，进入"创建建筑地坪边界"编辑状态。

（2）单击"属性"面板中的"编辑类型"按钮，打开"类型属性"对话框。单击"重命名"按钮，在弹出"重命名"对话框→"新名称"文本框中输入"450 mm-地坪"，如图 14.3-1 所示,单击"确定"按钮,返回"类型属性"对话框。

(3)单击类型参数列表中"结构"参数后的"编辑"按钮,弹出"编辑"对话框,如图 14.3-2 所示,修改第 2 层"结构[1]"厚度为 450,修改材质为"场地-碎石"。设置完成后单击"确定"按钮,返回"类型属性"对话框。再次单击"确定"按钮,退出"类型属性"对话框。

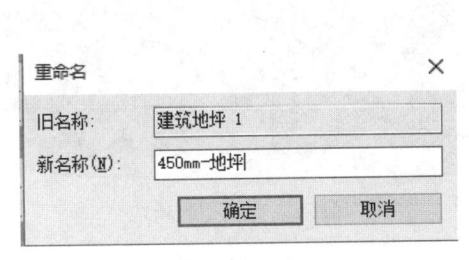

图 14.3-1 重命名

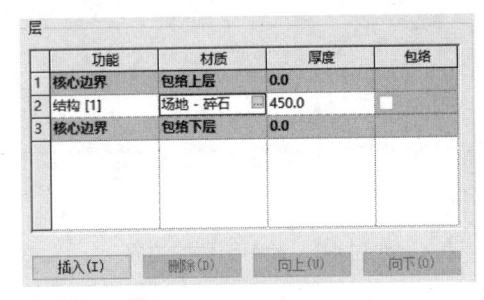

图 14.3-2 修改地坪参数

(4)修改"属性"面板中的"标高"为室外地坪标高,"标高偏移"值为 0,即建筑地坪顶面到达室外地坪标高。

(5)确认"绘制"面板中的绘制模式为"边界线",使用"拾取墙"绘制方式;确认选项栏中的"偏移值"为 0。与绘制楼板边界类似的方式沿外墙内侧核心表面拾取,生成建筑地坪轮廓边界线。

(6)完成后单击"模式"面板中的"完成编辑模式"按钮,按指定轮廓创建建筑地坪,完成后的建筑地坪如图 14.3-3 所示。

图 14.3-3 完成地坪

14.4 室外道路创建

下面使用的是"子面域"工具为项目添加场地道路。

(1)打开项目文件 2,切换至室外地坪楼层视图,单击"体量和场地"选项卡,选择"修改场地"面板中的"子面域"工具,自动切换至"修改|创建子面域边界"上下文选项卡,进入"修改创建子面域边界"状态。

(2)使用绘制工具中的矩形,按图 14.4-1 绘制宽度为 900 的子面域边界。配合使用拆分及修剪工具，使子面域边界轮廓首尾相连。

（3）修改"属性"面板中的"材质"为"沥青"，设置完成后，单击"应用"按钮应用该设置。

（4）单击"模式"面板中的"完成编辑模式"按钮，完成子面域。切换至三维视图，完成后的场地如图 14.4-2 所示。保存该文件。

图 14.4-1　绘制子面域边界　　　　　图 14.4-2　完成后的场地

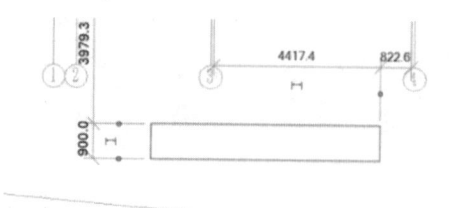

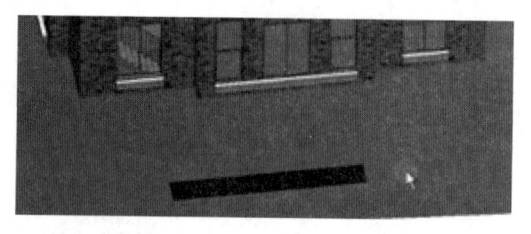

选择子面域对象，单击"修改地形"上下文选项卡→"子面域"面板中的"编辑边界"按钮，可返回子面域或边界轮廓编辑状态。Revit 的场地对象不支持表面填充图案，因此，即使用户定义了材质表面填充图案，也无法显示在地形表面及其子面域中。

"拆分表面"工具与"子面域"功能类似，都可以将地形表面划分为独立的区域。两者不同之处在于："子面域"工具将局部复制原始表面，创建一个新面；而"拆分表面"则将地形表面拆分为独立的地形表面。要删除使用"子面域"工具创建的子面域，只需要直接将其删除即可；而要删除使用"拆分表面"工具创建的拆分后的区域，则必须使用"合并表面"工具。

14.5　放置构件

Revit 提供了"场地构件"工具，可以为场地添加停车场、树木、RPC（环境族）等构件。这些构件均依赖于项目中载入的构件族，必须先将构件族载入到项目中才能使用这些构件。

下面将使用"场地构件"工具展示为某项目场地添加一些构件。

（1）切换至"室外地坪"楼层平面视图。

（2）切换至"体量和场地"选项卡，单击"场地建模"选项卡中的"场地构件"工具，进入"修改|场地构件"上下文选项卡。

（3）在属性浏览器里面，项目默认提供了一些植物，选择 RPC 树-落叶树-山茱萸，并且设置标高为室外地坪。在项目中放置选择的山茱萸树。

（4）添加其他的场地构件，只需要先载入族。单击"模式"选项卡中的"载入族"工具，选择"建筑"文件夹，里面有一些别的文件夹任意选择，就以"配景"文件夹为例，选择"RPC 男性.rfa"，按住 Ctrl 键再选择"RPC 女性.rfa"，点击"打开"。再次载入族，选择"建筑"文件夹，再选择"场地"文件夹，再选择"体育设施"文件夹中"儿童娱乐"文件夹中的滑梯。

（5）选择刚才载入的族在室外地坪进行摆放，然后进入三维模式进行查看，如图 14.5-1 所示。部分构件在"建筑"选项卡→"构件"中选择创建，如图 14.5-2。

RPC 族文件为 Revit 中的特殊构件类型族。通过指定不同的 RPC 渲染外观，可以得到不同的渲染效果。RPC 族仅在渲染时才会显示真实的对象样式，在三维视图中，将仅以简单模型替代。

图 14.5-1　完成摆放

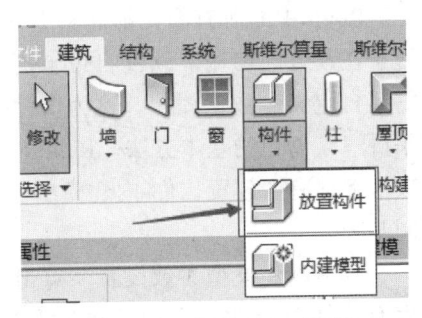

图 14.5-2　"构件"选项卡

14.6　任务练习

1. 创建场地，打开场地-附件项目，参照图 14.6-1 所示，布置场地，场地中包含篮球场、羽毛球场、乒乓球台、滑梯、跷跷板、围栏、长椅、车位、车、道路等构件，附件中已经载入了相应的族，可使用提供的族或自己载入族，各构件尺寸、摆放的精确位置不作要求。

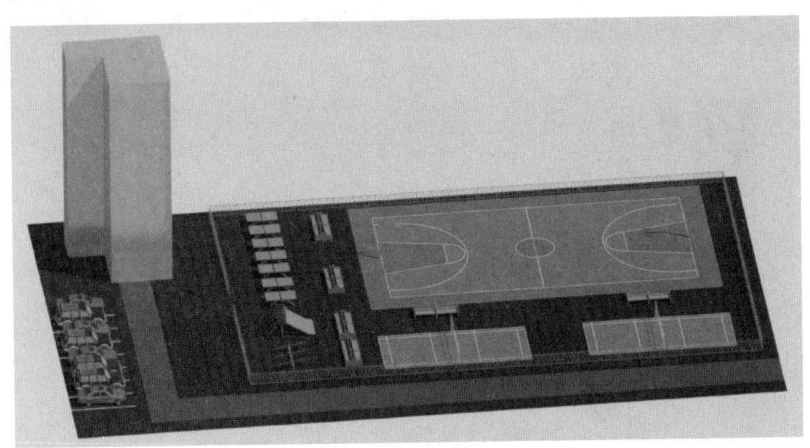

图 14.6-1　场地布置示意

任务 15　内建族

15.1　内建族创建

Revit 中的所有图元都需基于族创建。在进行族设计时，可以赋予不同类型的参数，便于在设计时使用。软件自带丰富的族库，同时也提供了新建族的功能，可根据实际需要自定义参数化图元，这为设计师提供了更灵活的解决方案。本节将基于可载入族来讲解族创建的基本方法。Revit2016 中的建模选项卡在建筑、结构、系统中，每个选项卡下均有"放置构件-内建模型"的按钮。下面在预先建好的基础层标高和轴网上绘制基础。

（1）内建模型参数设置。点击"建筑"选项卡→"构件"下拉菜单→选择"内建模型"，弹出族类别和族参数对话框，选择模型类别为"结构基础"，点击"确定"，将结构基础命名为"TJ1"，如图 15.1-1～图 15.1-3 所示。

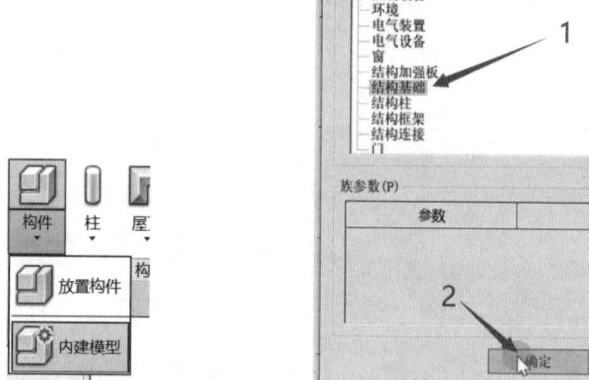

图 15.1-1　"内建模型"选项卡

图 15.1-2　"族类别和参数"对话框

图 15.1-3　给结构基础命名

（2）绘制路径。点击"形状"面板中的"放样"工具，自动弹出"修改｜放样"选项卡，点击"绘制路径"。依次点击 1、A 轴线交点，1、E 轴线交点，9、E 轴线交点，9、C 轴线交点，6、C 轴线交点，6、A 轴线交点，最后回到 1、A 轴线交点，形成封闭路径，如图 15.1-4 ~ 图 15.1-6 所示。

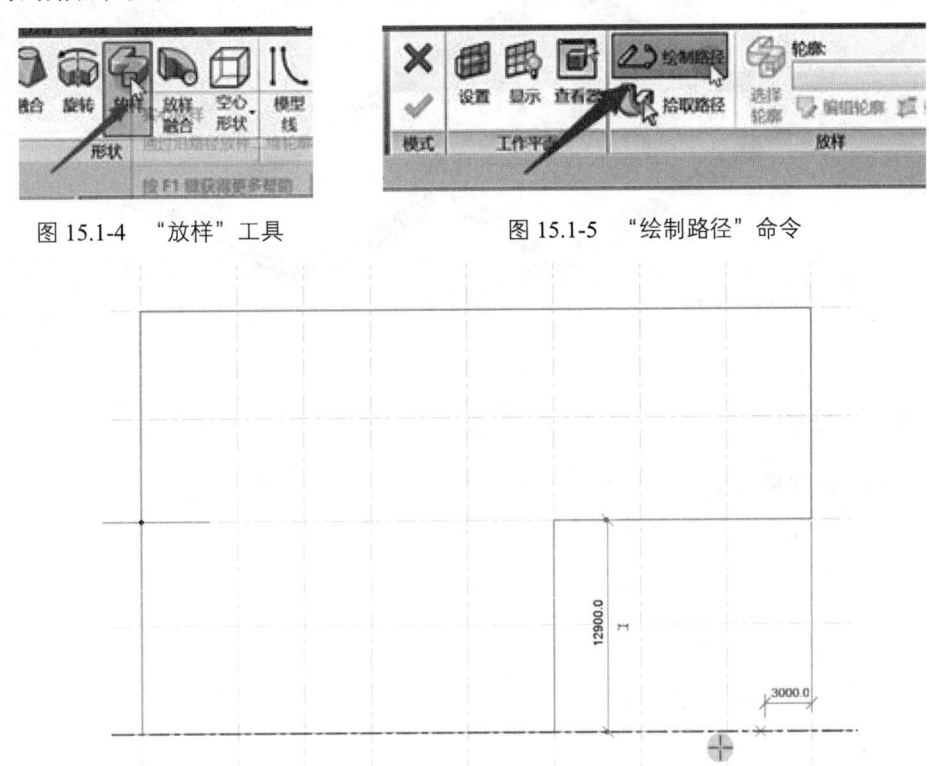

图 15.1-4　"放样"工具　　　　　　图 15.1-5　"绘制路径"命令

图 15.1-6　绘制封闭路径

（3）编辑轮廓。点击"编辑轮廓"，出现选择视图的弹窗，任意选择北立面视图作为绘制轮廓视图，从插入点上方 900 开始绘制，向右 400，向下 300，按 Esc 退出，再从插入点向右绘制 1000，向上 300，再将上下两个端点连接起来，如图 15.1-7 所示。选择绘制好的一半条基，点击 镜像拾取轴工具，选择镜像轴，完成条基另一半绘制，如图 15.1-8 所示。

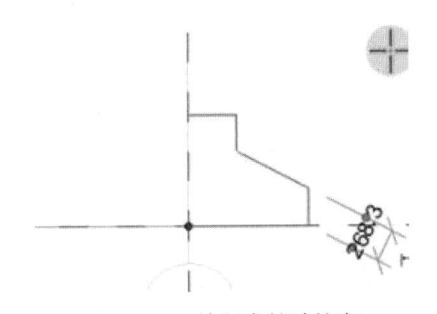

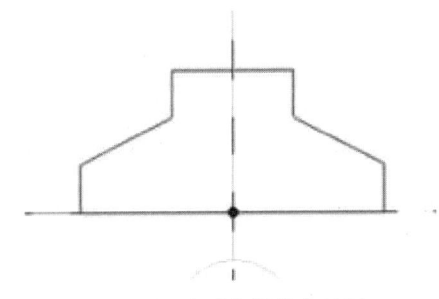

图 15.1-7　绘制半基础轮廓　　　　　　图 15.1-8　完成条基轮廓绘制

（4）点击完成编辑 ✓，完成轮廓绘制，再次点击完成编辑 ✓，完成放样，再次点击 ✓，切换到三维视图检查与图纸要求一致，完成模型，如图 15.1-9 所示。

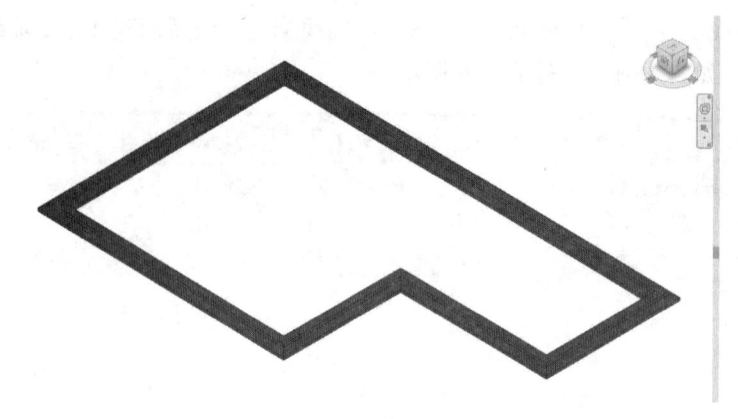

图 15.1-9 完成模型

15.2 任务练习

1. 创建内建模型桌子，桌子尺寸如图 15.2-1 所示，桌面倒角半径为 100 mm，桌腿的直径为 100 mm，桌面材质为木材，桌腿为不锈钢。

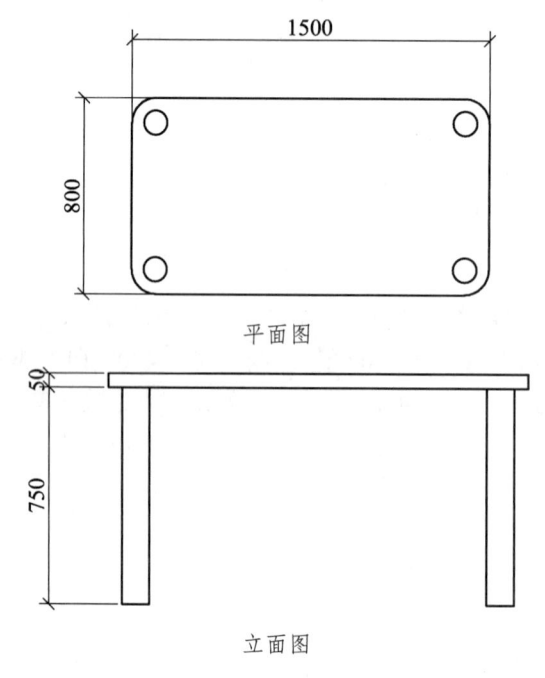

平面图

立面图

图 15.2-1 桌子尺寸

模块 4　模型表现形式

任务 16　视图样式设置

16.1　视觉样式

1. 视觉样式模式

打开视觉样式，系统提供多种视觉样式，如图 16.1-1 所示，从"线框"往下到"光线追踪"，显示越来越真实，占用电脑内存也越来越多，电脑运行速度也越来越慢。

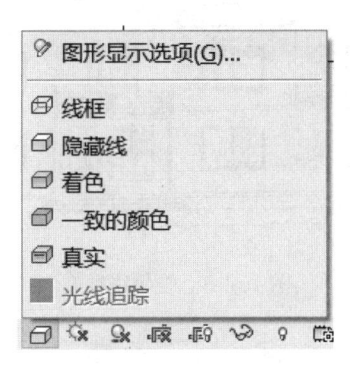

图 16.1-1　视觉样式

（1）在"线框"模式下，在项目文件 1 中所有图元都会以线框的模型显示，但感觉比较杂乱，如图 16.1-2 所示。

（2）切换到"隐藏线"模式，内部的线条被隐藏起来，只能看到外部的轮廓线条，如图 16.1-3。

（3）在"着色"模式中，图元显示的颜色，都是我们在对图元定义的时候，在图像选项卡中选择的颜色，如图 16.1-4。

（4）"一致的颜色"模式与"着色"模式的区别主要是在该种模式下没有的部分墙体的阴影效果，所有的墙体都显示一样的亮度，如图 16.1-5。

（5）选择"真实"模式时，会发现电脑要反应一段时间，这就是内存在运行。该种模式下显示的效果，就是我们在设置图元时选择的外观颜色，如图16.1-6。

（6）进入"光线追踪"模式，我们发现电脑反应更加慢了，阳光是从右上方透射下来的，如图16.1-7。

图 16.1-2　线框模式

图 16.1-3　隐藏线模式

图 16.1-4　着色模式

图 16.1-5　一致的颜色模式

图 16.1-6　真实模式

图 16.1-7　光线追踪模式

2. 图形显示选项

点击"图形显示"选项，发现系统提供了模型显示、阴影、照明等多种设置方式，如图 16.1-8 所示。

（1）取消"显示边"前方的勾选，会发现视图中构建图元的轮廓就不是特别明显了；勾选"使用方失真平滑线条"会使模型一些棱角和圆弧地方的显示更加光滑，棱角消失。

（2）通过透明度的设置，可以修改整个项目的透明度，例如修改项目透明度为 45，效果如图 16.1-9 所示。

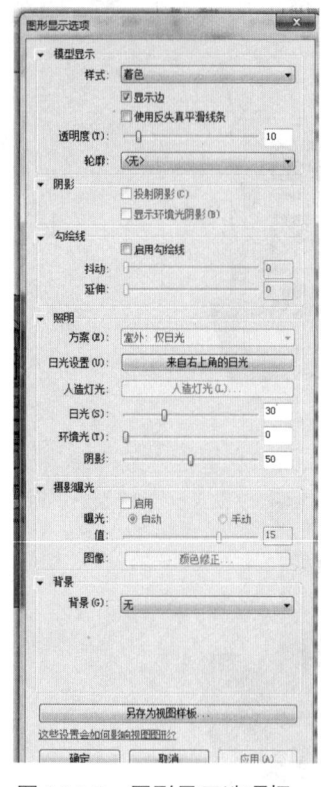

图 16.1-8　图形显示选项框　　　　图 16.1-9　透明度设置

（3）勾选"投射阴影"和"显示环境光阴影"可以控制项目的阴影，让项目更加真实，如图 16.1-10 所示。

图 16.1-10　阴影设置

（4）勾绘线设置：首先样式选择隐藏线，然后设置抖动数值和延伸数字，就会发现模型出现了手绘草图的样式，如图 16.1-11 所示。

（5）照明中有日光设置和人造灯光，日光我们可以选择"来自右上角的日光"和"来自左上角的日光"等多种模式，人造光就是我们在模型中添加的光源，例如灯。

图 16.1-11　勾绘线设置

（6）摄影曝光在真实模式下才可以进行设置。

（7）在"背景"中，选择"天空"，可以对地面颜色进行设置；如果选择"渐变"，就可以对天空、地面线、地面进行颜色设置；如果选择"图像"，就可以添加一些外部的图片进行设置。

16.2　材质图形设置

新建建筑项目样板，在楼层平面中创建一个墙体，插入一个面层，对墙体参数进行设置，沿着顺时针绘制，在三维视图中进行显示。

（1）选中墙体，点击左侧属性面板中"编辑类型"，点击"结构"后的"编辑"，如图 16.2-1，插入一个面层，将其向上移动，选择下拉选项卡，点击"1[4]"面层，更改厚度为 40，如图 16.2-2 所示。

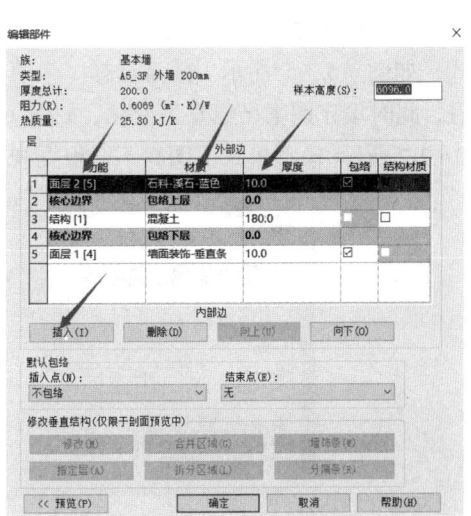

图 16.2-1　类型属性　　　　图 16.2-2　更改面层厚度

（2）选择或新建材质。单击"面层 1[4]"材质栏进入材质浏览器窗口，选择下方"新建材质"，鼠标右击重命名为"外立面"，新建材质完成，如图 16.2-3 所示。

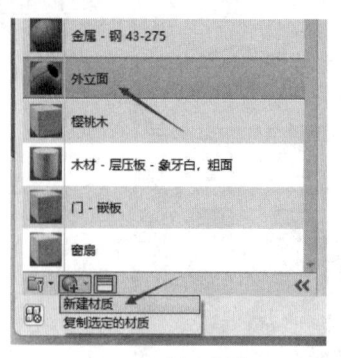

图 16.2-3　新建材质

（3）编辑着色。在"材质浏览器"的右方有"着色"栏，点击颜色更改需要的颜色，颜色设置完成，如图 16.2-4 所示。

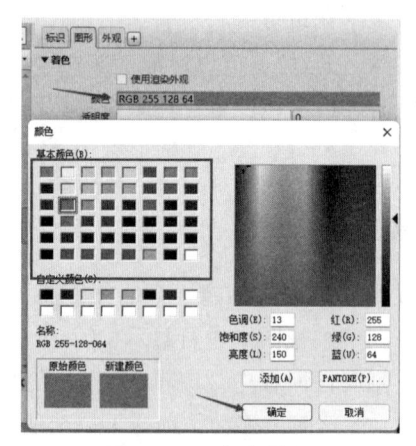

图 16.2-4　颜色设置

（4）表面图案填充设置。点击"材质浏览器"右侧"表面填充图案"，选择"绘图"模式，如图 16.2-5 所示。随意选择一个填充图案，依次点击"确定"，切换到三维视图查看，此时填充图案已经发生变化，如图 16.2-6 所示。可将视图比例修改成 1∶200，如图 16.2-7 所示（模型模式下图案不会根据视图比例变化而变化，但可以局部旋转和修改）。

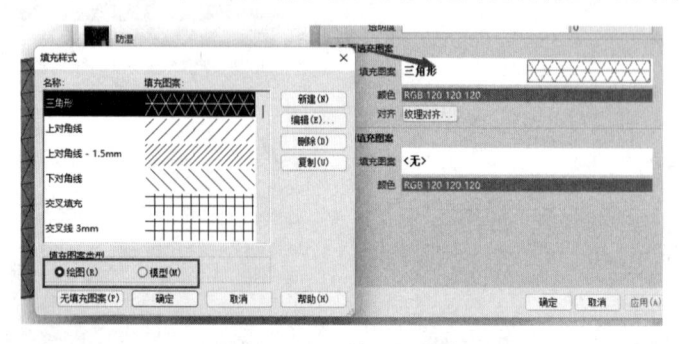

图 16.2-5　"绘图"模式

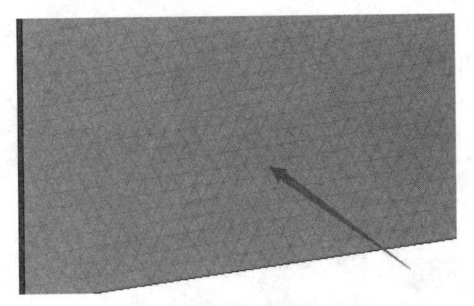

图 16.2-6 填充图案　　　　　图 16.2-7 修改比例

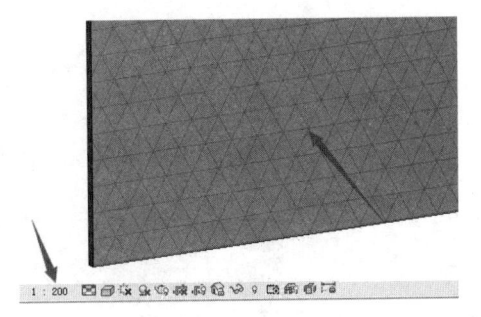

（5）截面填充图案设置。截面填充图案指该墙剖切面的填充图案，点击"材质浏览器"右侧"截面填充图案"随意选择图案，依次点击"确定"，切换到三维视图勾选剖面框，将剖面框拖到想要看的位置，如图 16.2-8、图 16.2-9 所示。

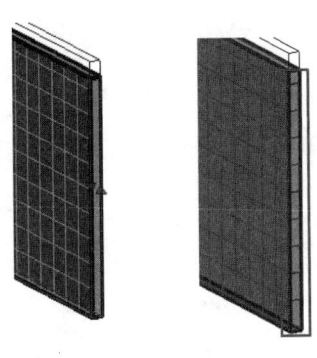

图 16.2-8 "剖面框"设置　　　　　图 16.2-9 截面填充效果

16.3 材质外观设置

项目的外观设置是在真实情况下显示的。

1. 添加材质

（1）新建建筑项目样板，任意绘制一面墙，在属性面板中点击"编辑类型"→"结构"编辑→插入面层，厚度为 40，修改材质→进入材质浏览器→点击下方"新建材质"→将材质命名为"外墙外立面"，如图 16.3-1 所示。

（2）点击材质浏览器中的资源浏览器，搜索"砖"，任意选择一个外观材质（外观库中可以任意选择自己想要的材质外观，也可以在上方搜索栏中搜索关键字），最后双击材质，即可与绘制图元进行关联，如图 16.3-2 所示。

2. 材质参数编辑

（1）在"材质浏览器"中点击图案右侧的下拉菜单，会出现场景、环境和渲染设置，如图 16.3-3 所示。场景只是决定材质的浏览外观，不会影响项目中的显示效果，而渲染设置中两个层次的选择，就会决定后期对图像渲染结果的好坏。

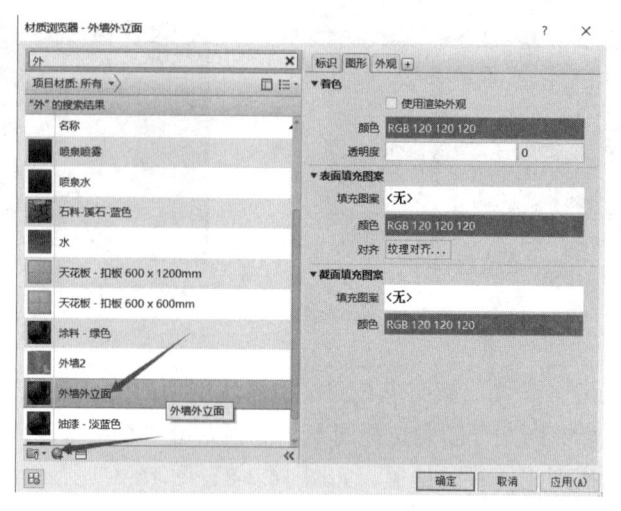

图 16.3-1 添加并修改材质

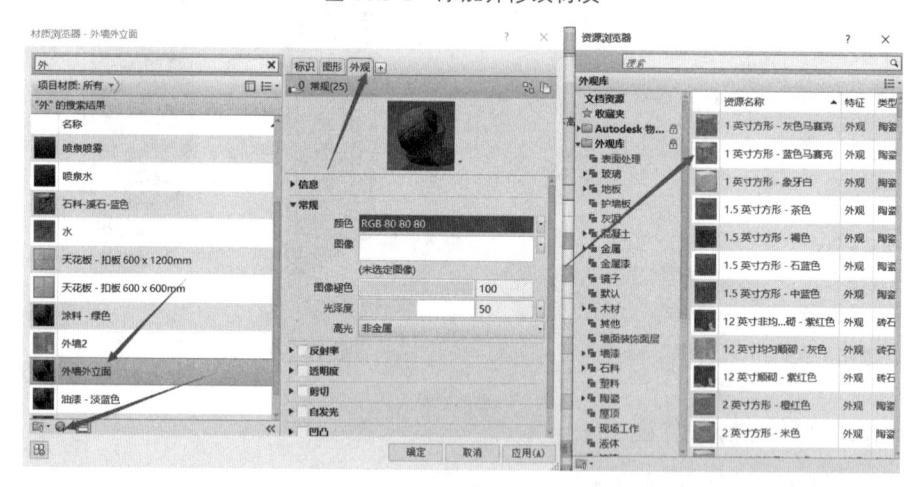

图 16.3-2 关联材质和图元

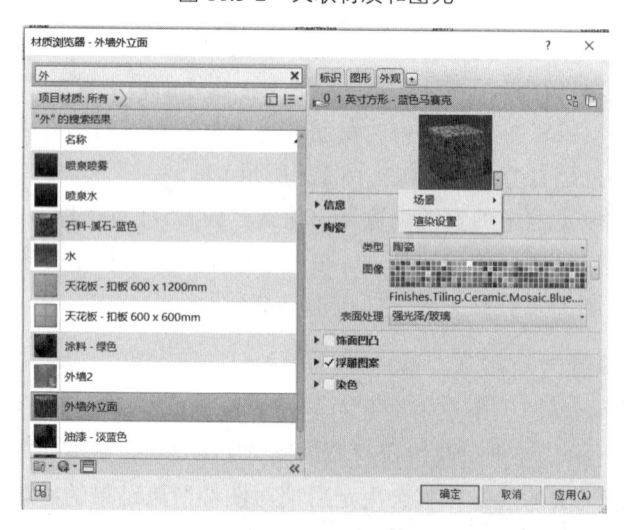

图 16.3-3 场景设置

（2）点击"信息"，下方就是该种材质的名称、说明和关键字，在搜索时可以搜索这些关键字。

（3）点击"图像"按钮，弹出"纹理编辑器"，对纹理的位置、比例、重复等参数进行设置，如图16.3-4所示。

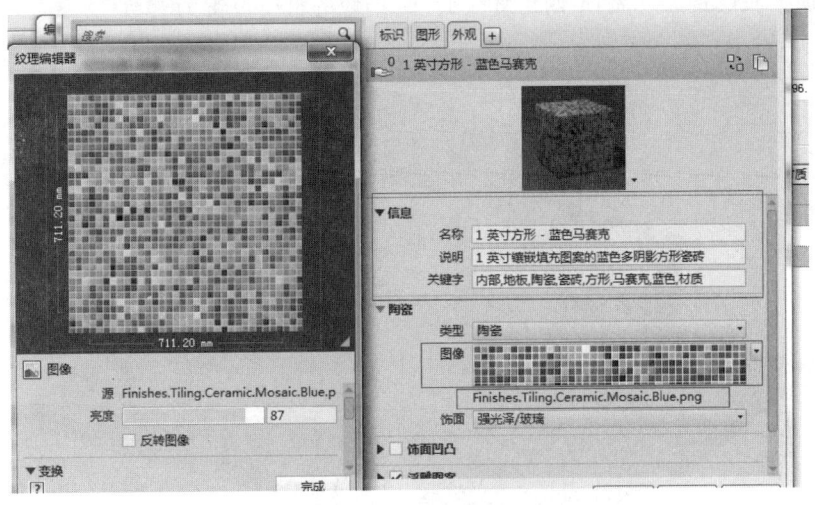

图16.3-4 纹理编辑器

（4）点击"图案"下方的存储位置，进入系统图库，这里可以使用缩略图查看方式，选择自己想要的外观材质，如图16.3-5所示。

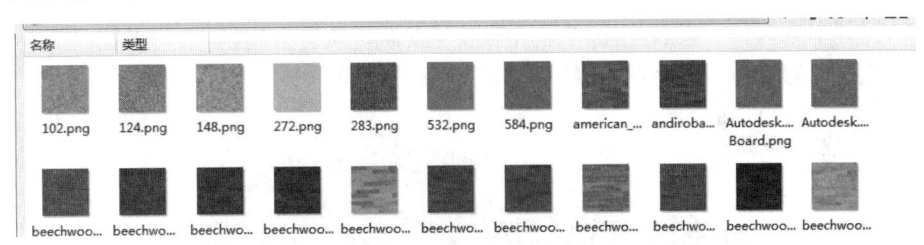

图16.3-5 系统外观图库

（5）勾选"视图凹凸"，可对数量拖动更改；勾选浮雕图案，也可对数量拖动更改（数值越大，图案颗粒与颗粒之间的起伏越明显）；勾选"染色"，随机选择颜色，依次点击"确定"。切换至三维视图查看，如图16.3-6所示。

图16.3-6 材质外观设置完成效果

16.4 任务练习

1. 打开提供的"材质设置-附件",设置完成后效果如图 16.4-1 所示。外墙面层材质设置为"石料-溪石-蓝色",楼地面和室外台阶面层材质设置为"石料-粗糙抛光-白色",屋顶材质设置为"屋顶-西班牙瓷砖",场地的材质设置为"草"。

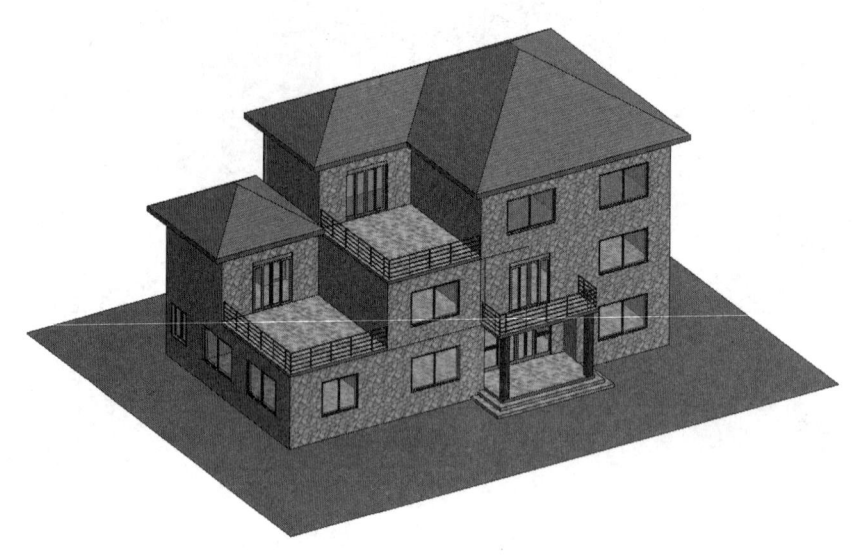

图 16.4-1 别墅项目材质设置效果(三维视图)

2. 打开书桌附件,设置书桌的材质参数"桌面材质"为胡桃木,"桌腿材质"为不锈钢,将文件保存为"胡桃木书桌",如图 16.4-2 所示。

图 16.4-2 书桌效果(三维图)

任务 17　渲染创建

17.1　相机视图创建

1. 创建正交视图

（1）点击"视图"选项卡→"三维视图"下拉菜单→"相机"，在选项栏里取消透视图的勾选，设置偏移量为1750，如图 17.1-1、图 17.1-2 所示。

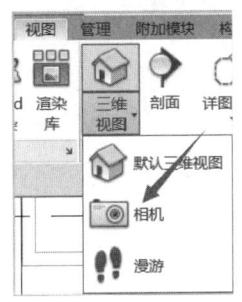

图 17.1-1　"相机"命令　　　　图 17.1-2　设置相机

（2）在绘图区域左下角放置相机，相机的视线往右上方放置，如图 17.1-3 所示。点选完成以后，视图会自动切换为放置好相机后的视角，可以选择范围框旁边的控制点控制视图范围的大小，选择"着色模式"，如图 17.1-4 所示。在"项目浏览器"找到"三维视图 1"，点击鼠标右键重命名为"正视图"。

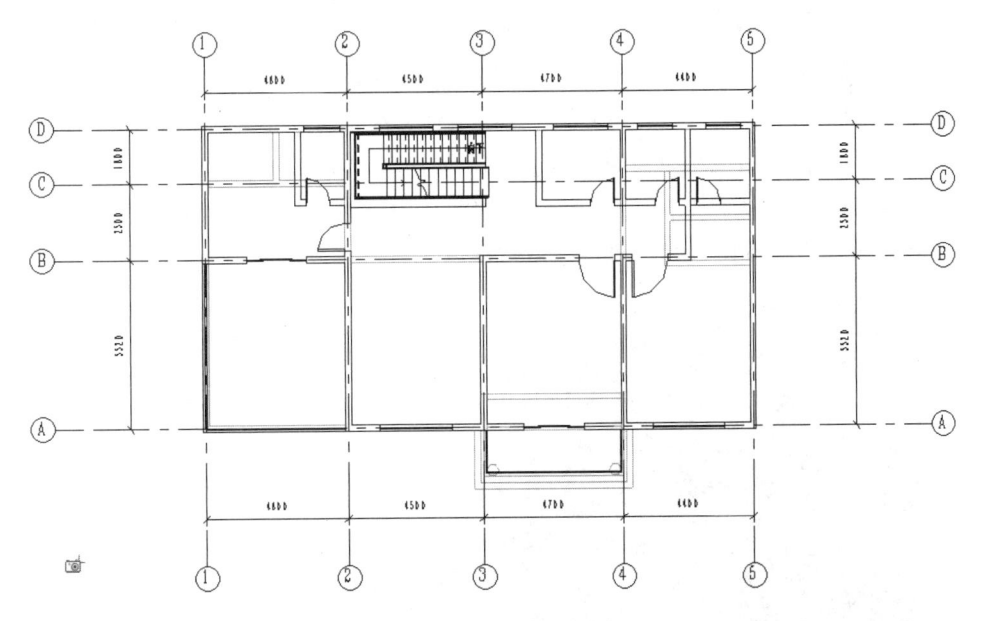

图 17.1-3　放置视图相机

图 17.1-4　正视图视角

2. 创建透视图

（1）点击"视图"选项卡→"三维视图"下拉菜单→"相机"，在选项栏里勾选透视图，在绘图区域左下角放置相机，相机的视线往右上方放置，如图 17.1-5 所示。

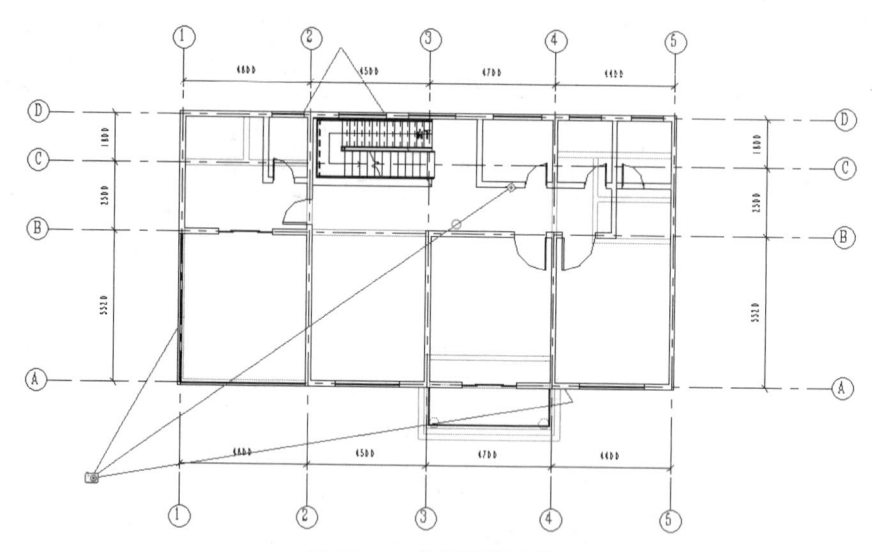

图 17.1-5　放置透视相机

（2）视图又将自动切换至放置后的视角，在右侧"项目浏览器"中找到"三维视图 1"，点击鼠标右键重命名为"透视图"，如图 17.1-6 所示（在相机视角里按住 Shift 和鼠标右键可以进入视图视角，对视图进行修改）。

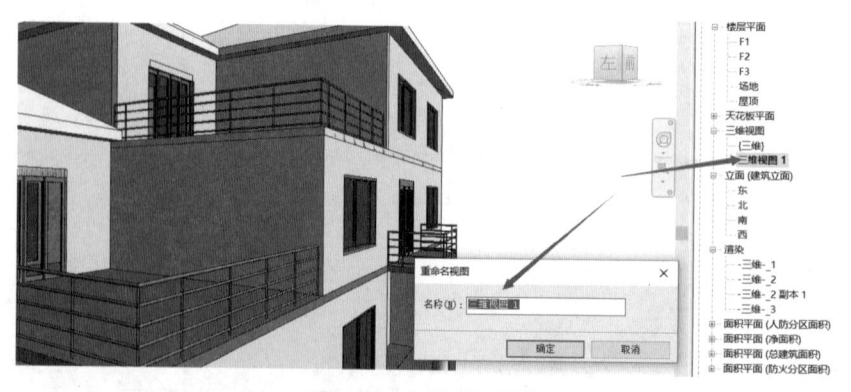

图 17.1-6　透视图视角

3. 相机视图的修改和编辑

（1）如果对相机视图的角度不满意，可以重新放置相机的位置以及角度。在"项目浏览器"中选择创建过的视图，右击鼠标点选显示相机命令，相机就会在视图中显示。

（2）在绘图区域，可以直接对相机进行拖拽，如图 17.1-7 所示。

（3）可对相机角度进行拖拽，如图 17.1-8 所示。

（4）也可对相机深度进行拖拽，如图 17.1-9 所示。

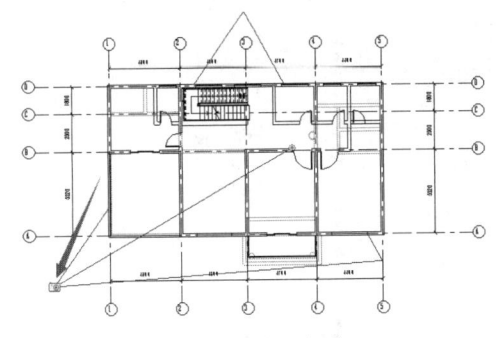

图 17.1-7 改变相机位置　　　　图 17.1-8 改变相机角度

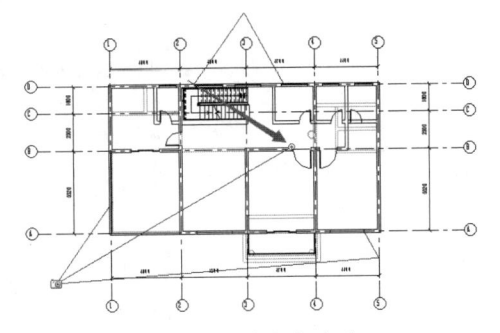

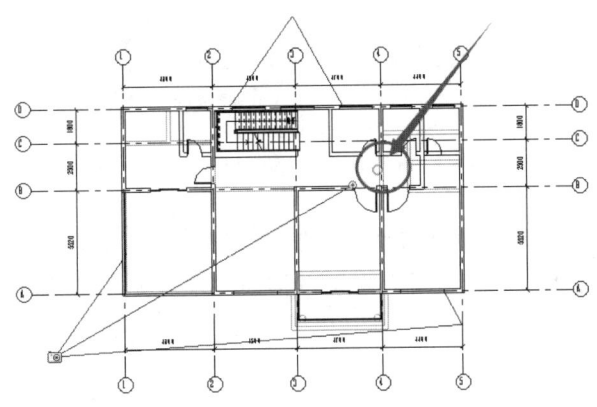

图 17.1-9 改变相机深度

17.2 室外照片渲染设置

室外照片渲染包含五个步骤：质量设置→输出设置→照明设置→背景设置→图像设置。

打开项目，进入上节设置的相机视图，在软件界面下方的视图选择工具栏中选择 →进入渲染界面，如图 17.2-1 所示。

在渲染对话框中，如果勾选区域 区域，我们就会发现视图界面出现一个红色框，也就是渲染的范围框；如果不勾选，系统就默认对整个相机视图进行渲染。

在引擎中有两种渲染器，一般我们选择 mental ray 渲染器，第二种渲染器是系统自带的，第一种在渲染效果上更好。

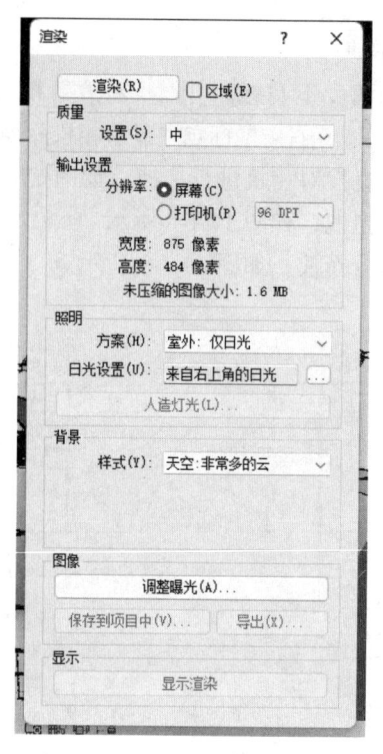

图 17.2-1　渲染设置界面

（1）质量设置。图片的渲染质量一般根据自己的计算机和渲染效果要求来设置，此处选择"中"，如图 17.2-2 所示。

（2）输出设置。选择屏幕分辨率（如果勾选屏幕分辨率，则是最低的；如果勾选打印机，即可调整打印机的分辨率，相应的渲染效果将更好），如图 17.2-3 所示。

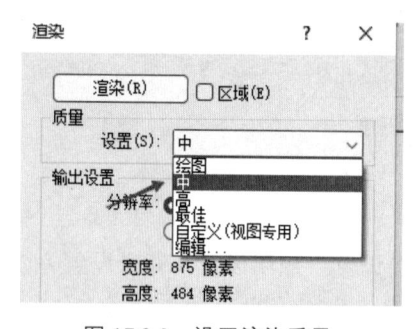

图 17.2-2　设置渲染质量　　　　　图 17.2-3　输出设置

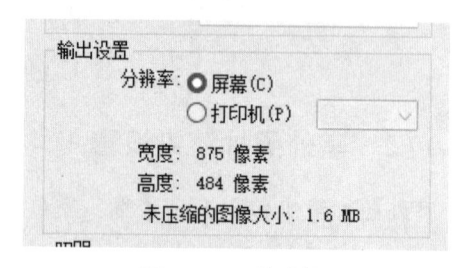

（3）照明设置。选择"室外：仅日光"（照明中方案选择中可以选择多种方式，日光一般指太阳光，人造光指路灯等人造光源；日光设置中可以选择日光来自方向等参数），如图 17.2-4 所示。

（4）背景设置。选择多云（其他可以选择天空的云量多少或者添加外部图片），如图 17.2-5 所示。

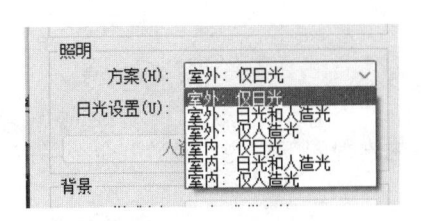

图 17.2-4 照明设置

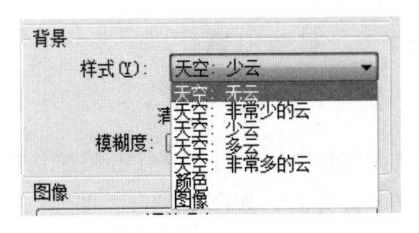

图 17.2-5 背景设置

点击左上角"渲染",等待完成渲染,如图 17.2-6 所示。

(5)图像设置。当对渲染图片不满意时可以对图片的曝光值进行更改,如图 17.2-7 所示。

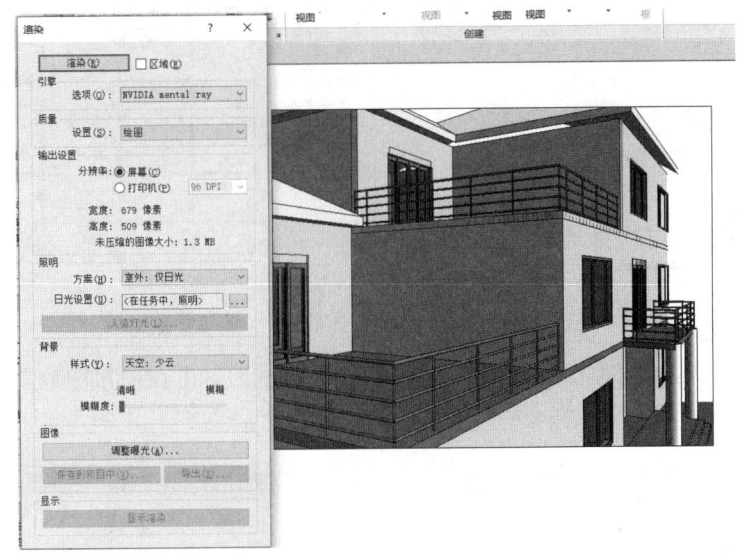

图 17.2-6 完成渲染

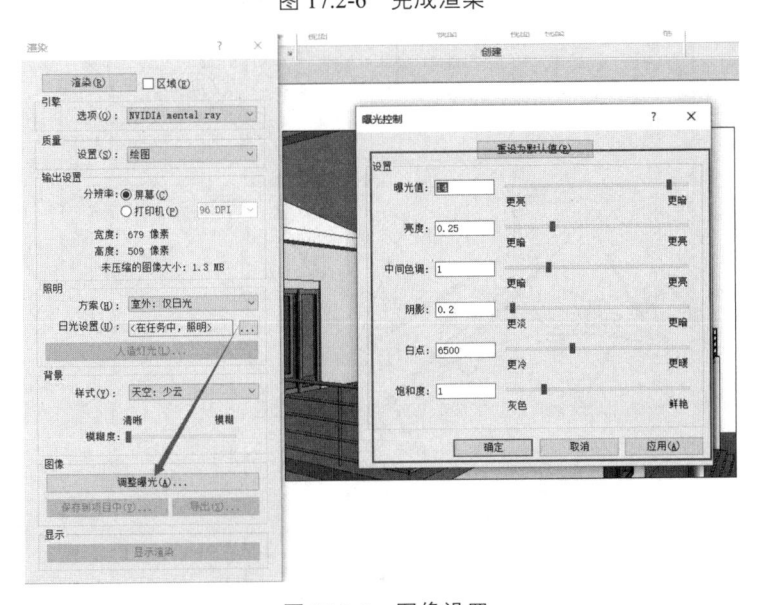

图 17.2-7 图像设置

17.3 漫游设置

1. 进行漫游相机的创建

(1)打开项目文件1→点击快速访问工具栏三维视图下方的"漫游"命令→进入漫游参数设置界面,如图17.3-1、图17.3-2所示。

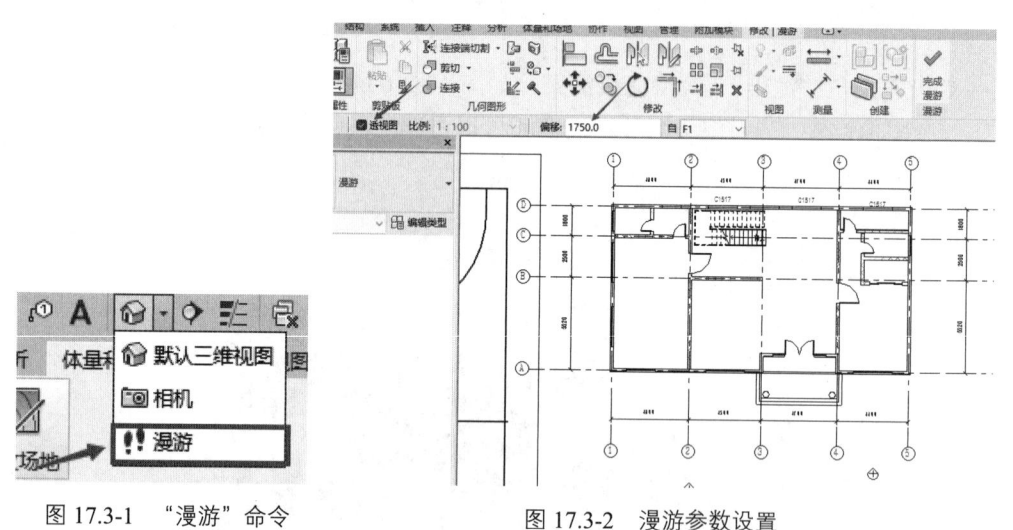

图17.3-1 "漫游"命令

图17.3-2 漫游参数设置

(2)在绘图区域放置相机漫游,如图17.3-3所示。单击在项目中放置漫游的关键帧,如图17.3-4所示。

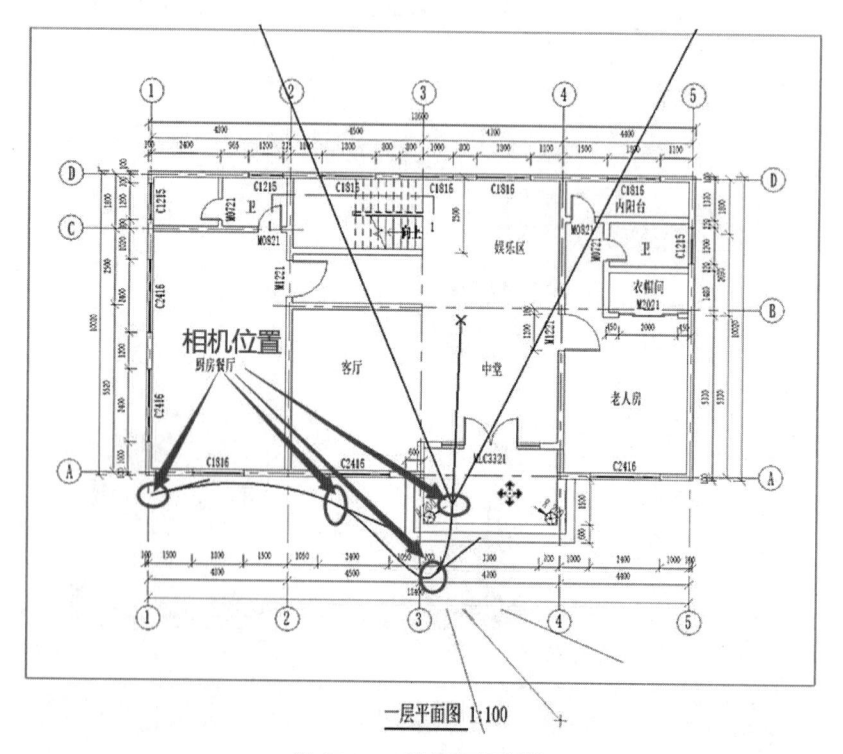

图17.3-3 放置相机漫游

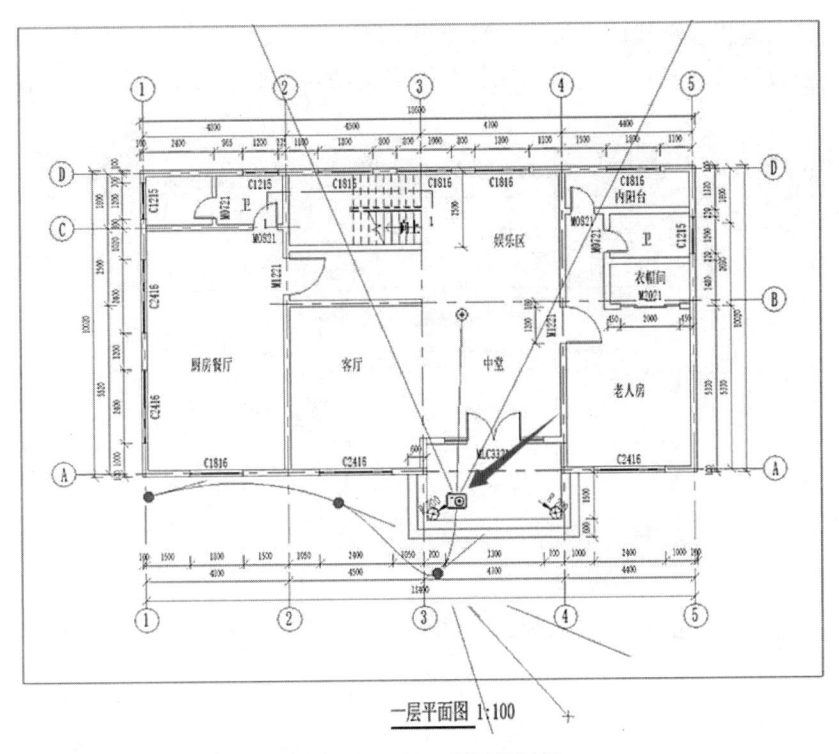

图 17.3-4　放置漫游关键帧

（3）单击右上方的 编辑漫游命令，进入漫游编辑界面，如图 17.3-5 所示。

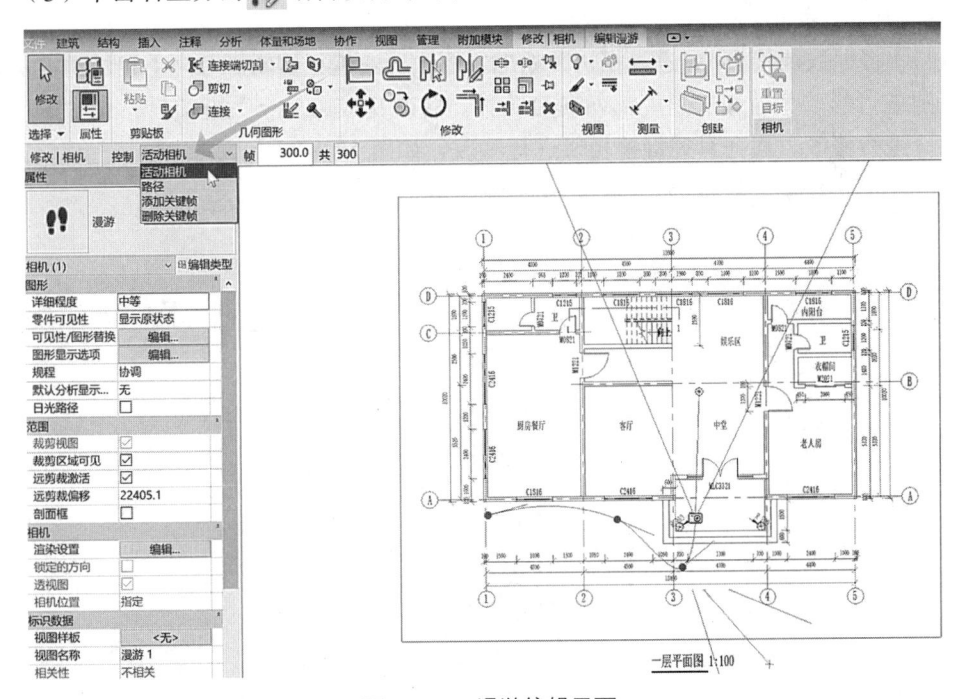

图 17.3-5　漫游编辑界面

（4）在控制选项 控制 活动相机 中，有活动相机、路径、添加和删除关键帧四个选项可以编辑漫游线路，选择"活动相机"。

（5）帧数系统自动设置的是 300，单击旁边按钮，对帧数进行设置，如图 17.3-6 所示。

图 17.3-6 漫游帧设置

（6）设置中可以修改总帧数，也可以取消匀速前面的勾选，对每一帧的加速器进行调整，这样就可以对有些特殊部位放慢进行漫游。

2. 编辑漫游相机

（1）将帧数调整为 1，进入相机开始的视图，对它进行编辑。对每个相机角度的视图范围进行修改，让相机角度都朝向建筑物。修改完成第一个关键帧后，点击下一关键帧，进行修改，逐一对关键帧相机进行修改，如图 17.3-7 所示。

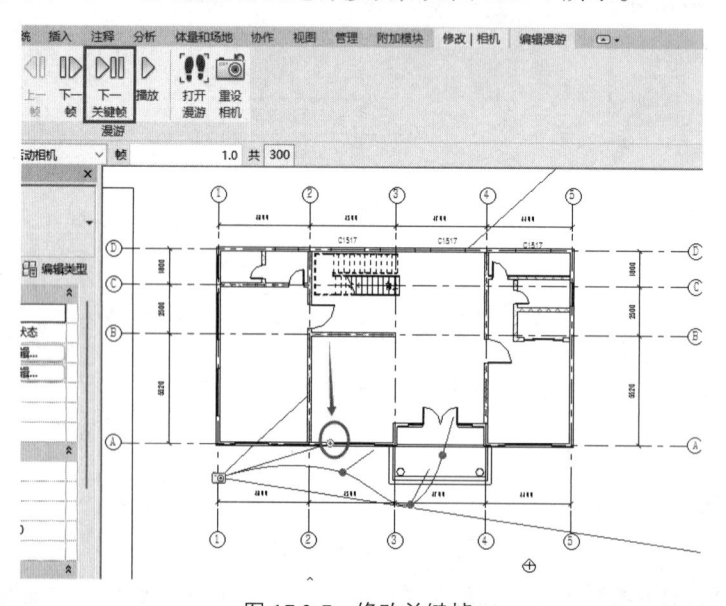

图 17.3-7 修改关键帧

（2）设置完成后，在"项目浏览器"中双击"漫游 1"，切换显示真实模式，选中视图中的漫游框，再点击上方的"编辑漫游"，点击"播放"，就会发现相机在平面视图中已按设置的相机路线进行移动，如图 17.3-8 所示。

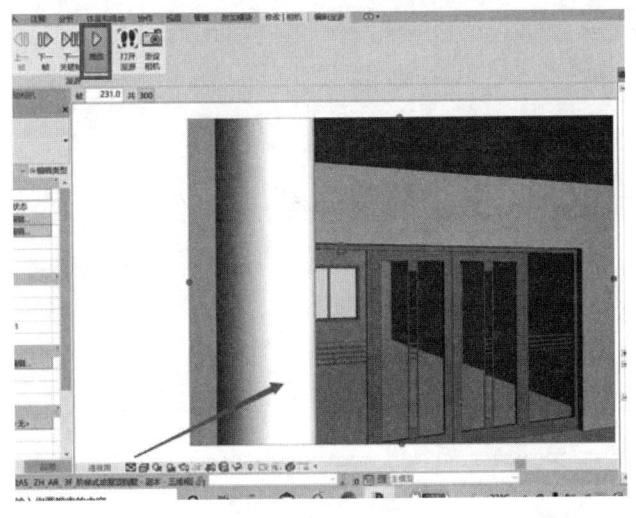

图 17.3-8　漫游效果

（3）漫游关键帧相机高度编辑：进入任意立面，选中漫游编辑线-点击"编辑漫游"→"控制"参数设置选择"路径"，就会出现刚才放置相机位置的关键帧。这时我们可以拖拽，调整每个相机的高度，如图 17.3-9 所示。

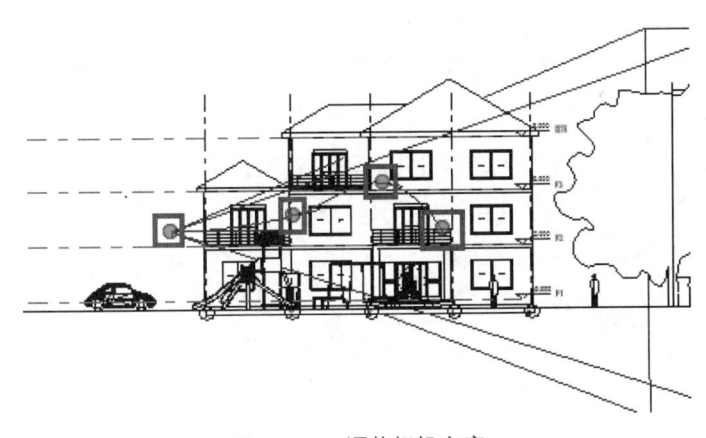

图 17.3-9　调整相机高度

（4）点击"项目浏览器"中自动生成的一个"漫游 1"的视图，右击重命名为"室外漫游"。

3. 漫游导出

（1）单击应用菜单→导出→图像和动画→漫游→进入如图 17.3-10 所示对话框设置。

（2）保持系统参数默认→点击"确定"→选择保持路径→选择 全帧（非压缩的）压缩→确定→漫游开始（保存开始），漫游接触即保存结束。

(3)在选择保存的位置查看 avi 格式的漫游视频。

图 17.3-10　漫游导出

17.4　任务练习

1. 打开提供的"视图渲染-附件",创建一张相机视图,角度如图 17.4-1 所示,并将视图渲染后保存在项目中并导出,命名为"西南方向视图"。

图 17.4-1　西南方向相机视图

2. 打开提供的"漫游-附件",创建漫游视频。要求:漫游绕建筑外一周,漫游过程中能看到整个建筑,漫游时长为 15 s,将漫游导出,保存为"漫游"。

模块 5　结构建模（1+X）

任务 18　族创建

18.1　五种基础族命令绘制

Revit 提供了五种创建实心、空心形状的方式，分别为拉伸、融合、旋转、放样、放样融合，如图 18.1-1 所示。配合这五种基本工具可创建出复杂的族类型。这里主要介绍这五种工具创建模型的基本原理。

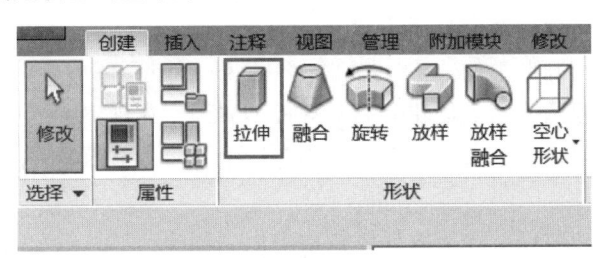

图 18.1-1　族创建基本工具

1. 拉伸

拉伸可以基于平面内的闭合轮廓沿垂直于该平面方向创建几何形状，确定几何形状的要素包括拉伸起点、拉伸终点、拉伸轮廓、基准平面。

这里以创建矩形拉伸为例。

在启动页面点击族新建→选择"公制常规模型"样板进行创建（创建不同族选择不同的样板文件）。

切换至"参照标高"平面，在"创建"选项卡的"形状"面板中单击"拉伸"按钮，在"修改创建拉伸"选项卡中选择适当的工具绘制轮廓，如图 18.1-2 所示。

再根据要求在属性栏输入拉伸尺寸，"拉伸起点 –250，拉伸终点 250"，完成后点击空白处完成拉伸，再点击 ✔ 完成编辑，如图 18.1-3 所示。

点击最上方任务栏中的 标识进入三维视图，观察拉伸完成后效果，如图 18.1-4 所示。

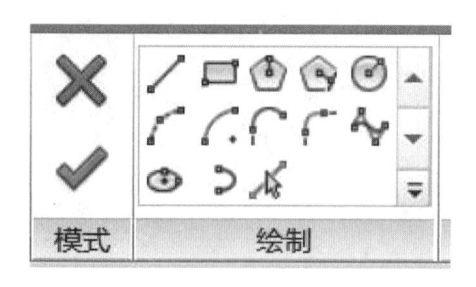

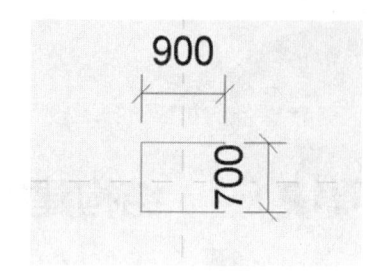

图 18.1-2　创建拉伸轮廓

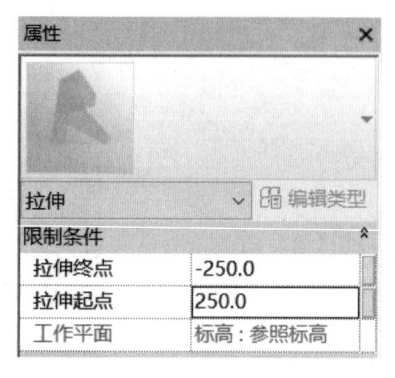

图 18.1-3　设置拉伸端点

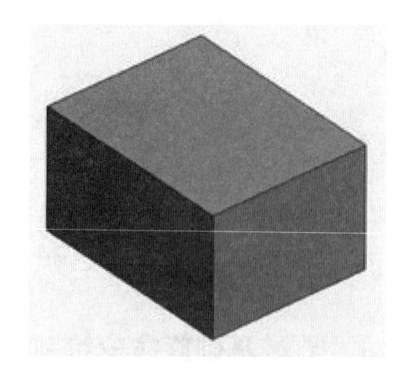

图 18.1-4　完成拉伸

2. 融合

融合是在两个平行的平面分别创建不同的封闭轮廓形成三维模型，融合的要素包括平行且不在同一平面的两个封闭轮廓。

这里以多边形与圆形举例。

打开公制常规模型，进入创建公制常规模型界面，在创建栏下点击"融合"。

进入融合编辑界面后，选择上方"绘制"栏中的多边形图案，在平面创建底部草图并确定它的尺寸。

在底部草图创建完后，在上方任务栏中点击"创建顶部草图"，如图 18.1-5 所示，在"绘制"栏中选择，在绘制好的底部草图中绘制并确定它的尺寸。接下来，在属性栏修改第二端点（即顶部轮廓）为 300，第一端点（即底部轮廓）为 0，绘制完后，点击上方任务栏中 ✓ 完成编辑。

融合创建完成后点击最上方任务栏中的标识进入三维视图，观察融合完成后效果，如图 18.1-6 所示。

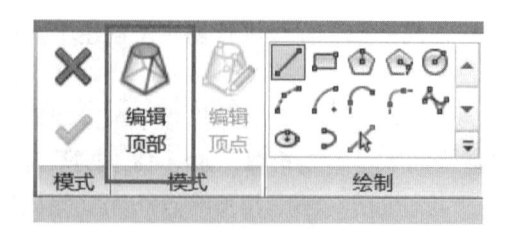

图 18.1-5　编辑顶部

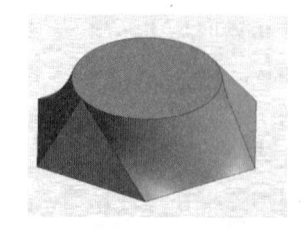

图 18.1-6　融合生成三维模型

3. 旋转

旋转工具可使闭合轮廓绕旋转轴旋转一定角度生成三维模型。旋转的要素主要为旋转轴和旋转边界，如图 18.1-7 所示。

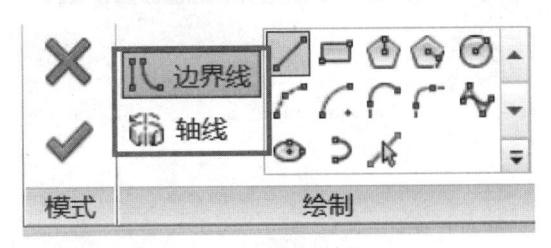

图 18.1-7　旋转轴线与边界线

在"修改创建旋转"选项卡中有绘制边界线及绘制轴线的工具，绘制完成后，在属性栏中设置旋转角度为 300°，单击 ✓ 按钮完成旋转，如图 18.1-8 所示。

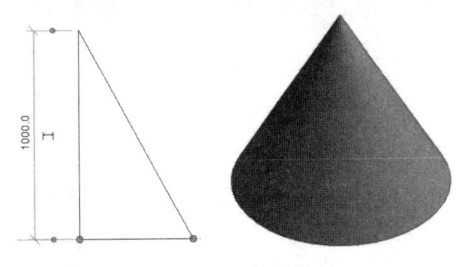

图 18.1-8　创建旋转

4. 放样

放样是通过闭合的平面轮廓按照连续的放样路径生成三维模型的建模方式。

这里以矩形举例。

切换至参照标高，在"创建"选项卡的"形状"面板中单击"放样"按钮，在"修改|创建放样"选项卡中提供了两种路径创建方式：绘制路径和拾取路径，并且轮廓为灰色，无法编辑。如图 18.1-9 所示，绘制路径主要用于创建二维路径，拾取路径可基于已有图元创建三维路径。

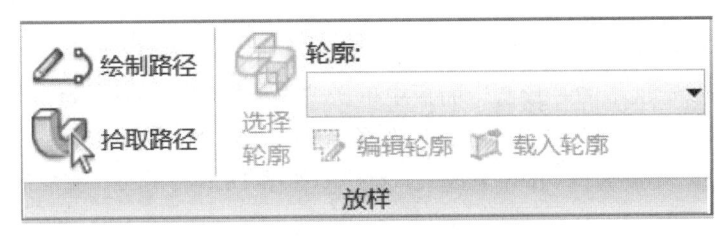

图 18.1-9　放样路径

选择绘制路径，在"修改|放样"→"绘制路径"选项卡中单击按钮绘制样条曲线，绘制完成后单击"完成编辑"按钮，完成路径创建；此时"编辑轮廓"为高亮显示，单击"编辑轮廓"按钮，弹出"转到视图"对话框，选择"三维视图"，单击"打开视图"按钮，如图 18.1-10 所示。

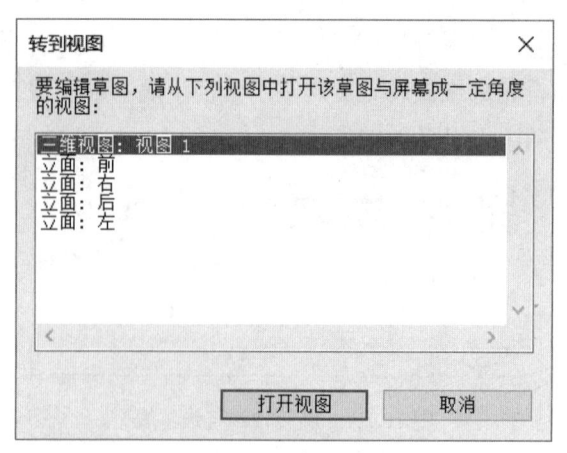

图 18.1-10 转到视图

基于放样中心点绘制放样轮廓，如图 18.1-11 所示，单击"完成编辑"按钮完成轮廓绘制，再次单击"完成编辑"按钮完成放样形状，如图 18.1-12 所示。

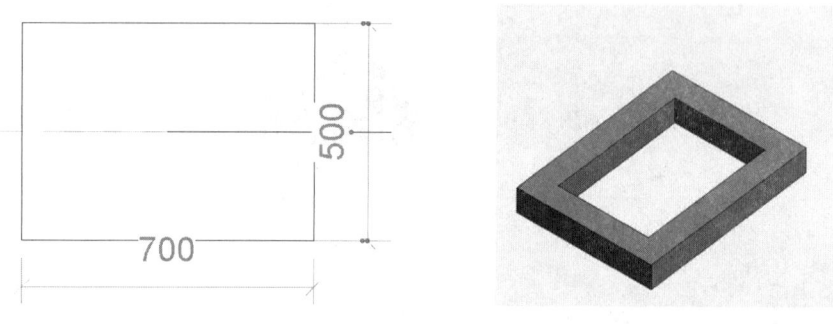

图 18.1-11 绘制轮廓

图 18.1-12 放样完成

需要注意的是，在放样时，轮廓与路径必须满足一定的几何约束条件，否则会弹出不能忽略的错误报告，无法生成几何形状。

5. 放样融合

顾名思义，放样融合结合了放样与融合的特点，可以将两个不在同一平面的形状按照指定的路径生成三维模型。

这里以放样矩形和融合多边形为例。

在"创建"选项卡的"形状"面板中单击"放样"按钮，在"修改放样融合"选项卡中可以看到绘制路径、选择轮廓1、选择轮廓2等选项，依次创建路径、起点轮廓、终点轮廓，单击"完成编辑"按钮完成放样融合，如图 18.1-13 所示。完成后如图 18.1-14 所示。

图 18.1-13 创建放样融合

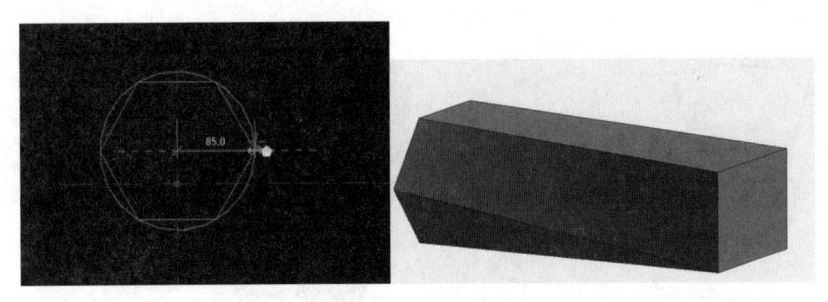

图 18.1-14　完成放样

18.2　空心与融合

空心融合主要用于创建内部空心底面和顶面形状不一样的情况。

这里以简单的立方体融合为例。

选择族，打开公制常规模型，点击创建栏下的空心融合命令。

进入空心融合后，首先自动进入修改，创建空心融合底部边界的选项卡，在这里创建一个直径为1000的圆，如图18.2-1所示。注意左边有一个约束，第一端点指空心融合的底部位置，第二端点指空心融合的顶部形状位置，如图18.2-2所示。

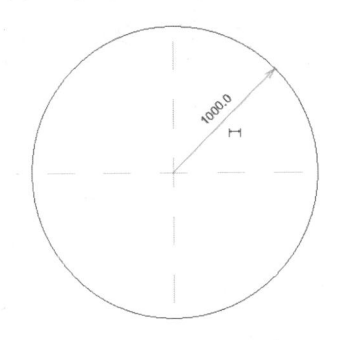

图 18.2-1　直径1000的圆草图　　　　图 18.2-2　端点值设置

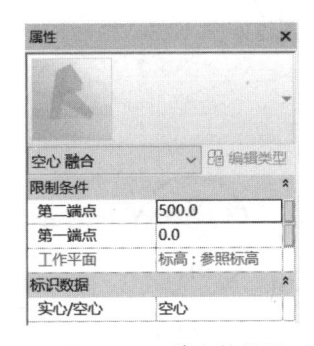

接下来在"修改"中点击"创建融合底部边界"选项卡"模式"面板上的"编辑顶部"；绘制一个小圆，设置顶部半径500，单击"确定"按钮退出工具，查看三维视图效果，如图18.2-3所示。

实心物体在软件中会以黑色或蓝色线表示，空心物体则会以棕黄色线条表示边界。在着色效果下，观察空心融合完成后效果，如图18.2-4所示。

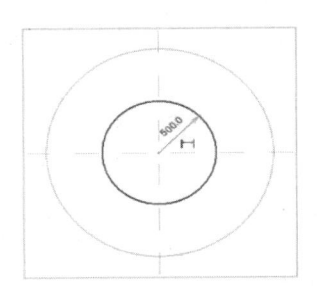

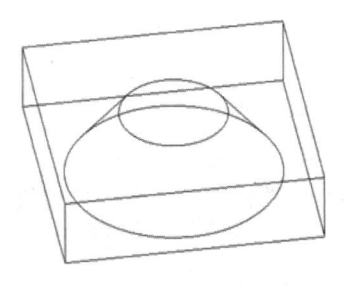

图 18.2-3　小圆绘制及完成形状

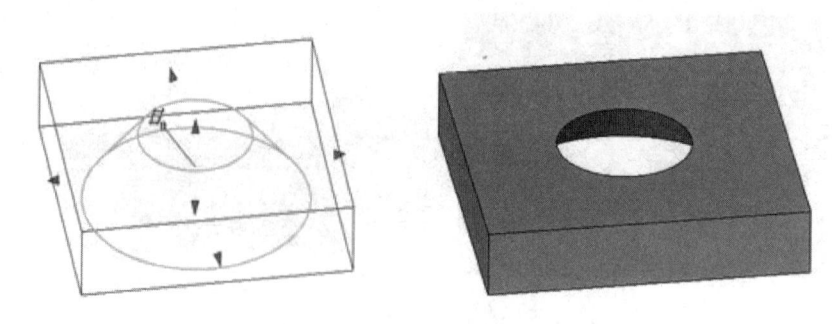

图 18.2-4　完后空心边界线及完成效果

18.3　族几何参数添加

在建模的过程中,会遇到对高度相似的族设置几何参数,让它随着参数的变化自动修订尺寸。

这里以圆柱体为例,对半径和高度设置几何参数。

首先基于公制常规模型新建一个族,并添加如图 18.3-1 所示的参照平面,通过"注释"选项卡中的尺寸标注工具进行标注。然后在创建选项卡的"形状"面板中选择"拉伸"命令,创建如图 18.3-2 所示的拉伸轮廓,并将拉伸轮廓通过 按钮与参照平面锁定。

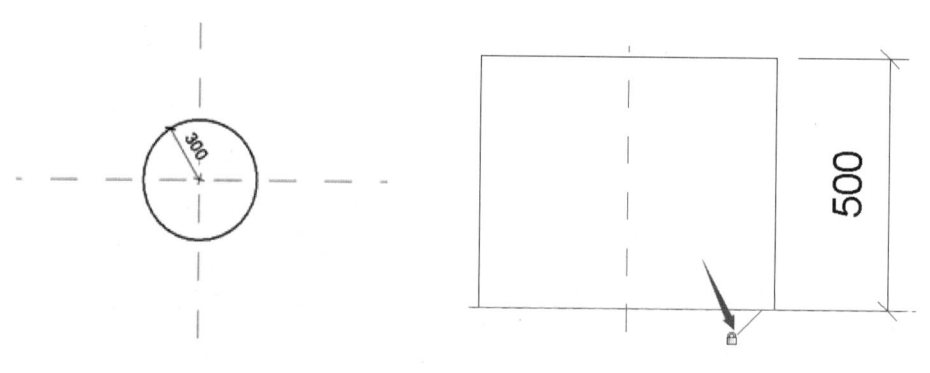

图 18.3-1　标注参照平面　　　　图 18.3-2　锁定拉伸轮廓

锁定后我们对参照平面进行尺寸标注,并点击尺寸标注后的标签进行添加,如图 18.3-3、图 18.3-4 所示。

对图元高度的添加可在属性栏的"约束"面板中单击"拉伸终点"后方的"关联族参数"按钮,如图 18.3-5 所示,进入"关联族参数"对话框,单击"添加参数"按钮新建一个族参数,如图 18.3-6 所示。

在弹出的参数属性对话框中设置参数名称为"高度",分组方式为"尺寸标注",参数形式为"类型",单击"确定"按钮完成"高度"参数的添加,如图 18.3-7 所示。单击"完成编辑"按钮完成简单的拉伸模型。

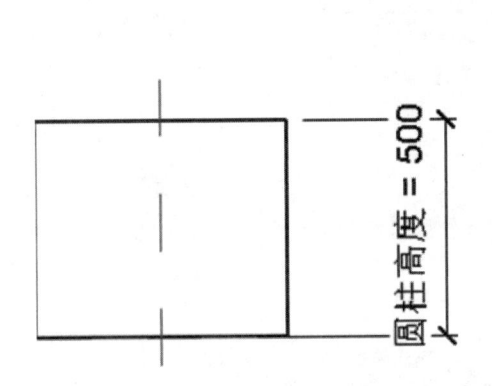

图 18.3-3　添加参数

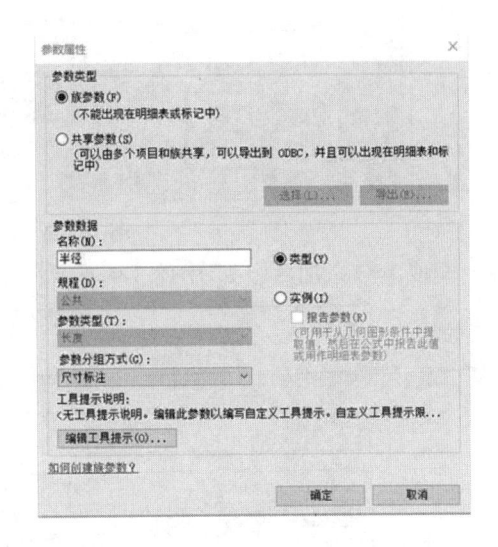

图 18.3-4　输入参数名称

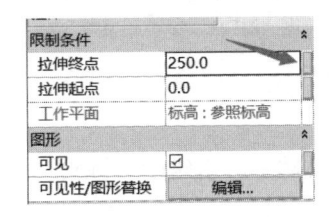

图 18.3-5　关联拉伸终点参数

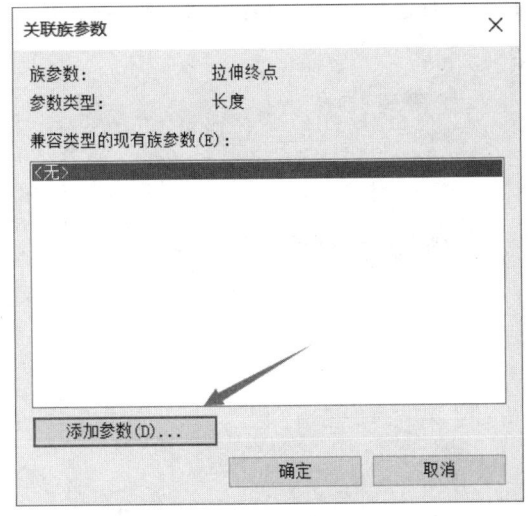

图 18.3-6　新建族参数

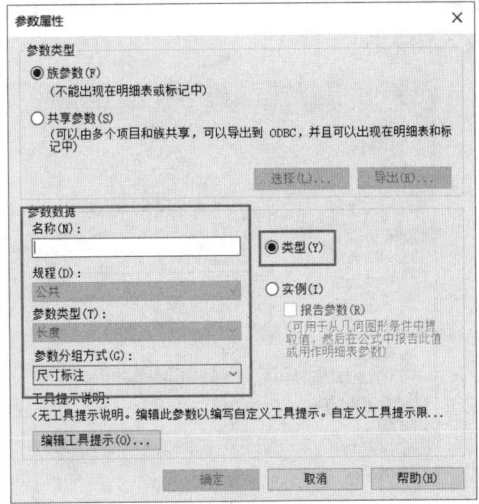

图 18.3-7　添加高度参数

此时在"属性"面板中单击"族类型"按钮,在弹出的族类型窗口中可以看到高度参数为500,将"半径值"修改为300,如图18.3-8所示。单击"确定"按钮完成高度参数的修改,模型尺寸也会发生相应变化。

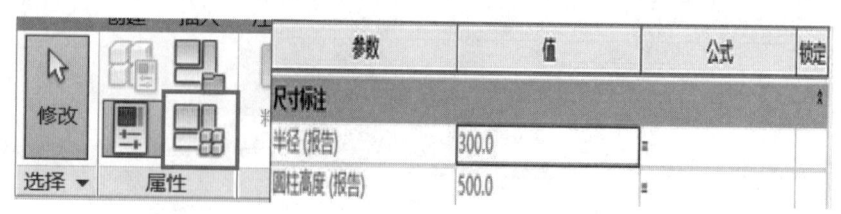

图 18.3-8 修改高度参数

完成参数添加后，如图 18.3-9 所示。

图 18.3-9 参数设置完成

18.4 族材质参数添加

在创建族的时候，同样需要赋予所创建族的材质。

这里以结构柱为例添加材质参数。

新建公制结构柱，创建一个结构柱。接着选择创建的结构柱，在属性栏中的"材质和装饰"处关联参数。关联族参数时，如果没有选择参数，则需要新建参数，如图 18.4-1 所示。

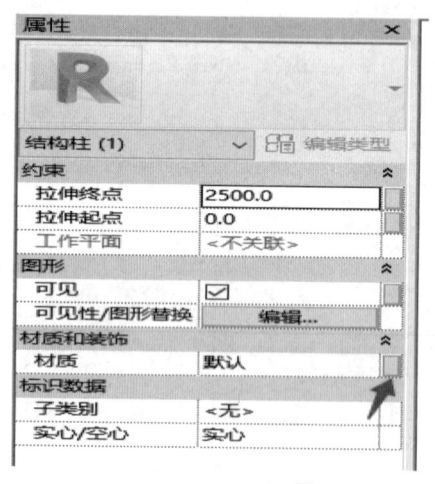

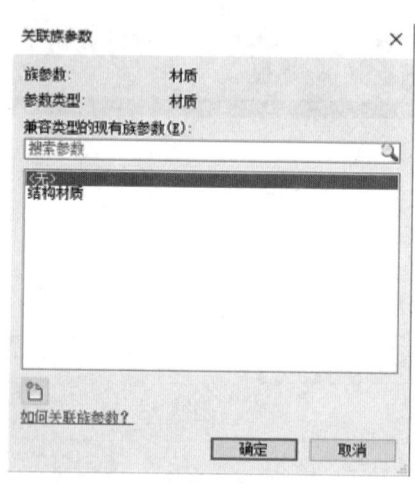

图 18.4-1 关联参数与新建参数

这里我们就把材质设置为类型参数。新建参数完成，选择新建参数"材质"，点击"确定"，我们会发现属性栏变化了，如图 18.4-2 所示。将创建完材质的结构柱，导入到项目中进行材质赋予，如图 18.4-3 所示。

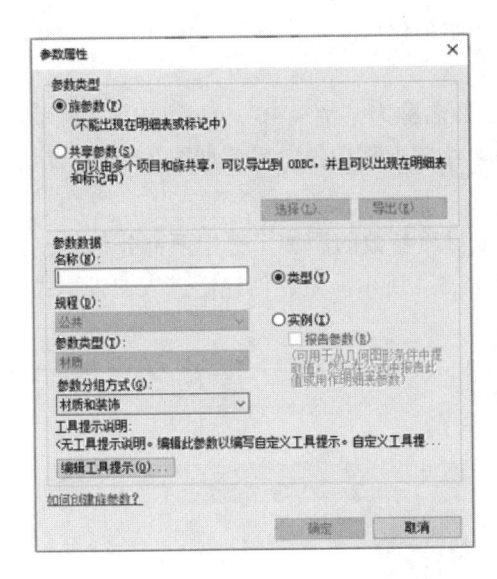

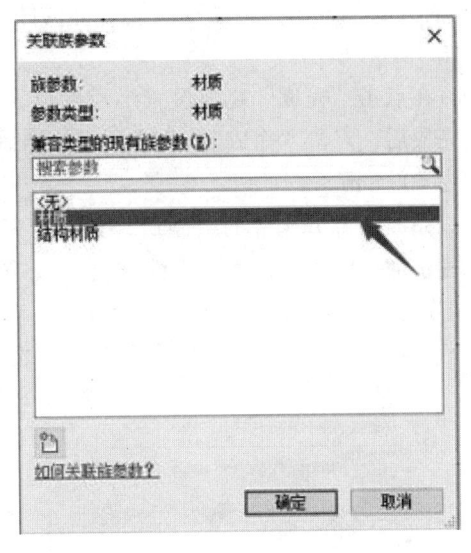

图 18.4-2 关联参数设置

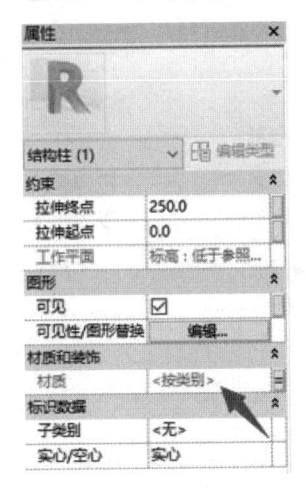

图 18.4-3 材质赋予

注意：参数分组是材质和装饰，右边参数类别有类型参数和实例参数。类型参数是控制这个类型所有族的参数，实例参数是只针对选定图元的参数。

18.5 三维族的创建

Revit 的模型是由大大小小的构件构成的，不同的族有不同的尺寸参数、材质参数。接下来我们就创建一个需要设置尺寸参数和材质参数的族。

这里以创建螺栓为例，设置下部构件半径参数，并设置整体材质参数，进行三维族创建。

新建公制常规模型，进入创建公制常规模型界

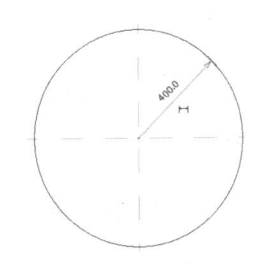

图 18.5-1 下部构件底部草图

面。首先我们采用拉伸命令绘制下部构件，初始半径尺寸是为 400 mm，高度为 500 mm，如图 18.5-1 所示。

在点击"完成"之前设置半径参数，参数名称为"半径 R"，如图 18.5-2 所示。参数完成后，点击"完成"；继续利用拉伸命名绘制上部构件，尺寸如图 18.5-3 所示，高度为 400 mm。

完成两部分构件的绘制后，紧接着完成材质参数的添加。选中两部分构件，在属性栏添加，参数名称为"构件材质"，如图 18.5-4 所示。完成创建后进入三维模式，对模型进行观察，如图 18.5-5 所示。

图 18.5-2　半径参数设置

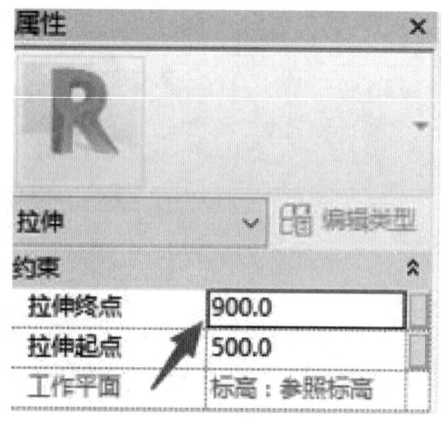

图 18.5-3　螺栓高度设置

图 18.5-4　材质参数设置

图 18.5-5　创建完成三维效果

18.6　符号族创建

在 Revit 中除了构件族外还存在着很多符号的族。比如常见的标高标头、轴号标头、标记等，都可以通过族来进行创建。

这里以创建轴号为例，进行符号族创建。

首先，新建公制轴网标头。在新建轴网标头之前，将其他内容删除掉，只留下轴网标头的模型线，如图 18.6-1 所示。

此时需要定义轴网标头的形状，这里我们选择为六边形来创建。在创建选项卡中选择标签，放置在六边形当中。如图 18.6-2 选择"名称标签"添加到标签栏之后，选择"确认"（也可以双击名称进行添加），如图 18.6-3 所示。

完成标签的添加后，我们可以对标签的属性进行编辑。内容包括标签的文字大小、标签尺寸等属性。这里选择默认属性。最后将创建完成的轴网标头载入到项目中使用，在轴网的编辑类型中进行更换即可，如图 18.6-4 所示。

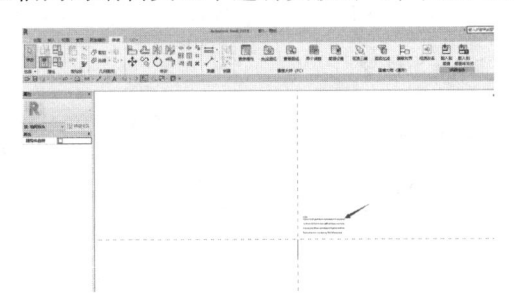

图 18.6-1　删除内容

图 18.6-2　选择六边形创建

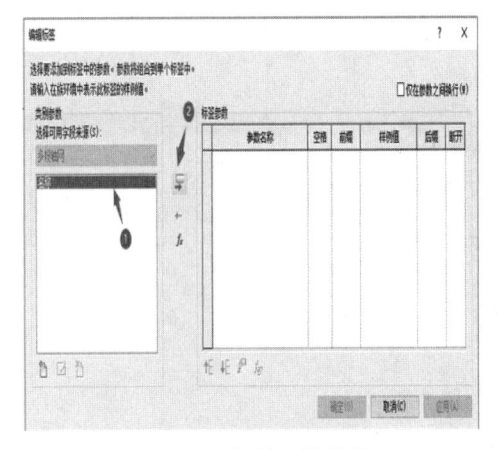

图 18.6-3　标签属性编辑

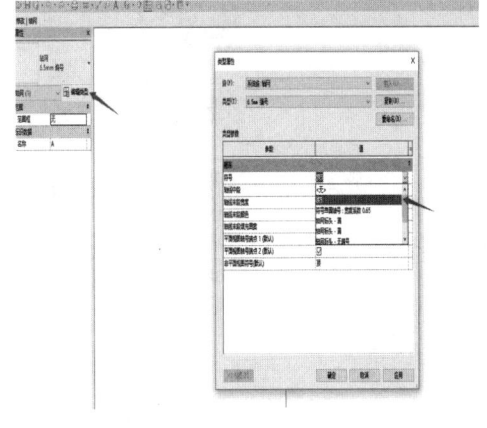

图 18.6-4　标签类型更换

18.7　轮廓族创建

轮廓族是一个类似于二维图纸的轮廓，并不是常见的三维模式。通常轮廓族广泛运用在墙饰条、楼板边缘、放样融合等场景中，都是将绘制的轮廓按照路径生成的模式。

这里以墙饰条为例，进行轮廓族的创建。

首先，选择新建公制轮廓。选择创建模型线，并按照图纸中的尺寸要求完成轮廓之后，将它保存，如图 18.7-1 所示。

然后将其载入一个新的项目中，将轮廓用于墙饰条，在新的项目中创建一道墙，并在墙的选项卡上选择墙饰条，如图 18.7-2 所示。

在墙饰条的轮廓这里，选择载入的轮廓，并且选择墙体放置，如图 18.7-3 所示。

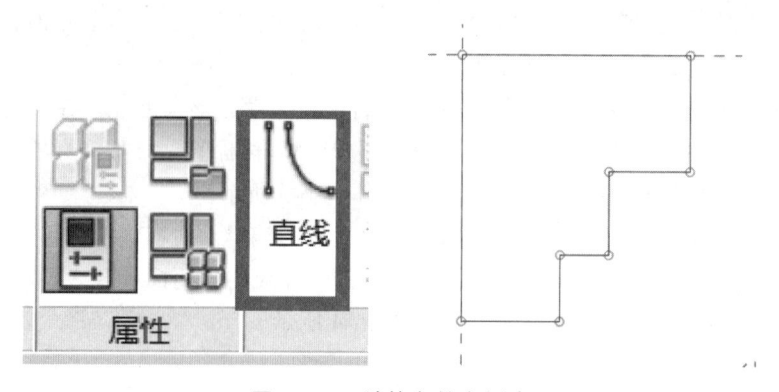

图 18.7-1　墙饰条轮廓创建

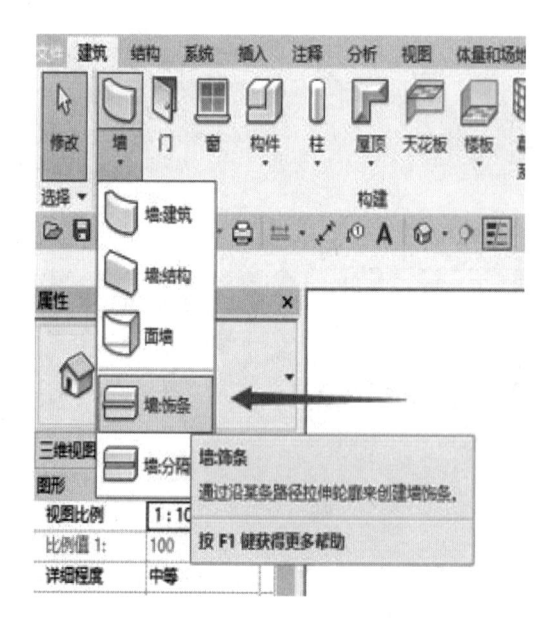

图 18.7-2　载入墙饰条

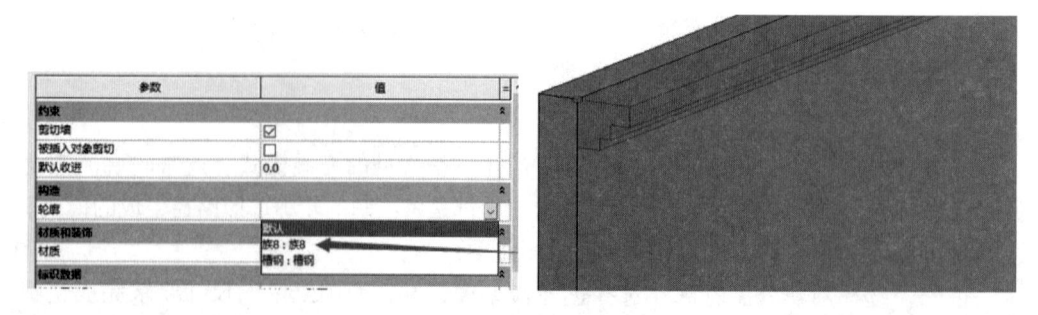

图 18.7-3　墙饰条编辑与放置

18.8 任务练习

一、单选题

1. 以下哪个是"放样"建模方式？（　　）
   A. 将两个平行平面上的不同形状的端面进行融合的建模方式
   B. 用于创建需要绘制或应用轮廓且沿路径拉伸该轮廓族的一种建模方式
   C. 通过绘制一个封闭的拉伸端面并给一个拉伸高度进行建模的方法
   D. 可创建出围绕一根轴旋转而成的几何图形的建模方法

2. 在族中，当空心模型大于实心模型并使用"剪切几何图形"工具时，（　　）。
   A. Revit 会给出错误信息，并不剪切几何图形
   B. Revit 会给出错误信息，并剪切几何图形
   C. Revit 不给出任何提示，并不剪切几何图形
   D. Revit 不给出任何提示，并剪切几何图形

3. 下列选项中哪个不是 Revit Architecture 族的类型？（　　）
   A. 系统族
   B. 外部族
   C. 可载入族
   D. 内建族

4. 关于"实心拉伸"命令的用法，正确的是（　　）。
   A. 轮廓可沿弧线路径拉伸
   B. 轮廓可沿单段直线路径拉伸
   C. 轮廓可以是不封闭的线段
   D. 轮廓按给定的深度值作拉伸，不能选择路径

5. 作为一款参数化设计软件，关于构件参数，以下分类正确的是（　　）。
   A. 图元参数、类型参数
   B. 实例参数、类型参数
   C. 局部参数、全局参数
   D. 实例参数、全局参数

6. 在建立窗族时，已经指定了窗外框的材质参数为"窗框材质"，如果使用"连接几何图形"工具将未设置材质的窗分隔框与之连接，则窗分隔框模型的材质将（　　）。
   A. 将自动使用指定"窗框材质"参数
   B. 没有变化
   C. 将使用"窗框材质"中定义的材质，但在项目中不可修改
   D. 不会使用"窗框材质"参数，但可以在项目中修改

7. 关于族材质参数设置的变化下列说法正确的是（　　）。
   A. 材质参数改变则同一材质的族材质都会改变
   B. 材质参数改变则同一楼层同类别的族材质都会改变
   C. 材质参数改变则视图范围内同一材质的族材质都会改变

D. 材质参数改变则同一材质的族材质都不会改变

8. （　　）族是通用族，无任何特定族的特性，仅有形体特征。

   A. 安全设备

   B. 数据设备

   C. 机械设备

   D. 常规模型

9. Revit 族文件是以（　　）格式存储的。

   A. *.rvt

   B. *.rfa

   C. *.rft

   D. *.rte

10. 创建类似于"游泳圈"形状的构件集，下列哪个命令最为便捷？（　　）

    A. 拉伸

    B. 放样

    C. 融合

    D. 旋转

11. 下列关于符号的使用，错误的是（　　）。

    A. 符号是注释图元或其他对象的图形表示

    B. 与注释相同，符号是视图专有的

    C. 三维视图中可以添加符号

    D. 三维视图中不能添加符号

12. 向视图中添加所需图元符号的方法（　　）。

    A. 可以将模型族类型和注释族类型从项目浏览器中拖拽到图例视图中

    B. 可以通过单击设计栏"绘图"选项卡中的"图例构件"命令来添加模型族符号

    C. 可以通过单击设计栏上"绘图"选项卡中的"符号"命令来添加注释符号

    D. 以上皆可

13. 符号只能出现在（　　）中。

    A. 平面图

    B. 图例视图

    C. 详图索引视图

    D. 当前视图

14. 要建立排水坡度符号，需要用哪个族样板？（　　）

    A. 公制常规模型

    B. 公制常规标记

    C. 公制常规注释

    D. 公制详图构件

15. 使用轮廓族文件替换现有的放样轮廓，下面提供的参数不能修改的是（　　）。
    A. 水平轮廓偏移
    B. 垂直轮廓偏移
    C. 长度
    D. 角度
16. 在创建墙饰条时，要新建墙饰条中用到的族，应选择何种样板文件？（　　）
    A. 公制轮廓.rft
    B. 公制结构柱.rft
    C. 公制栏杆.rft
    D. 公制家具.rft
17. 以下哪个是"放样"建模方式？（　　）
    A. 将两个平行平面上不同形状的端面进行融合的建模方式
    B. 用于创建需要绘制或应用轮廓且沿路径拉伸该轮廓的族的一种建模方式
    C. 通过绘制一个封闭的拉伸端面并给一个拉伸高度进行建模的方法
    D. 可创建出围绕一根轴旋转而成的几何图形的建模方法

　　答案：1~5. BDBDB　　6~10. AADBD　　11~15. CDDCC　　16~17. AB

二、多选题

1. "实心放样"命令的用法，正确的有（　　）。
    A. 必须指定轮廓和放样路径
    B. 路径可以是样条曲线
    C. 轮廓可以是不封闭的线段
    D. 路径可以是不封闭的线段
2. 关于"实心拉伸"命令的用法，错误的是（　　）。
    A. 轮廓可沿弧线路径拉伸
    B. 轮廓可沿单段直线路径拉伸
    C. 轮廓可以是不封闭的线段
    D. 轮廓按给定的深度值作拉伸，不能选择路径
3. 关于参数化设计的说法正确的有（　　）。
    A. Grasshopper 是配合 Revit 平台使用的一个参数化设计软件
    B. AutoCAD 是一个传统的绘图软件，目前不具备参数化设计能力
    C. PKPM 通过输入构件的尺寸信息，进而得到计算结果，这属于参数化设计范畴
    D. 国内的主流三维算量软件大多已经采用三维参数化概念进行模型创建
    E. 建筑界的参数化设计因为大多用于复杂异型建筑，所以应用范围有限
4. 关于 Revit 的参数化能力阐述正确的是（　　）。
    A. Revit 是一款具有参数化设计能力的软件
    B. Revit 中三维模型和二维视图联动是其参数化能力的一部分
    C. Revit 中可以通过修改尺寸标注实现构件的移动操作
    D. Revit 是在 2002 年被 Autodesk 公司研发出来的

E. 当在 Revit 中删除一个构件时，与这个构件关联的尺寸标注也会被删除
5. 关于族的定义，下列正确的是（　　）。
   A. 族是组成项目的基本单元，是参数信息的载体
   B. 族类别：以族性质为基础，对各种构建进行归类的一组图元
   C. 族类型：可用于表示同一族类型的不同参数值
   D. 族实例：放置在项目中的项（图元），在项目模型中都有特定的位置

　　　　　　　答案：1. ABD　　2. ABC　　3. CD　　4. ABCE　　5. ABCD

任务 19　结构框架创建

19.1　结构柱创建

Revit 的结构柱有五种，分别是钢、混凝土、轻型钢、木质、预制混凝土，需要根据给定图纸来确定结构柱的类型。Revit 中绘制结构柱的方式多种多样，可以根据编辑栏提供的 8 种方式来完成。

这里通过下面的实例来展示具体绘制方法。

创建一个混凝土柱模型，高度为 4000 mm，混凝土强度等级为 C30，混凝土保护层厚度为 25 mm，h 和 b 分别为 400 mm、400 mm。

首先打开 Revit，点击"结构样板"，然后选择"结构"选项栏，点击"结构柱子"。

点击"完成"后在属性栏选择"混凝土-矩形柱"，点击"编辑类型"，点击"复制"，输入名称为 Z，点击"确定"。如图 19.1-1 所示。

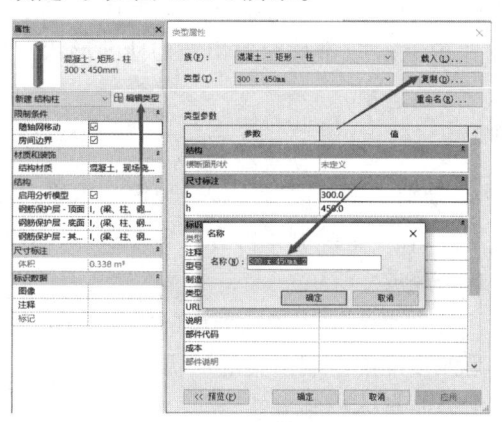

图 19.1-1　类型编辑

对应 h 和 b，分别输入 400、400，点击"确定"。在属性栏"结构材质"点击"修改"，选择"混凝土，现场浇注-C30"材质，这样材质部分完成，如图 19.1-2。

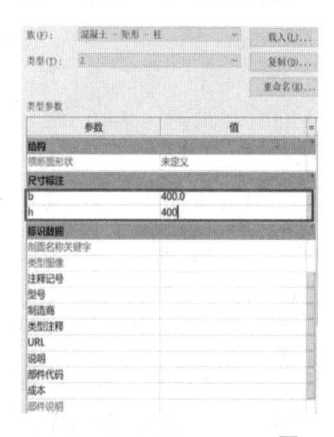

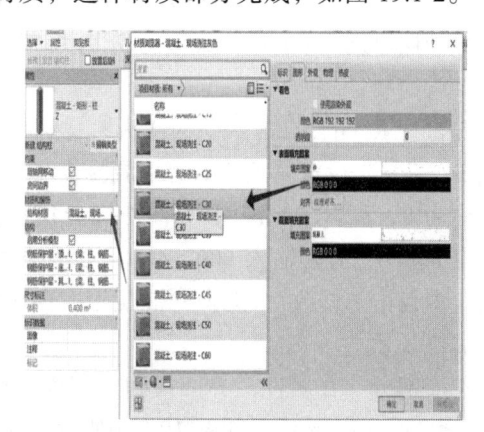

图 19.1-2　尺寸设置与材质编辑

设置保护层部分，在属性栏界面找到"钢筋保护层"，分别三次选择"11a，（梁，柱，钢筋），≥C30<25 mm>"。注：一定要点击三次，分别对应底面、顶面、其他面，如图19.1-3。

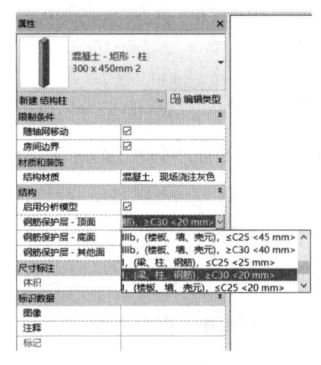

图 19.1-3　保护层设置

点击标高1，点击空白界面，输入数值为4000，完成结构柱的创建。

提示：结构柱的绘制需要注意以下几点：① 找准上下层柱子位置；② 确定结构柱的材质；③ 选择正确的保护层；④ 准确绘制出结构柱的形状。

19.2　梁的绘制

Revit的梁也有五种，分别是钢、混凝土、轻型钢、木质、预制混凝土，需要根据给定图纸来确定梁的类型。Revit中绘制梁的方式多种多样，有直线、曲线等，可以根据编辑栏提供的8种方式来完成。

注：梁的绘制需要注意四点：第一步找准梁的类型，第二步确定梁的材质，第三步选择正确的保护层，第四步准确绘制出梁的形状。

这里通过下面两例来说明具体绘制方法。

例1：创建一个混凝土梁模型，长度为8000 mm，混凝土强度等级为C30，混凝土保护层厚度为25 mm，h和b分别为600 mm、400 mm。

例2：创建一个混凝土梁矩形田字模型。长度为5000 mm，混凝土强度等级为C25，混凝土保护层厚度为40 mm，h和b分别为700 mm、300 mm。

例1 梁绘制：

首先打开Revit，点击"结构样板"，然后选择"结构"选项栏，点击"梁"。

点击"完成"后在属性栏选择"混凝土-矩形梁"，点击"编辑类型"，点击"复制"，输入名称为L，点击"确定"，如图19.2-1所示。

对应h和b，分别输入600、400，点击"确定"，如图19.2-2所示。在属性栏"结构材质"中点击"修改"，选择"混凝土，现场浇注-C30"材质。这样材质部分完成，如图19.2-3所示。

保护层部分，在属性栏界面找到"钢筋保护层"，分别三次选择"11a，（梁，柱，钢筋），≥C30<25 mm>"，如图19.2-4所示。完成后点击标高1，点击空白界面，输入数值为8000。

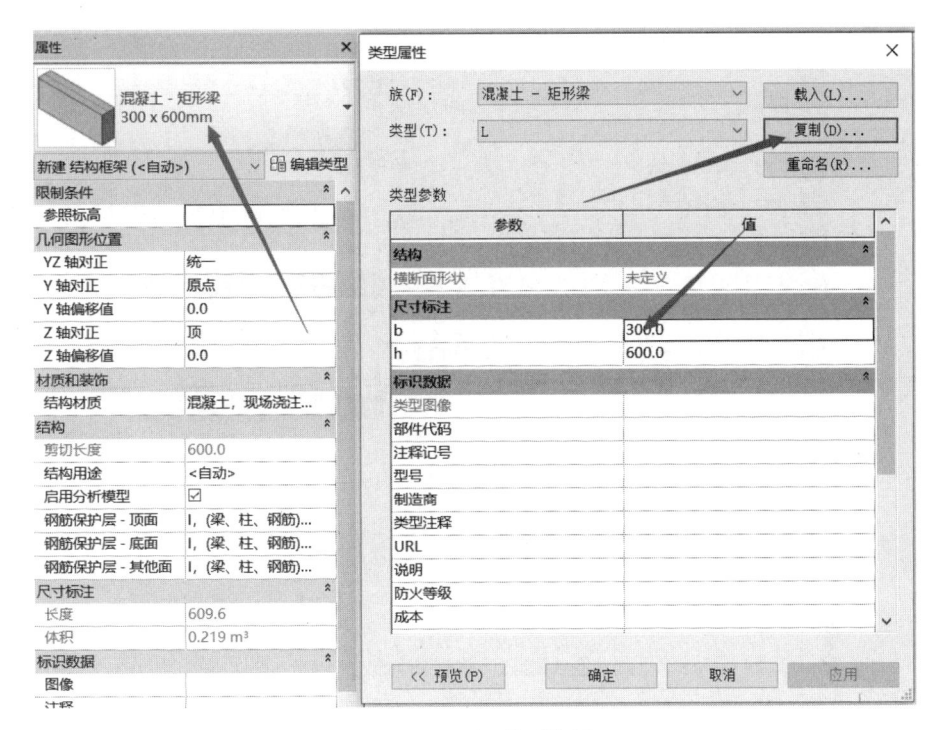

图 19.2-1　梁类型编辑

图 19.2-2　梁尺寸修改

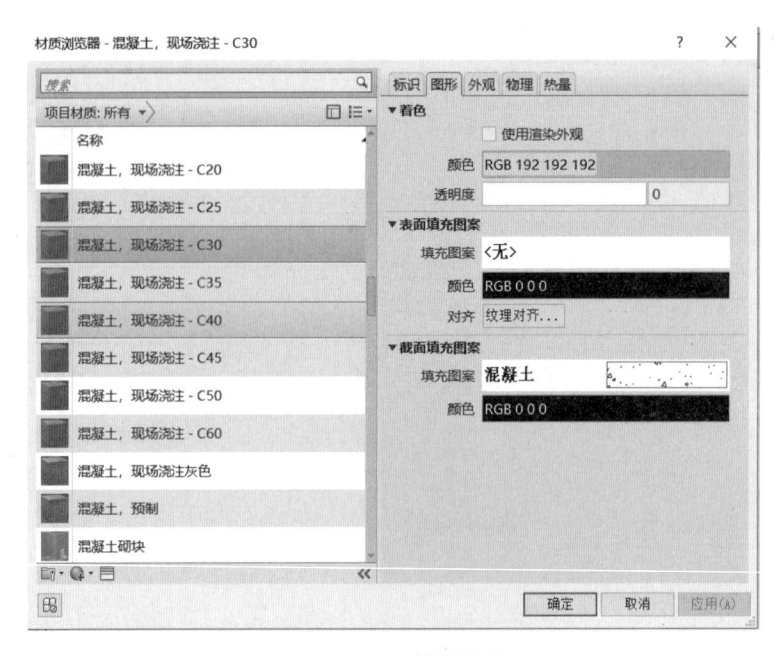

图 19.2-3　梁材质修改

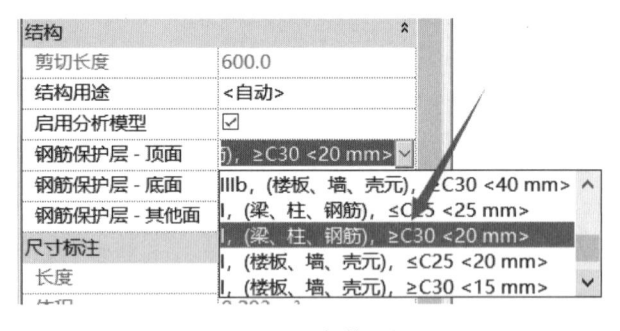

图 19.2-4　梁保护层设置

提示：分别三次选择"IIa,（梁，柱，钢筋），≥C30<25>mm"。注意一定要点击三次，分别对应底面、顶面、其他面。

例 2 梁绘制：

首先在创建好的结构平面基础上，选择"结构"选项栏，点击"梁"。点击"完成"后在属性栏选择"混凝土-矩形梁"，如图 19.2-5 所示。

再点击"编辑类型"，点击"复制"，输入名称 DL，点击"确定"。对应 h 和 b，分别输入 700、300，点击"确定"，如图 19.2-6 所示。在属性栏"结构材质"中点击"修改"，选择"混凝土，现场浇筑-C25"，如图 19.2-7 所示。

然后点击保护层部分，点击标高 1，绘制出田字模型，如图 19.2-8 所示。选择结构选项栏下的"保护层"，全选模型，点击"IIb（梁，柱，钢筋），≥25<40 mm>"，如图 19.2-9 所示。这样模型梁就绘制完成了。

图 19.2-5 梁类型编辑

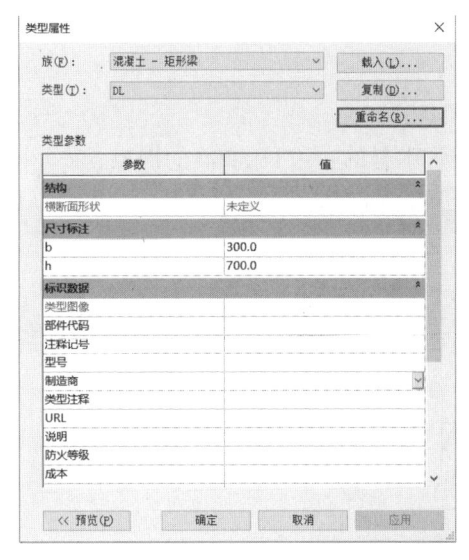

图 19.2-6 梁尺寸编辑

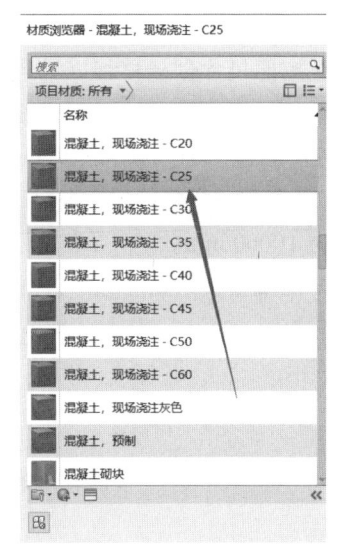

图 19.2-7 梁材质修改

图 19.2-8 "田"字地梁绘制

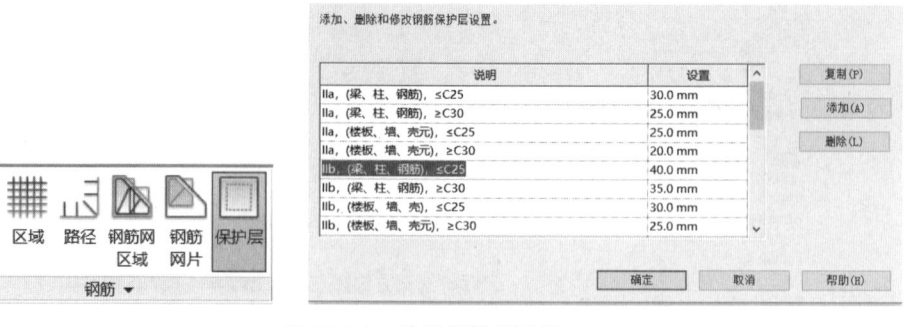

图 19.2-9　地梁保护层设置

19.3　板的绘制

在 Revit 中，楼板主要分为两大类，建筑楼板和结构楼板，二者最大的区别是结构楼板可以建立保护层和绘制钢筋。

楼板设置时整个流程一共分为几步：

（1）点击创建楼板。

（2）编辑类型，修改属性，包括混凝土强度保护层等。

（3）按照尺寸创建楼板。

这里通过两道例题，开展混凝土楼板创建。

例1：创建一个厚度为 120 mm、材质为木材的、边长 5000 的楼板。

例2：创建一个混凝土圆形楼板，混凝土强度为 C30，保护层为 20 mm，厚度为 150 mm，圆直径为 10000 mm。

例1 混凝土板绘制：

首先打开 Revit，点击"建筑模型"，找到"建筑栏"下的楼板，单击选择，如图 19.3-1 所示。

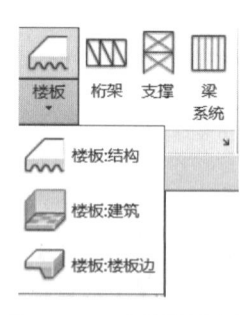

图 19.3-1　建筑楼板选择

然后在属性栏点击"编辑类型"，点击"复制"，输入 LB，点击"确定"。然后点击"结构"进行编辑，选择"按类别"，然后找到木材，点击"确定"，如图 19.3-2 所示。

然后点击厚度输入 120，如图 19.3-3 所示。点击"确定"后选择标高1，在楼板绘制栏里找到矩形，点击空白地方，开始绘制，输入 5000 点击"确定"，矩形楼板就绘制完成了，如图 19.3-4 所示。

图 19.3-2　材质修改

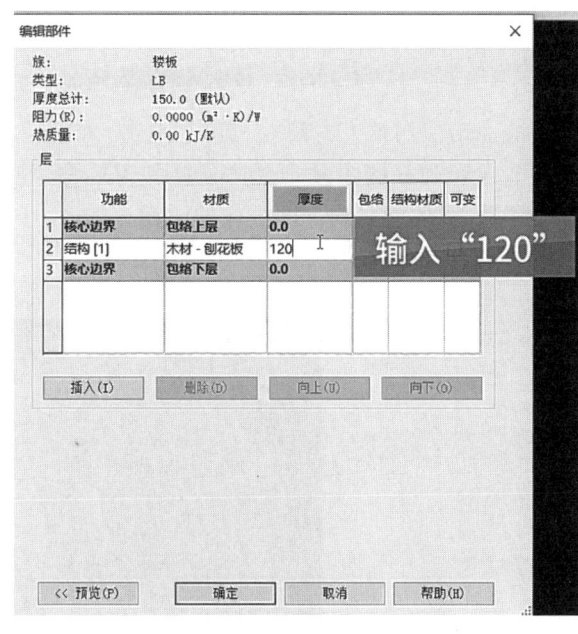

图 19.3-3　楼板厚度修改　　　　　　　图 19.3-4　矩形楼板

例2 混凝土板绘制：

首先打开一个结构模型，找到"结构栏"下的楼板，单击选择，如图 19.3-5 所示。然后在属性栏点击"编辑类型"，点击"复制"，输入 B，点击"确定"。

然后点击"结构"进行编辑，选择"按类别"，找到"混凝土，现场浇筑-C30"，点击"确定"，如图 19.3-6 所示。

图 19.3-5　结构楼板选择　　　　图 19.3-6　材质修改

再点击厚度输入 150，点击"确定"，如图 19.3-7 所示。然后在属性栏分别三次修改保护层，选择"lla,（楼板，墙，壳元），≥C30<20 mm>"，如图 19.3-8 所示。

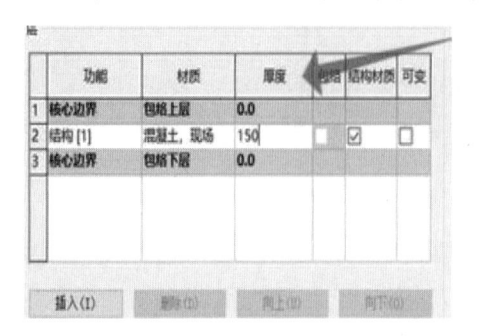

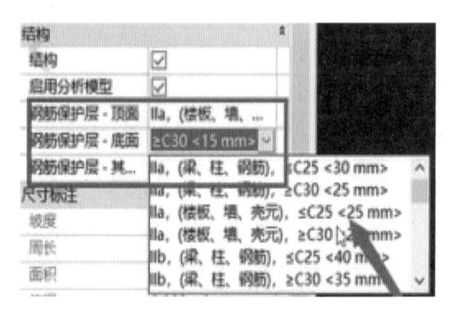

图 19.3-7　楼板厚度编辑　　　　图 19.3-8　楼板保护层选择

然后找到楼板绘制栏里的圆形图标，点击空白地方，输入 5000，点击"确定"，圆形楼板就绘制完成了。楼板的绘制完后，会覆盖一些图元，这时需要用 VV 命令找到楼板，选择透明度，将透明度设置到 80%，以便能看到下面挡住的图元，如图 19.3-9 所示。

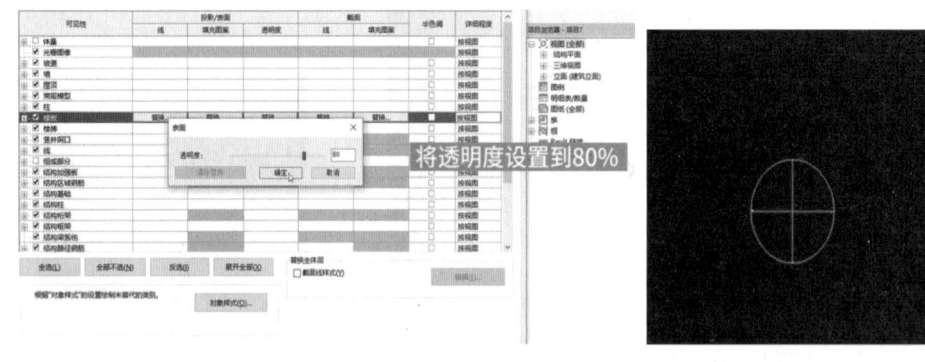

图 19.3-9　透明度调整

提示： 不同的楼板需要在不同的模型里绘制，不能混淆。结构板注意"材质和保护层"，建筑板注意"材质"。

19.4 基础绘制

在 Revit 中可载入的基础有独立基础、杯形基础、桩基础、桩基承台、桩帽五种类型。需要根据给定图纸来确定基础的类型。

绘制基础的时候包括以下准备工作：① 确定基础的具体类型；② 确定结构材质；③ 确定正确的保护层。

这里通过两道例题展示绘制基础的方法。

例 1：绘制一个混凝土独立基础，长 2000 mm、宽 1500 mm、厚 50 mm，混凝土材质为 C30，保护层厚度不小于 40 mm。

例 2：绘制一个混凝土桩基承台，混凝土材质为 C40，保护层厚度不小于 70 mm，承台长 1600 mm、宽 1600 mm、厚 700 mm，4 根桩，钢管桩直径为 500 mm，桩边距为 300 mm，桩长默认。

例 1 基础绘制：

点击结构模型，在结构任务栏下选择"独立"，如图 19.4-1 所示。点击"完成"后，属性栏会弹出"结构基础"选项，点击"编辑类型"，点击"复制"，输入 DJ。

图 19.4-1 基础选择

分别对应宽度、长度、厚度，填入相应数字，点击"确定"。然后在属性栏修改材质，选择"混凝土，现场浇筑-C30"，材质部分修改完成，如图 19.4-2 所示。然后点击标高-1，在空白地方绘制出一个独立基础。

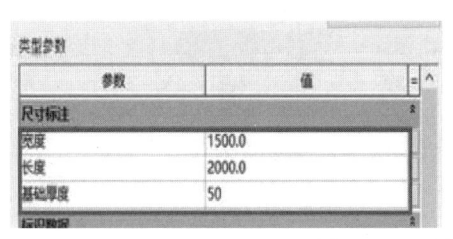

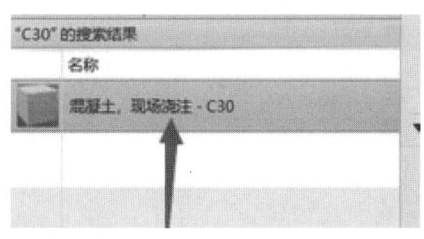

图 19.4-2 尺寸及材质设置

选择结构任务栏选项中的"保护层"，点击已经绘制完成的独立基础即可确定基础的保护层。选择左上方"基础有垫层<40 mm>"，如图 19.4-3 所示。

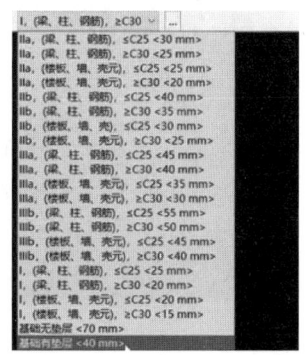

图 19.4-3 保护层设置

例2 基础绘制：

首先点击结构任务栏下的"独立"，点击"编辑类型"，点击"载入"→"结构"→"基础"→"桩基承台"—"4根桩"，点击"确定"，如图19.4-4所示。在对应的地方别输入1600、1800、300，点击"确定"即可，如图19.4-5所示。

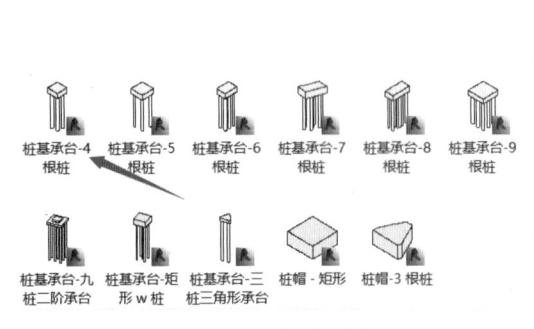

图19.4-4　承台选择图

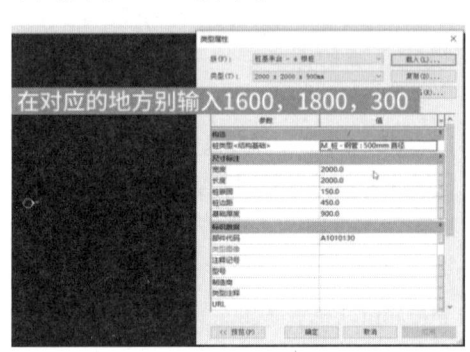

图19.4-5　尺寸设置

再在属性栏修改材质，选择"混凝土，现场浇筑-C40"。然后继续在属性栏修改保护层，分别三次选择"基础无垫层<70 mm>"，如图19.4-6所示。然后点击标高1，在空白地方点击绘制，混凝土桩基承台就绘制完成了，如图19.4-7所示。

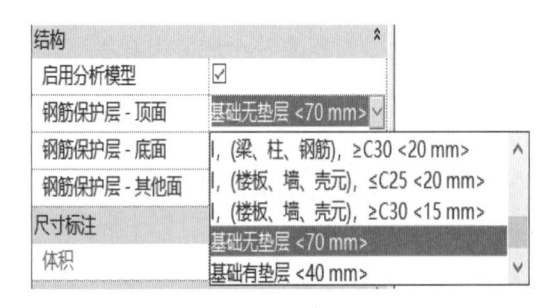

图19.4-6　材质与保护层设置

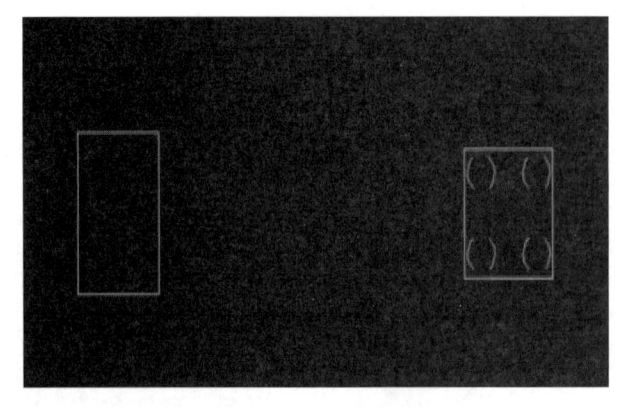

图19.4-7　承台完成

提示：绘制时要注意的地方还是三点：基础类型、结构材质、保护层厚度。

19.5 任务练习

一、单选题

1. 下列关于柱构件的使用情况，描述错误的是（   ）。
    A. 如果连接墙和柱，并且墙具有定义的粗略比例填充样式，则连接后的柱也会采用此填充样式
    B. 结构柱并不采用墙的填充样式
    C. 结构柱与建筑柱一样，采用墙的填充样式
    D. 当添加建筑柱时，柱不会自动附着到屋顶、楼板和天花板

2. 以下哪项不属于一般结构柱实例属性的选项？（   ）
    A. 底部标高
    B. 顶部偏移量
    C. 顶部标高
    D. 柱的宽度

3. 以下哪个不是系统族？（   ）
    A. 楼梯
    B. 尺寸标注
    C. 墙
    D. 结构柱

4. 在创建结构柱的时候，按以下哪个键位循环放置基点？（   ）
    A. Ctrl 键
    B. Tab 键
    C. 回车键
    D. 空格键

5. 在绘制梁时，在图元属性中将 "Z 方向对正" 设置为 "底" 时，则梁在立面上的高度（   ）。
    A. 以梁底标高确定
    B. 以梁顶标高确定
    C. 以梁中心截面标高确定
    D. 以参照楼层确定

6. 下列关于梁的创建和使用的描述，错误的是（   ）。
    A. 梁可以附着到项目中的任何结构图元（包括结构墙）上
    B. 放置梁时，梁可以捕捉到轴网
    C. 如果没有创建轴网，则不能添加梁系统
    D. 没有轴网时也可以通过绘制的方法添加梁

7. 放置梁时 Z 轴对正方式不包括（   ）。
    A. 原点
    B. 中心线

C. 统一

D. 底

8. 在2F（2F标高为4000 mm）平面图中，创建600 mm高的结构梁，将梁属性栏中的Z轴对正设置为顶，将Z轴偏移设置-200 mm，那么该结构梁的顶标高为（　　）。

A. 4000 mm

B. 4400 mm

C. 3200 mm

D. 3800 mm

9. 楼板的厚度决定于（　　）。

A. 楼板结构

B. 工作平面

C. 构件形式

D. 实例参数

10. 创建楼板时，在修改栏中绘制楼板边界的命令不包含（　　）。

A. 边界线

B. 跨方向

C. 坡度箭头

D. 默认厚度

11. 可以在以下哪个视图中绘制楼板轮廓？（　　）

A. 立面视图

B. 剖面视图

C. 楼层平面视图

D. 详图视图

12. Revit Architecture 提供了几种方式创建斜楼板？（　　）

A. 1

B. 2

C. 3

D. 4

13. Revit Architecture 提供了多种创建斜楼板的方法，以下说法正确的是（　　）。

A. 在绘制或编辑绘制的楼板时，绘制坡度箭头

B. 指定平行楼板绘制线的"相对基准的偏移"属性

C. 指定单条楼板绘制线的"定义坡度"和"坡度角"属性

D. 以上三种方法都可以创建斜楼板

14. Revit 提供了三种"基础"形式的创建，不包括下列哪一种？（　　）

A. 钢筋混凝土基础

B. 独立基础

C. 条形基础

D. 基础底板

答案：1~5. CDDDA　　6~10. CCDAD　　11~14. CCDA

二、多选题

1. 在 Revit 中，基础有哪几种形式？（　　）

    A. 独立

    B. 板

    C. 条形

    D. 桩

　　　　　　　　　　　　　　　　　　　　　　　　　答案：1. ABC

任务 20 钢筋创建

20.1 钢筋的布置

钢筋在已经绘制好的结构模型基础上才能布置。布置钢筋首先就得绘制好结构柱、梁、板，或墙、基础。钢筋的型号总共有 53 种，在钢筋形状浏览器中，可以看见所有的钢筋形状。型号有很多种，大致分类为受力筋、箍筋、架力筋、分布筋以及其他五种类型。它有四个等级，等级越高，钢筋强度越高。

这里通过 1 道例题，学习钢筋布置。

例 1：绘制一个混凝土矩形柱，b=500，h=500，混凝土材质为 C30，保护层厚度 25 mm。然后绘制 1 号类型、9 根 25 mm 的 3 级钢筋。

例题 1 钢筋布置：

首先选择结构模型，绘制出矩形柱。点击"矩形柱"，在上方任务栏的钢筋选项中，点击"钢筋"，弹出一个选项栏，点击"确定"即可。如图 20.1-1 所示。然后在钢筋形状浏览器中选择 1 号钢筋，在属性栏中选择"25HRB400"规格，如图 20.1-2 所示。

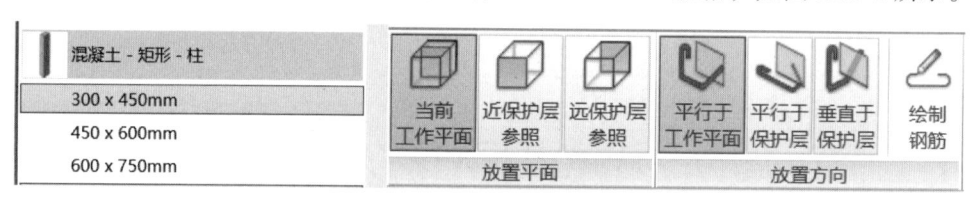

图 20.1-1 柱体钢筋布置

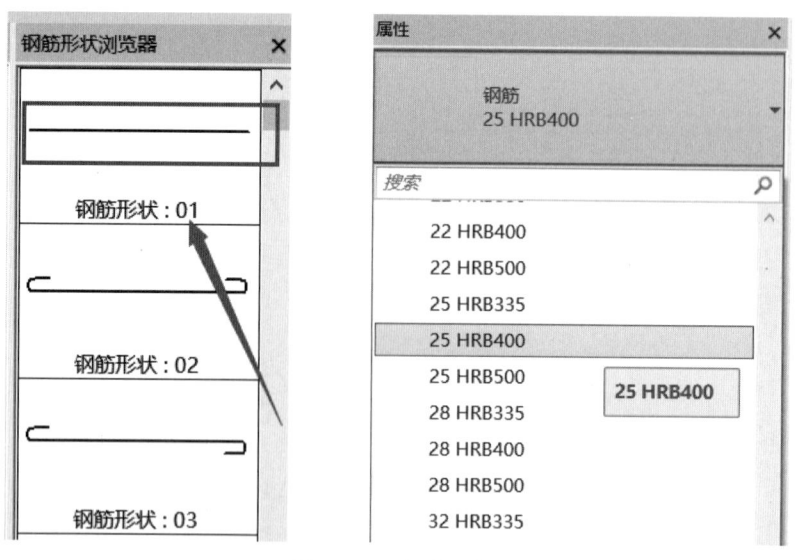

图 20.1-2 钢筋选择

然后编辑视图可见性，把所有空的都打√，如图 20.1-3 所示。在钢筋放置平面点击"近保护层",在钢筋放置方向上点击"平行或垂直于保护层",然后在钢筋布局编辑栏点击"固定数量",数值填写3,然后直接在结构柱平面放置钢筋,如图20.1-4所示。把结构柱分成3份,最底边放置3根,中间放置3根,最顶边放置3根。这样钢筋就布置完成了。

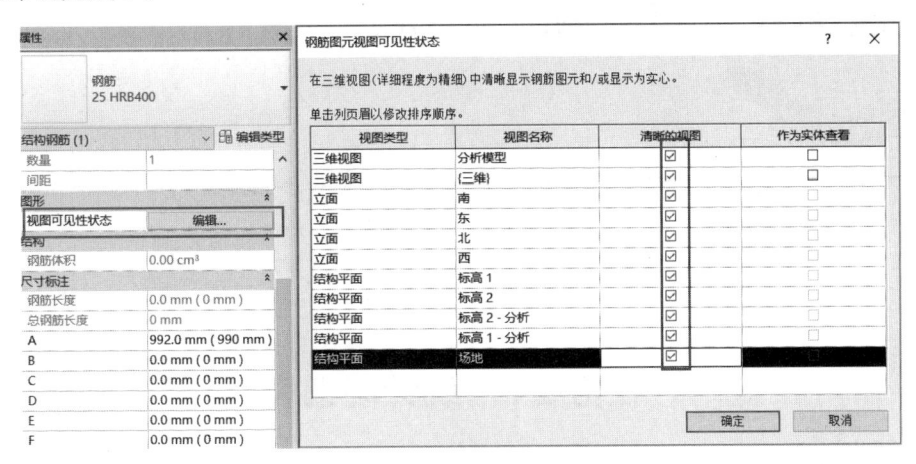

图 20.1-3　钢筋可见度设置

图 20.1-4　钢筋布置数量设置

提示: ① 准确无误地解读给定图纸中的钢筋类型、分布、数量、等级、大小,并在软件中找到所解读的钢筋。② 选择正确的钢筋放置平面和放置方向。③ 钢筋视图可见性需要全部打√。

20.2　任务练习

一、单选题

1. 下列关于钢筋说法错误的是(　　)。
    A. 钢筋承受压力,混凝土承受拉力
    B. 坚固
    C. 耐久
    D. 防火性好

2. 布置钢筋时下列说法正确的是(　　)。
    A. 钢筋的布置不需要依附于主体
    B. 可以识别布置
    C. 可以绘制钢筋
    D. 不能更改尺寸、外观材质等参数

答案:1~2. AC

模块 6　成果输出（1+X）

任务 21　统计明细表

21.1　门窗明细表统计

门窗明细表的创建步骤：

1. 窗明细表

首先在"新建明细表"中"类别"处找到"窗"类别，点击"确定"，如图 21.1-1 所示。

然后在可用的字段里找出族与类型、高度、宽度、低高度、合计 5 类字段，选择一个字段后点击中间蓝色箭头符号，即可把左边的类型移动到右边明细表字段中，如图 21.1-2 所示。

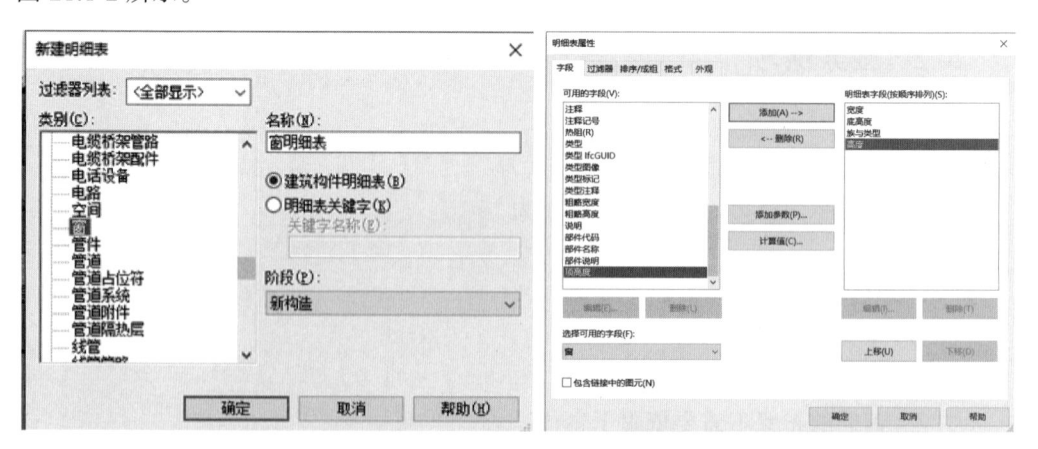

图 21.1-1　窗明细表创建图　　　　图 21.1-2　明细表字段设置

最后点击右侧下面蓝色向上/向下箭头符号，对右侧的字段进行排序，点击"确定"，如图 21.1-3 所示。自动出现窗明细表，以及项目中所有窗的信息，如图 21.1-4 所示。

图 21.1-3　字段顺序设置　　　　　　　图 21.1-4　明细表完成

2. 门明细表

首先在"新建明细表"中"类别"处找到"门"类别，点击"确定"，如图 21.1-5 所示。

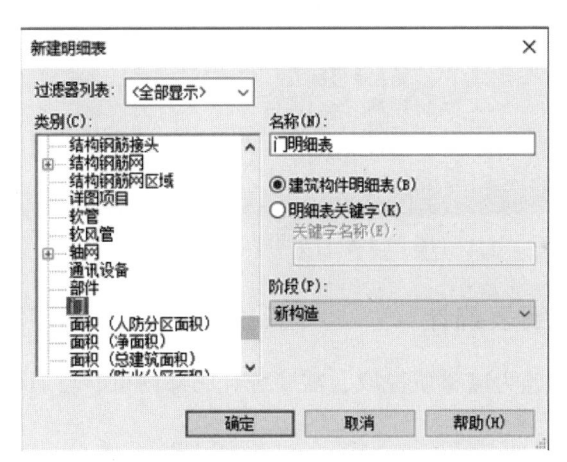

图 21.1-5　门明细表创建

然后在可用的字段里找出族与类型、高度、宽度、合计 4 类字段，选择一个字段后点击中间蓝色箭头符号，即可把左边的类型移动到右边明细表字段中，如图 21.1-6 所示。

再点击右侧下面蓝色向上/向下箭头符号，对右侧的字段进行排序，点击"确定"，如图 21.1-7 所示。

最后在项目浏览器中找到明细表/数量，点击"门窗明细表"可进行查看，如图 21.1-8 所示。

图 21.1-6　门明细表字段选择

图 21.1-7　门明细表完成

图 21.1-8　门明细表查看位置

21.2　材质明细表统计

墙材料明细表标题为墙材质提取，需要统计底部约束、材质名称、材质面积等，如图 21.2-1 所示。

图 21.2-1　墙材质提取

首先创建明细表。在"视图"选项卡下，点击"材质提取"，在类别中选择"墙"，点击"确定"。在明细表字段点击"创建"，在"可用的字段"选项卡中选择"底部约束""材质：名称""材质：面积"添加到明细表字段中，如图 21.2-2 所示。

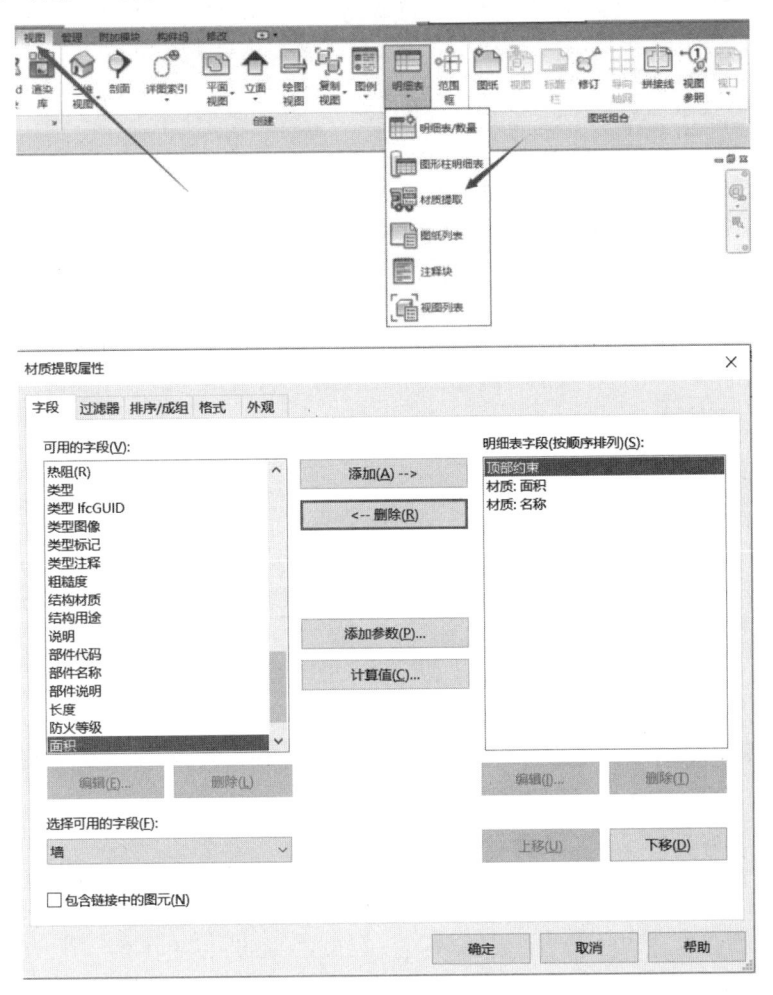

图 21.2-2　明细表创建

再将同样标高的图元放在一起。在"属性"面板中点击"排序/成组"进入编辑，在排序方式中选择"底部约束"勾选"页脚"，选择标题和总数，勾选"总计"，选择"标题和总数"，如图 21.2-3 所示。

然后统计同样楼层的相同材质。在"属性"面板中点击"排序/成组"进入编辑，在"否则按"中选择"材质：名称"，将"逐项列举每个实例"勾选"取消"，进入"格式"在字段选择卡里，选择"材质：面积"，计算方式改为"计算总数"，如图 21.2-4 所示。

最后从当前的墙材质明细表中可见，粉刷层和混凝土砌块同时进行了提取，但在实际项目施工过程中这两项是需要分开的，此时就需要用到过滤器命令。在"属性"面板中，过滤条件选择"材质：名称""不等于""混凝土砌块"，如图 21.2-5 所示。

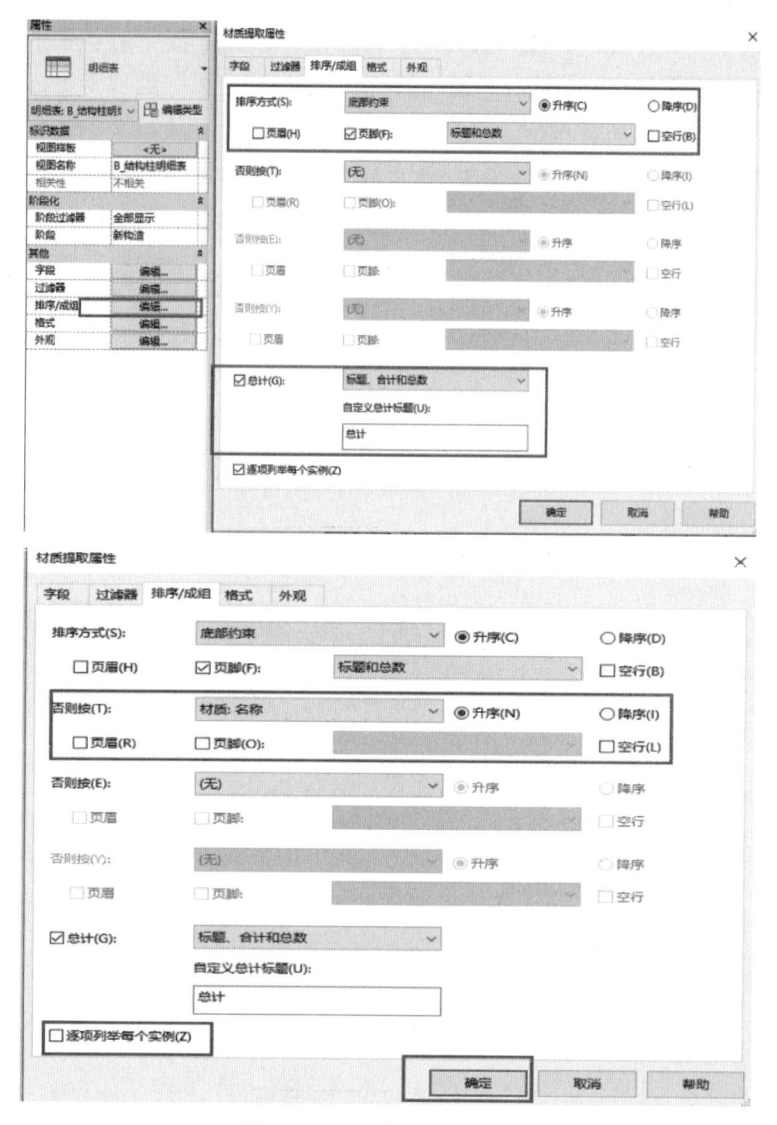

图 21.2-3　明细表排序设置

图 21.2-4　明细表计算总数

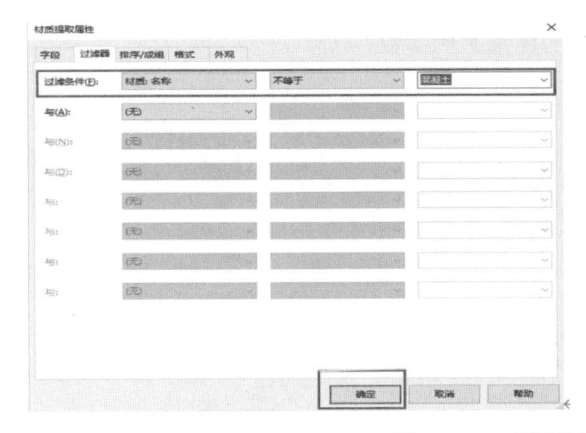

图 21.2-5　明细表筛选数值

21.3 任务练习

一、单选题

1. 在使用嵌套族制作门联窗时，如果需要将嵌套在族中的窗统计在窗明细表中，则如何操作？（　　）

　　A. 编辑窗族，在"族类别和族参数"中选中"共享"，并重新载入至门联窗族中

　　B. 编辑窗族，在"族类别和族参数"中不勾选"共享"，并重新载入至门联窗族中

　　C. 编辑门联窗族，在"族类别和族参数"中选中"共享"

　　D. 编辑门联窗族，在"族类别和族参数"中不勾选"共享"

2. 在"视图"选项卡的"创建"面板中单击"明细表"工具下拉列表，在列表中选择"（　　）"工具，弹出"新建明细表"，在"类别"列表中选择"门"或"窗"对象类型，将需要统计的参数添加至"明细表字段"，点击"确定"，明细表即可生成。

　　A. 明细表/数量

　　B. 门窗明细表

　　C. 图形柱明细表

　　D. 统计

3. Revit 的工程量统计功能说法错误的是（　　）。

　　A. Revit 工程量统计功能主要是通过明细表来实现的

　　B. Revit 可以进行门窗表的统计

　　C. Revit 可以对墙体、柱子的体积进行统计

　　D. Revit 统计出的工程量是比较准确的，符合我国清单规范要求

4. 在体量族的设置参数中，以下不能录入明细表的参数是（　　）。

　　A. 总体积

　　B. 总表面积

　　C. 总楼层面积

　　D. 总建筑面积

5. 下列哪些项属于不可录入明细表的体量实例参数？（   ）
   A. 总体积
   B. 总表面积
   C. 总楼层面积
   D. 以上选项均可

答案：1~5. AADDD

二、多选题

1. 门窗明细表中一般常常统计的数据包括哪些？（   ）
   A. 底高度
   B. 族与类型
   C. 高度
   D. 宽度

2. 关于明细表，以下说法错误的是（   ）。
   A. 同一明细表可以添加到同一项目的多张图纸中
   B. 同一明细表经复制后才可添加到同一项目的多张图纸中
   C. 同一明细表经重命名后才可添加到同一项目的多张图纸中
   D. 目前，墙饰条没有明细表

答案：1. BCD   2. BCD

任务 22 图纸输出

22.1 项目尺寸标注

在平面视图中，需要详细表述总尺寸、轴网尺寸、门窗平面定位尺寸，即通常所说的三道尺寸线，以及视图中各个构件图元的定位尺寸等等。Revit 提供了注释工具来帮助我们完成对图形的尺寸标注。

首先，在标注之前，我们先输入快捷键 VV，将场地、植物还有环境勾选掉。接下来用注释里面的对齐标注，快捷键是 DI，如图 22.1-1 所示。

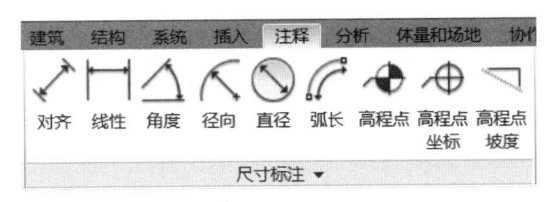

图 22.1-1 尺寸标注

然后更改参数设置。线宽是 1，细实线，记号（也就是起止符号）线宽改成粗线，尺寸界限线长由 10 改成 8。尺寸标注捕捉距离，也就是外墙三道尺寸线的间距，值取 8。文字大小改为 3.5，文字偏移为 0.5，滑动滚轮将字体调成仿宋，按"确定"键，如图 22.1-2 所示。

图 22.1-2 线性尺寸参数修改

标注楼梯。更改拾取选项为"单个参照点"，点取墙面，继续捕捉到第一级踏步，捕捉到边缘点击"确定"，按 Esc 取消，调整一下。

点击 3360，弹出对话框，加一个前缀，13 级踏步就有 12 个踏面，在前面输入一个"12*280="，也可以点击"用文字替代"，点击"确定"，如图 22.1-3 所示。

点击这道尺寸标注，激活"修改/尺寸标注"上下文选项卡，点击最右侧的"编辑尺寸标注"，可以依次逐个点取踢面投影线，按 Esc 取消，如图 22.1-4 所示。

图 22.1-3　楼梯标注参数修改

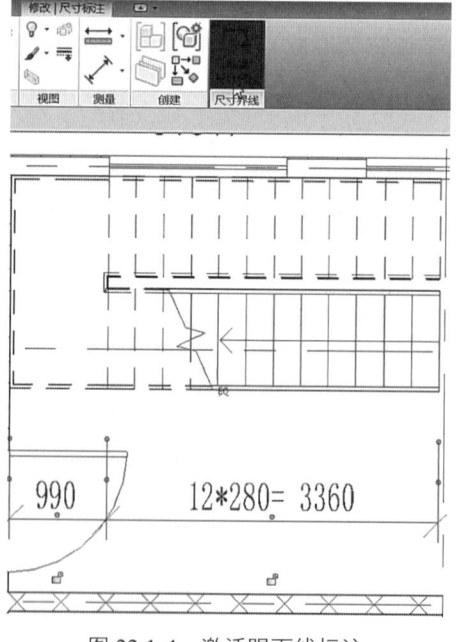

图 22.1-4　激活踢面线标注

22.2　图纸布置

点击"视图"选项卡里面的"图纸组合面板"中的"图纸"，在弹出的"新建图纸"对话框中，选择"标题栏"。可以选择现有的，也可以点击"载入"，如图 22.2-1 所示。

选择 A2 公制,点击"确定"。切换到图纸视图,在项目浏览器当中,提供了图纸视图类别,点击刚刚创建的图纸,将名称改为 01。项目浏览器中已对应更改,如图 22.2-2 所示。

点击"图纸组合"面板中的"视图",放置视图,将图纸放到图框中。"视图"对话框中列举了项目所有的视图,点击"F1 标注"视图,添加图纸视图,如图 22.2-3 所示。弹出放置图纸的预览,在合适位置点击,将图纸放到图框里面。

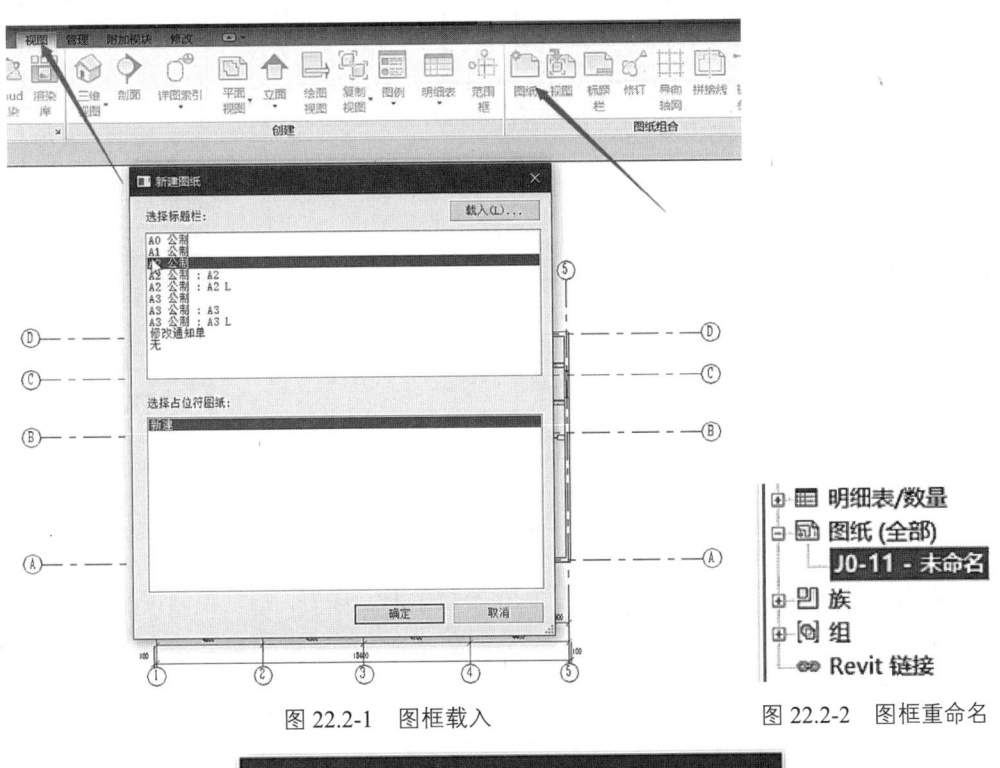

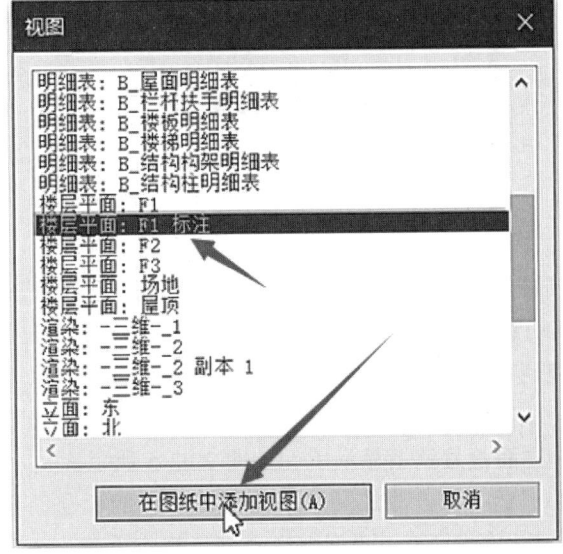

图 22.2-1　图框载入　　　　　　图 22.2-2　图框重命名

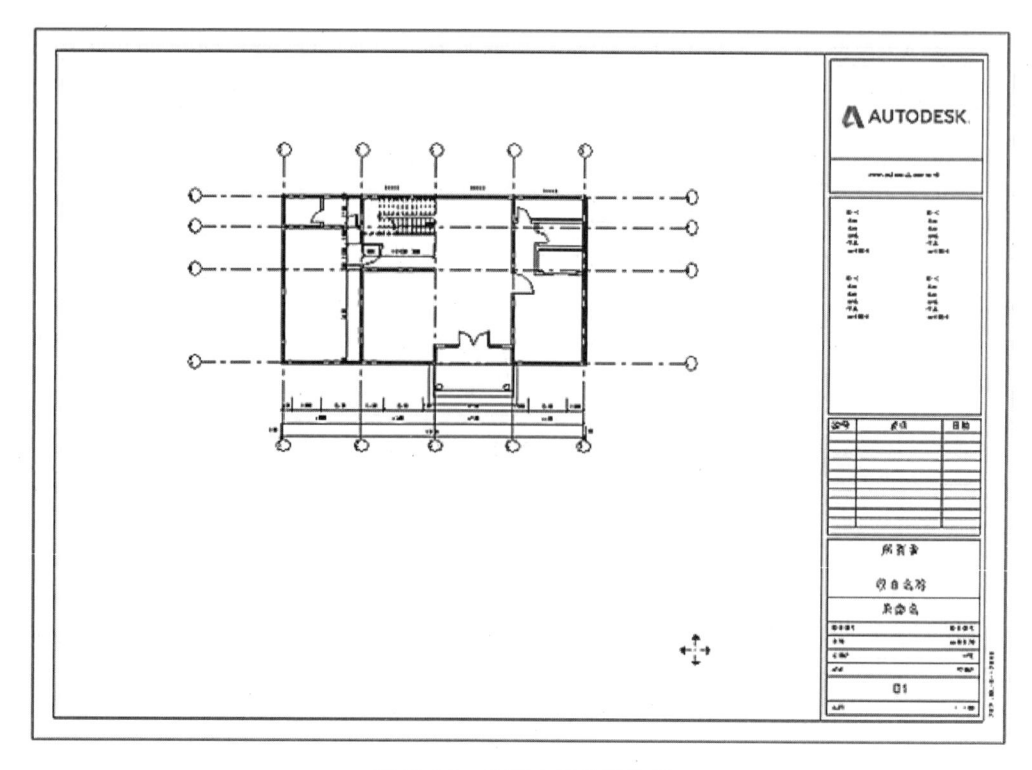

图 22.2-3　图框布置位置选择

接下来，对这个裁剪框进行操作。在标题被选中的状态下，属性栏显示的是"视口"。点击"裁剪视图""裁剪区域可见"，双击裁剪框，选中，拖动控制按钮将区域调小，如图 22.2-4 所示。

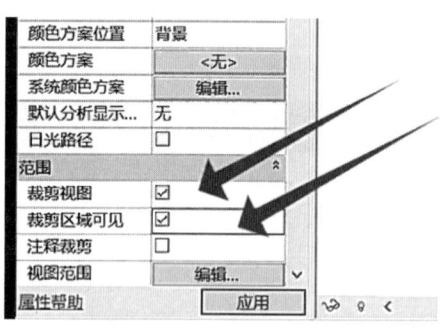

图 22.2-4　图框视图裁剪窗口

单击空白处，然后拖动这个标题，点击裁剪框内部，标题会呈现出可编辑模式。拖拽这个按钮，将标题移动到合适位置。取消勾选这两个选项，点击更改它的名称——输入"一层平面图"，拖拽到合适位置。点击四个立面符号，进入一层平面图，选中立面符号，单击鼠标右键，在"在视图中隐藏"中选择"类别"，四个立面符号同时被隐藏。再回到图纸视图中，立面符号就不显示了，如图 22.2-5 所示。

将属性栏里面的图纸名称，改成一层平面图，对应的标题栏会相应更改。同样，修改"审核者、设计者和绘图员"，图纸中也会进行相应更改，如图 22.2-6 所示。可以在图纸里面添加指北针等其他符号。在"注释"中点击最右侧的"符号"，当前是"排水箭头",找到指北针,在合适位置点击,指北针就添加完了,如图 22.2-7 所示。

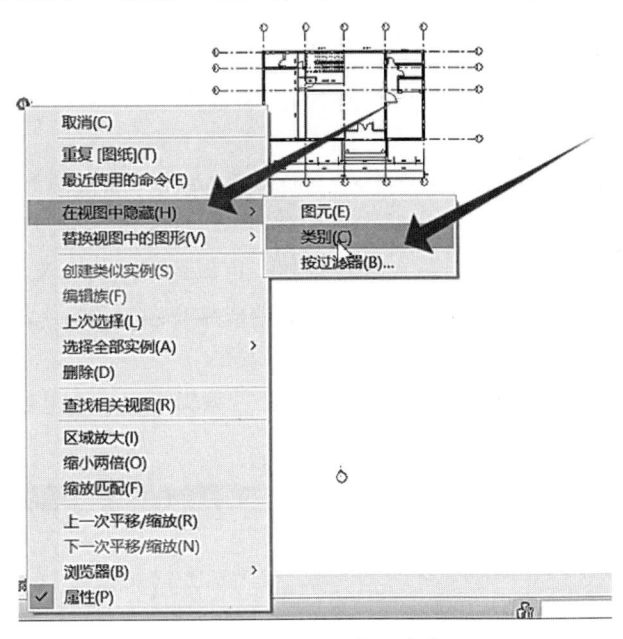

图 22.2-5 立面符号隐藏

图 22.2-6 名称修改

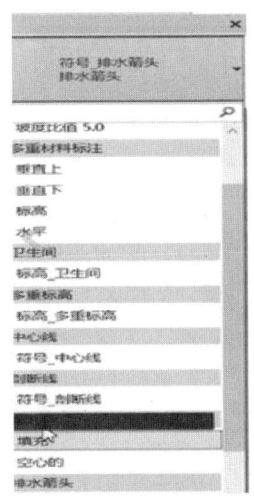

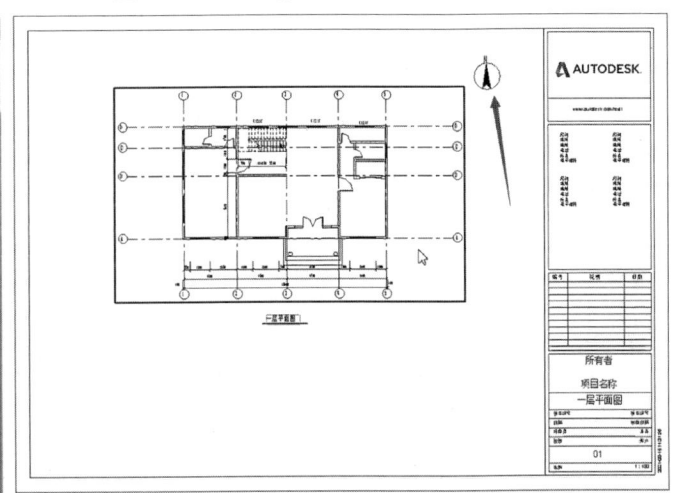

图 22.2-7 指北针布置

22.3 项目信息设置

完成图纸布置之后，可以看到在图纸的标题栏中，除了要填写图纸的绘图、审图等信息之外，还需要填写项目的其他信息。

Revit 项目信息设置步骤：

首先单击"管理"选项卡，在"设置"面板里面单击"项目信息"按钮，弹出"项目属性"对话框，如图 22.3-1 所示。

在这个对话框中可以对项目信息进行调整。可以填写项目的发布日期，如发布在 2021 年 8 月 16 日；也可以填写项目状态，如调整成施工图；客户姓名修改成××公司，如图 22.3-2 所示。

地址无法直接输入，点击它右边的按钮，然后编辑文字，这里输入×区××街道，点击"确定"，如图 22.3-3 所示。

图 22.3-1　项目信息属性框　　　　图 22.3-2　项目信息修改

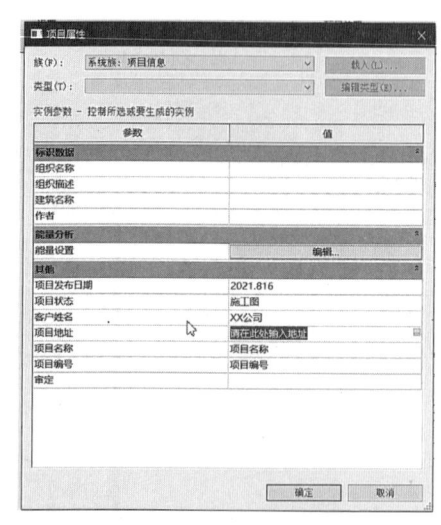

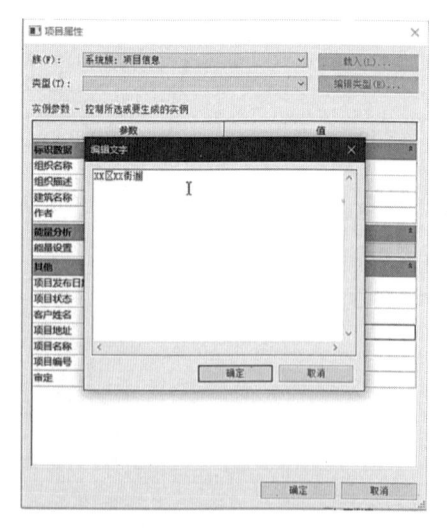

图 22.3-3　街区信息修改

最后将项目名称修改成小别墅，项目编号修改为 A01-123，点击"确定"。Revit 已经将相关信息自动填写到图框的相应位置。同时我们也可以看到，在其他的图纸中，Revit 也会自动更新相关信息。这样就完成了项目信息的设置，如图 22.3-4 所示。

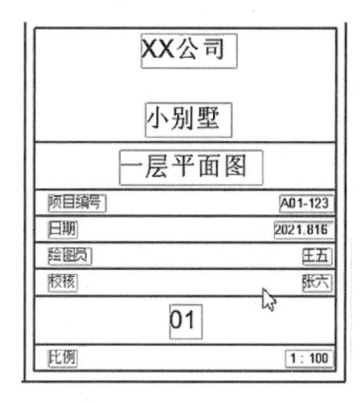

图 22.3-4　图框信息对应修改

22.4　图纸修订和版本输出

首先点击"视图"选项卡图纸组合中的"修订"按钮，弹出"图纸发布和修订"对话框，如图 22.4-1 所示。对第一组序列进行编辑，编号是数字 1，日期设置为 2021 年 8 月 10 日，说明修改为"缺少标注"，"发布到"填写绘图员名字"王五"，发布者填写审核者"张三"，显示"云线和标记"，如图 22.4-2 所示。

再点击"添加"按钮来添加第二条序列信息，日期修改成 2021 年 8 月 15 日，说明修改为"强度不足"，"发布到"这里修改为"结构设计师"，发布者修改为建筑，"显示"选择"云线和标记"，点击注释选项卡里面的"云线批注"，选择属性栏里面的"序列 1-缺少标注"批注，可以框选出缺少标注的位置；同样，也可以选择另外的区域，点击"完成"之后，点击"模式"里的对号确认，如图 22.4-3 所示。

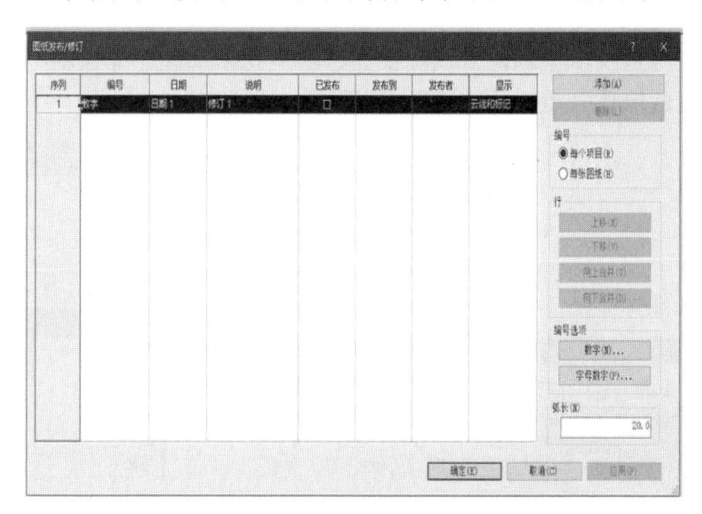

图 22.4-1　图纸发布和修订属性框

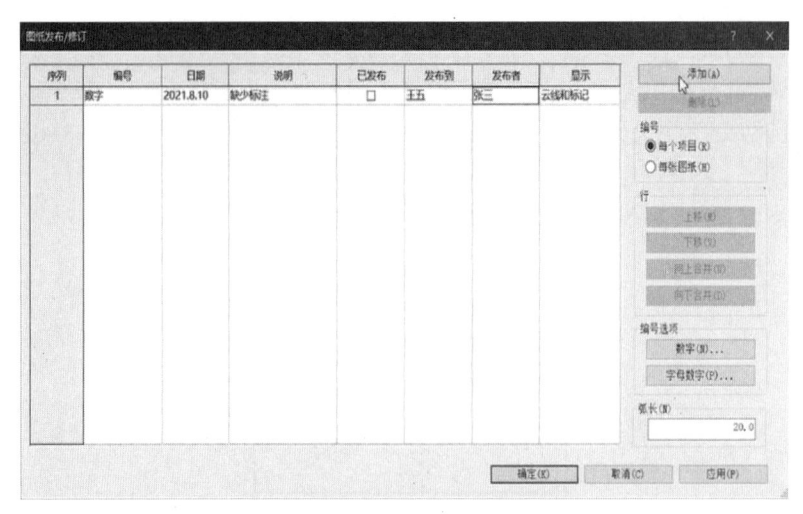

图 22.4-2 属性信息修改

图 22.4-3 属性信息添加与修改

如果云线需要修改，可以点上面的编辑草图对其进行移动、删除等操作，点击对号完成修改。

再次点击注释选项卡里面的云线和批注，调整到第二次，即强度不足，点击 2 轴上楼梯平台附近的墙体，点击"确定"，如图 22.4-4 所示。

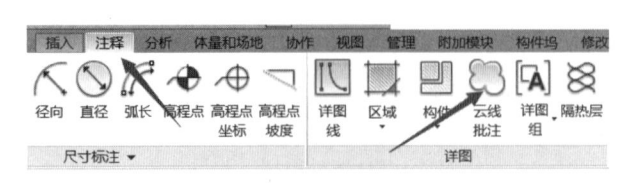

图 22.4-4 云线标注选择

提示：已发布图纸，不再支持修改云线。

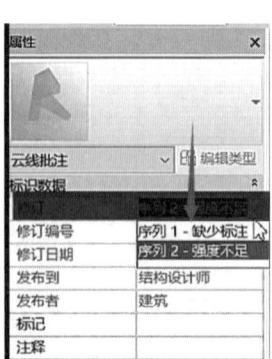

22.5 图纸 CAD 导出

完成所有布置之后,还需要将所生成的文件导出成 dwg 文件或者其他格式的 CAD 文件,供用户使用。

虽然 Revit 不支持图层的概念,但是可以在导出之前,设置各个构建对象导出 dwg 文件时对应的图层。

1. CAD 图纸设置步骤

首先点击应用程序菜单按钮,点击"导出",在导出列表中找到最下面的"选项"。选择里面的"导出设置 dwg/dxf",弹出"修改/导出"设置,如图 22.5-1 所示。

再在默认层的这个选项卡中进行一些手动的修改,比如选中墙,然后就可以对图层、颜色等进行一些编辑了。除了手动修改之外,还可以使用"根据标准加载图层",如图 22.5-2 所示。

最后调回默认的美国标准,也可以点左下角的"新建导出设置",将设置好的情况保存成"设置 1"。同样,在"线、填充图案、文字和字体、颜色还有实体"等选项卡中也是可以进行这样的操作。修改好之后,点击"确定",如图 22.5-3 所示。

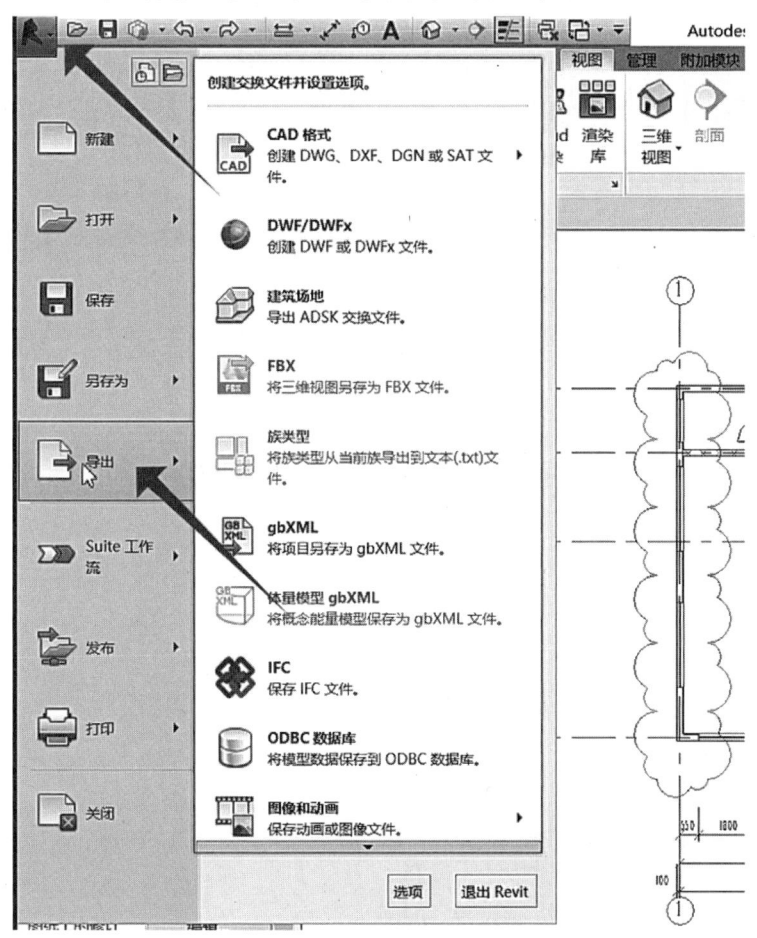

图 22.5-1　图纸导出设置

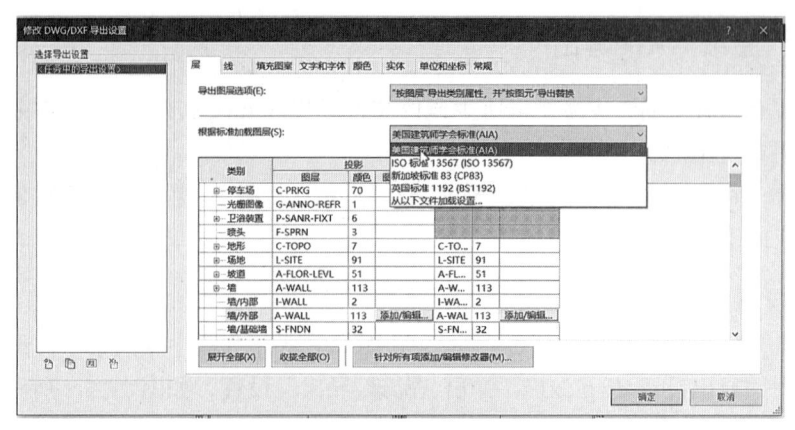

图 22.5-2　导出图纸图层设置

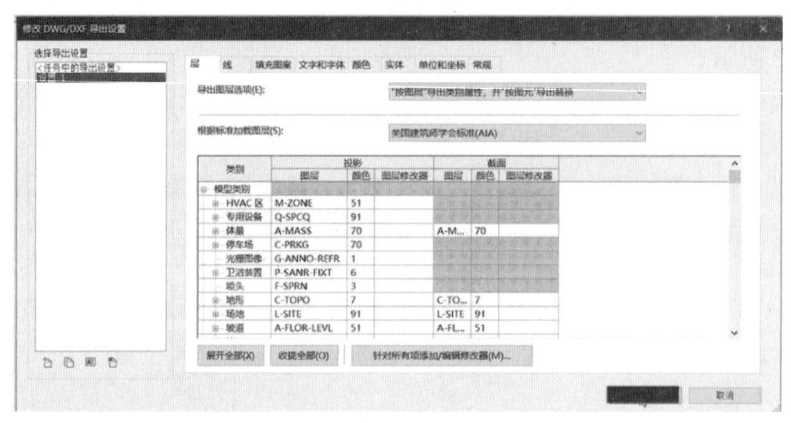

图 22.5-3　默认值设置

2. CAD 图纸导出

首先点击应用程序菜单按钮，在"导出"里面，选择最上面的"CAD 格式"里面的"dwg"文件，如图 22.5-4 所示。在弹出的对话框中，选择"任务中的导出设置"，或者选择刚刚新建的"设置 1"，如图 22.5-5 所示。

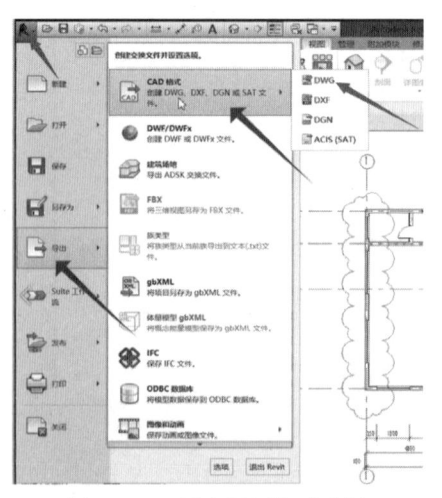

图 22.5-4　导出图纸格式选择

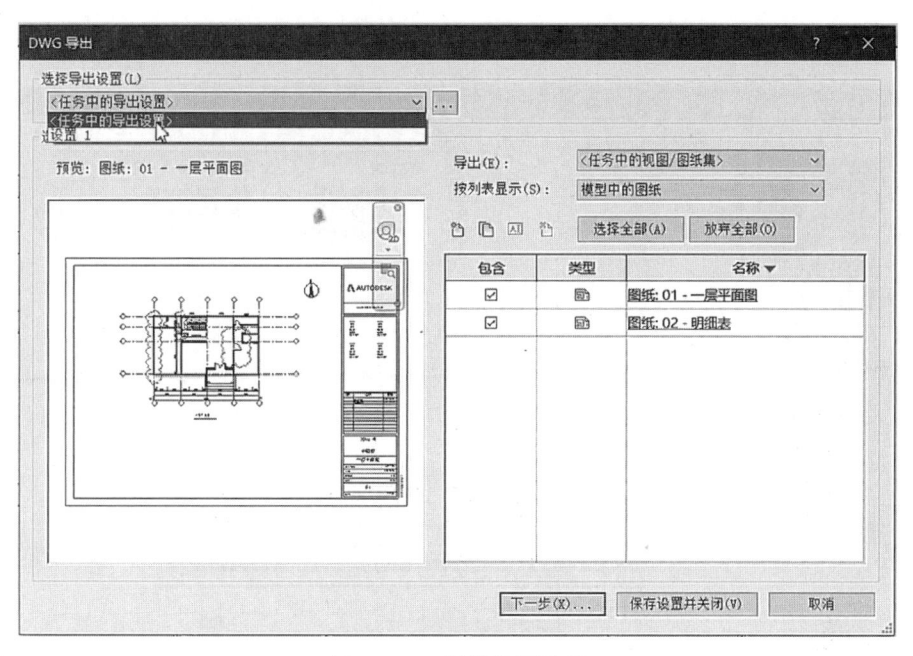

图 22.5-5 导出设置选择

弹出界面显示的是本项目包含的所有图纸，在导出这里面选择"仅当前视图或图纸"，只导出当前的图纸。如果想全部导出，那就调回到"任务中的视图"里面的"集中的所有视图和图纸"这个选项，如图 22.5-6 所示。

图 22.5-6 导出图纸数量选择

再点击"下一步"，选择保存的位置。在文件名前缀这里填写小别墅。文件类型我们调成 2010 版本。取消勾选"将图纸上的视图和链接作为外部参照导出这个选项"。因为在建模时，可能会借助导入的 CAD 文件，进行定位轴线、墙体等位置的捕捉，如

图 22.5-7 所示。

图 22.5-7 导出 CAD 图纸版本选择

提示：如果将它勾选，那么导出的时候，也会将当时导入的文件一同导出，所以取消勾选。点击"确定"完成导出操作。

现在打开 CAD 来看一下，点击"打开"可以看到以小别墅为前缀的 CAD 文件已经成功导出，如图 22.5-8 所示。

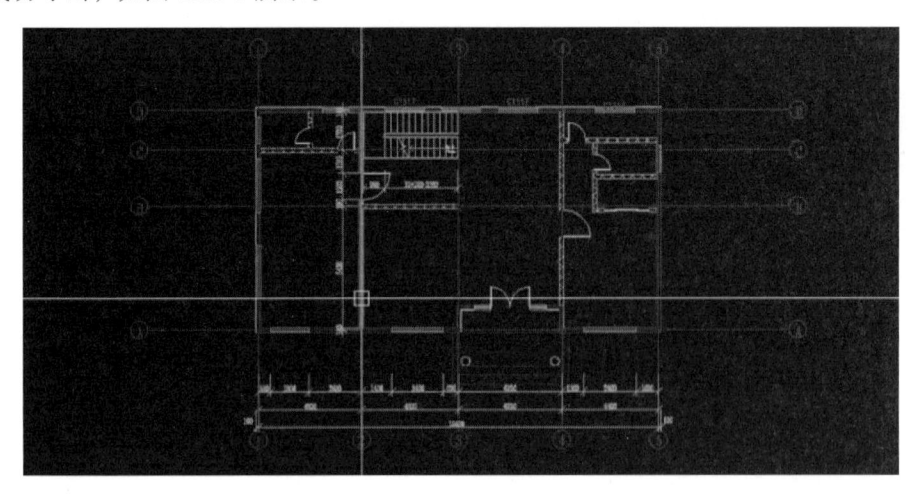

图 22.5-8 用 CAD 打开导出图纸

22.6 任务练习

一、单选题

1. 以下关于图纸的说法错误的是（　　）。

　　A. 用"视图-图纸"命令，选择需要的标题栏，即可生成图纸视图

B. 可将平面、剖面、立面、三维视图和明细表等模型视图布置到图纸中

C. 三维视图不可和其他平面、剖面、立面图同时放在一张图纸中

D. 图纸视图可直接打印出图

2. 要导入 dwg 格式的大样图，必须先建立哪个视图？（　　）

　　A. 平面视图

　　B. 天花板视图

　　C. 图纸

　　D. 图纸视图

3. 使用 Revit Architrcture 的"（　　）"工具可以为项目创建图纸视图，指定图纸使用的标题栏族（图框），并将指定的视图布置在图纸视图中形成最终施工图档。

　　A. 新建图纸

　　B. 图纸布置

　　C. 绘图视图

　　D. 视图

4. 项目信息设置在 Revit 的哪个选项卡中（　　）

　　A. 协作

　　B. 分析

　　C. 管理

　　D. 注释

5. 在"（　　）"选项卡的"项目设置"面板中单击"项目信息"工具，弹出项目信息"实例参数"对话框，根据项目实际状况或按图中所示内容输入各参数信息，单击"确定"按钮，完成"项目信息"设置。

　　A. 注释

　　B. 管理

　　C. 分析

　　D. 视图

6. 对图纸进行修订和版本控制的程序为（　　）。

　　A. 输入修订信息→添加云线→为云线指定修订→图纸发布

　　B. 添加云线→为云线指定修订→输入修订信息→图纸发布

　　C. 输入修订信息→为云线指定修订→添加云线→图纸发布

　　D. 为云线指定修订→添加云线→输入修订信息→图纸发布

7. 在"视图"选项卡的"（　　）"面板中单击"修订"按钮，打开"图纸发布/修订"对话框。

　　A. 创建

　　B. 图形

　　C. 图纸组合

　　D. 演示视图

8. 导出 CAD 文件时可以修改的设置为（　　）。

A. 版本

B. 名称

C. 字体

D. 以上皆可

9. 单击"根据标准加载图层"下拉列表按钮，Revit Architecture 中提供了（　　）种国际图层映射标准，以及从外部加载图层映射标准文件的方式。

A. 1

B. 2

C. 3

D. 4

答案：1~5. CDACB　　6~9. ACDD

二、多选题

1. 项目信息设置中哪些属于标识数据？（　　）

    A. 组织名称

    B. 组织描述

    C. 建筑名称

    D. 作者

2. 导出 CAD 时可以保存的版本有哪些？（　　）

    A. 2018

    B. 2010

    C. 2008

    D. 2007

    E. 2013

3. 下列是可以导出的 CAD 格式有（　　）。

    A. DWG

    B. DXF

    C. DGN

    D. SAT

答案：1. ABCD　　2. ABDE　　3. ABCD

模块 7　综合实训

任务 23　1+X 框架结构模拟实训

一、根据图 23-1 中的平法标注，创建钢筋混凝土梁模型。混凝土强度等级为 C25，混凝土保护层厚度为 30 mm；梁两端箍筋加密区长度为 1500 mm。未标明的尺寸可自行定义。请将模型以"混凝土矩形梁"为文件名保存到相应文件夹中。（30 分）

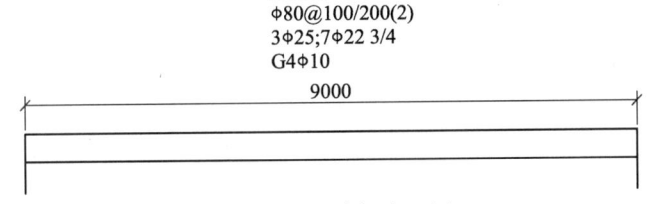

KL250×650
Φ80@100/200(2)
3Φ25;7Φ22 3/4
G4Φ10
9000

图 23-1　平法标注示例

二、根据图 23-2 创建六桩二阶承台基础，上阶承台平面为正六边形、外接圆半径 3200 mm，下阶承台平面为正六边形、外接圆半径 1600 mm，七根桩直径均为 700 mm，六根桩距中间桩 2400 mm、环形均匀分布，基础混凝土强度等级为 C35。请将模型以"六桩二阶承台基础"为文件名保存到相应文件夹中。（30 分）

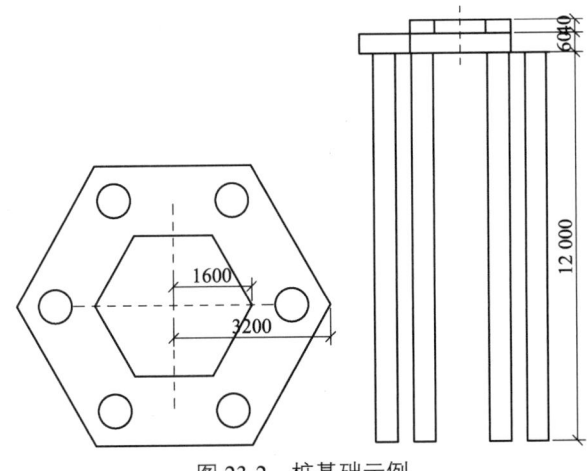

图 23-2　桩基础示例

三、根据表 23-1 及图 23-3～图 23-7 创建结构模型、明细表及图纸。图纸未注明尺寸可以自行定义。(40 分)

(1) 建立整体结构模型,包括:基础、梁、柱、楼板。其中,柱中心位于轴网相交处,外围框架梁与柱外边缘齐,构件尺寸、混凝土强度等级、保护层厚度见表 23-1。(22 分)

表 23-1 构件明细

构件	尺寸/mm	混凝土强度等级	保护层/mm
梁(KL)	300×600	C30	20
柱(Z)	600×600	C30	20
板	100	C20	20
独立基础	三阶	C30	30
条形基础	二阶	C30	30

(2) 分类统计基础、柱、梁、板混凝土用量,明细表参数应包含类型、材质、数量、体积,并计算总数。(5 分)

(3) 建立基础结构平面图、二结构平面图、南立面图,要求根据给定的图纸进行尺寸标注、构件标注。(8 分)

(4) 将混凝土用量统计表、基础结构平面图、二层结构平面图、屋顶结构平面图放置于图纸中。(3 分)

(5) 将结果以"结构建模"为文件名保存到相应题号文件夹中。(2 分)

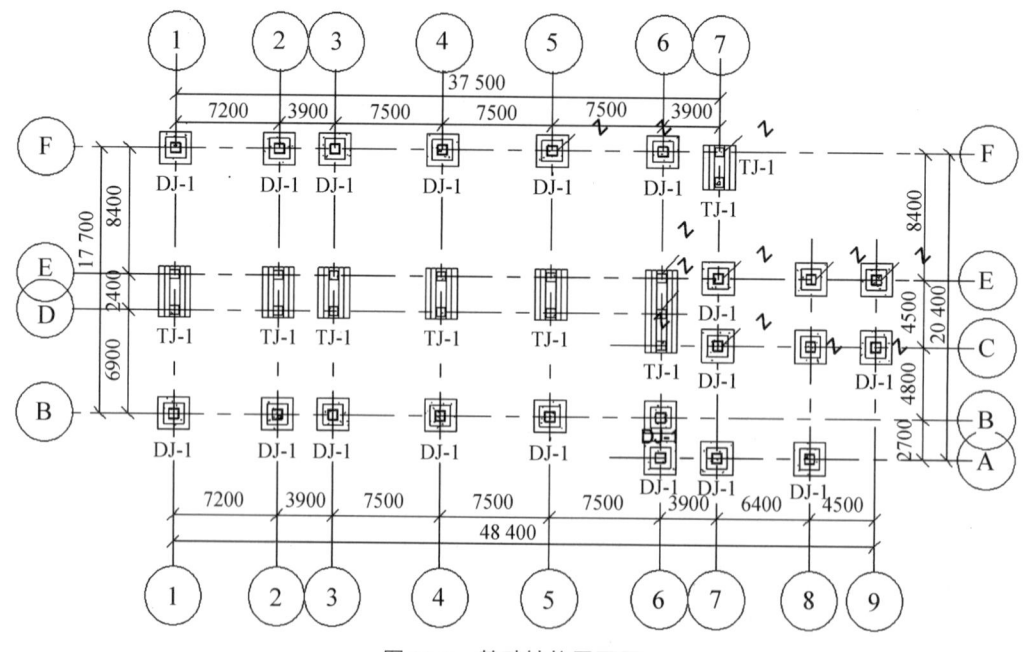

图 23-3 基础结构平面图

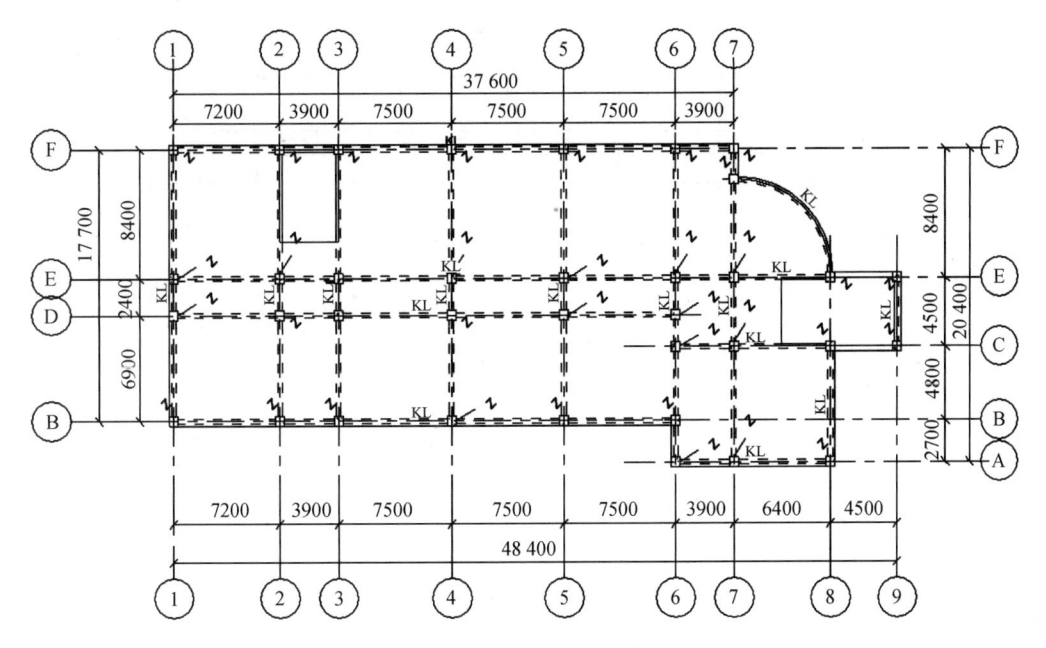

图 23-4　二～四层平面图

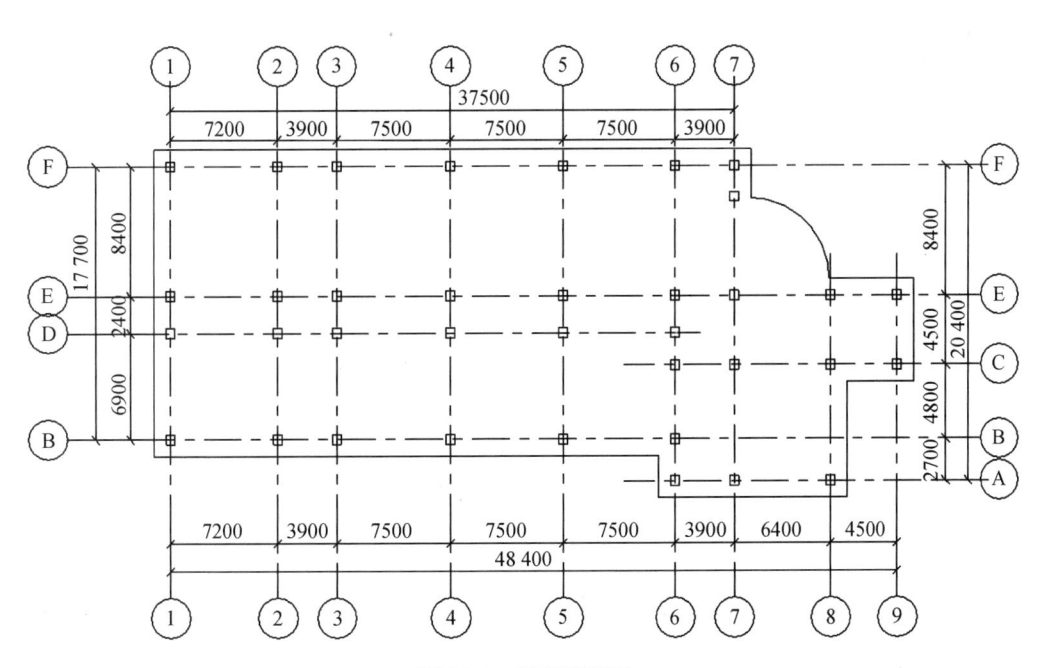

图 23-5　屋顶平面图

图 23-6 立面图

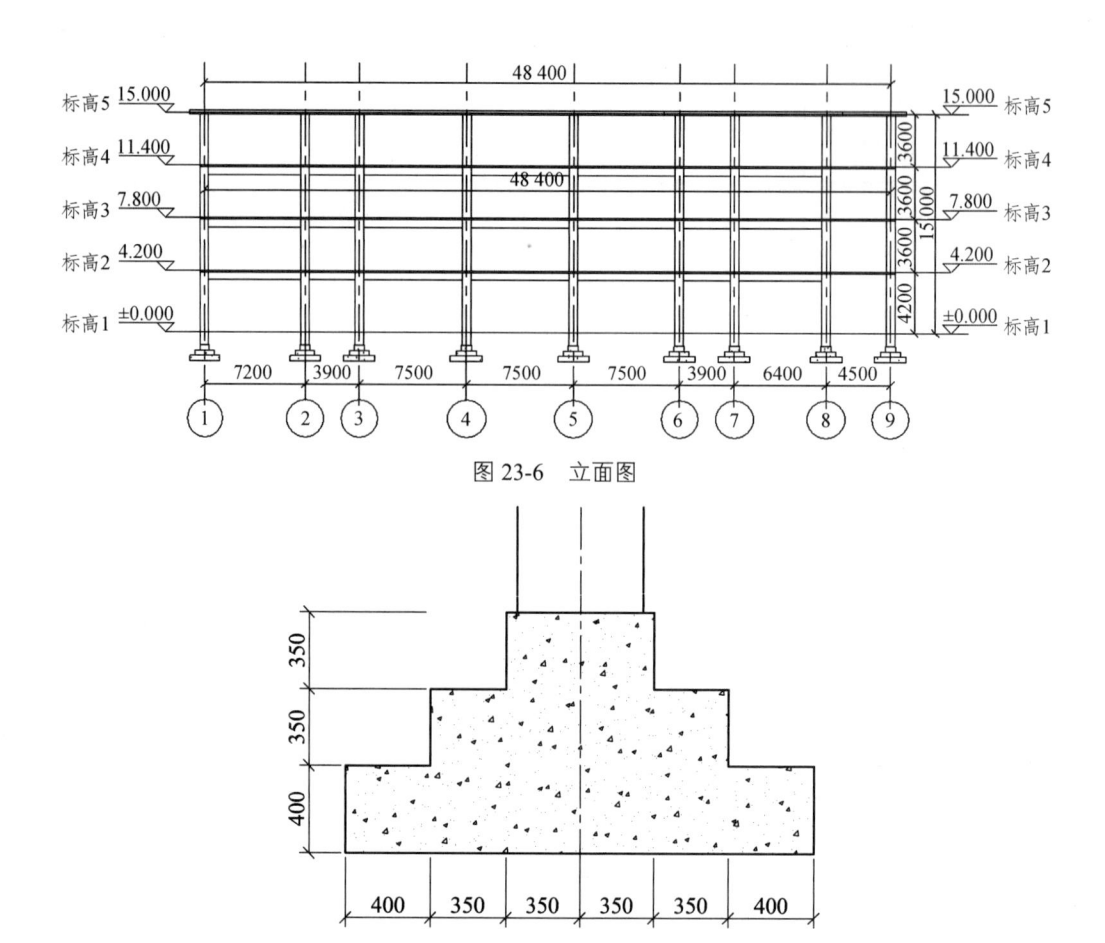

图 23-7 基础剖面图

任务 24　BIM 等级考试模拟实训

一、根据图 24-1 给定的尺寸建立台阶模型，图中所有曲线均为圆弧。请将模型文件以"台阶+姓名"为文件名保存到文件夹中。

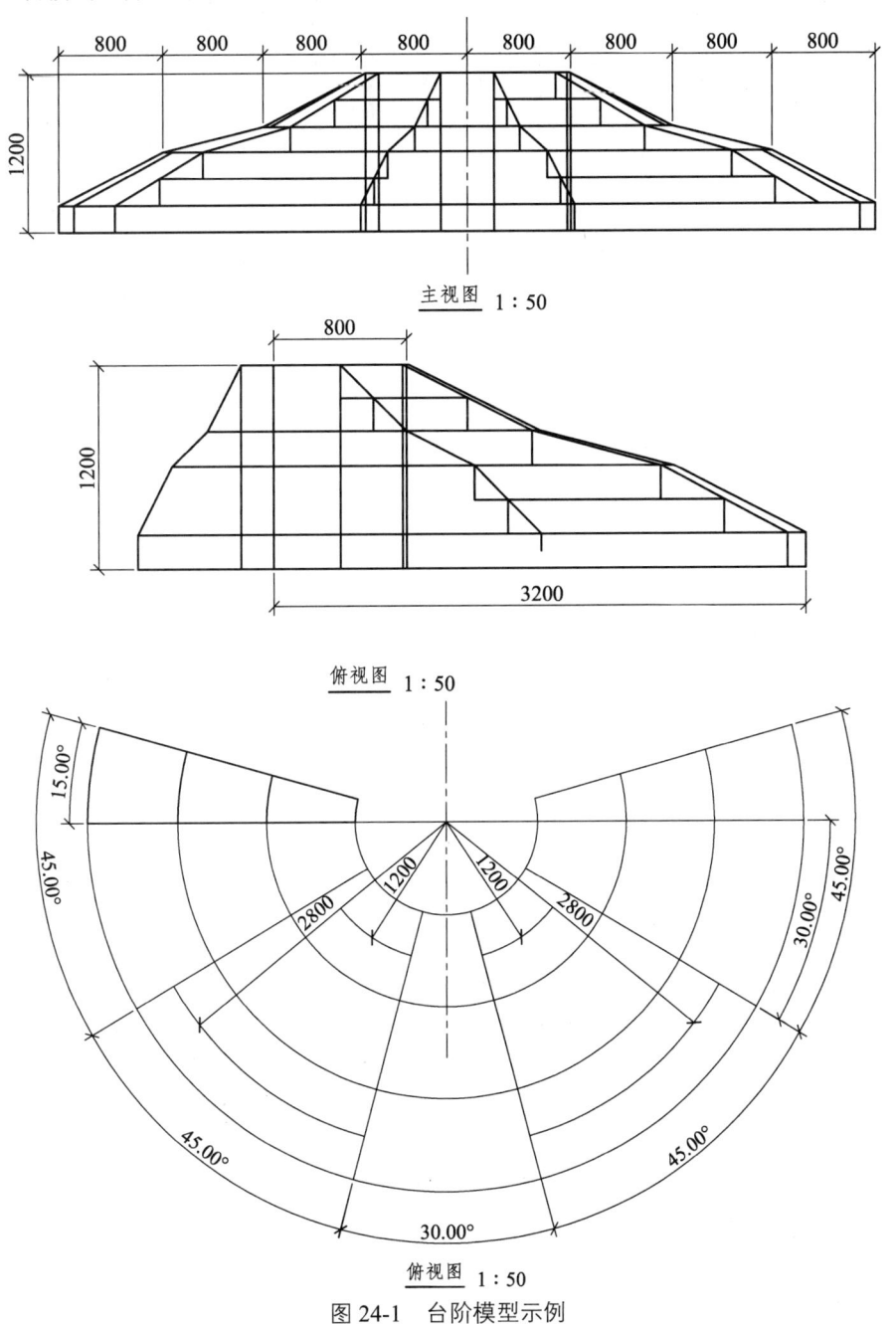

主视图　1∶50

俯视图　1∶50

俯视图　1∶50

图 24-1　台阶模型示例

二、根据图 24-2 给定的尺寸创建模型，整体材质为混凝土，悬索材质为钢材，直径为 20 mm，未标明的尺寸与样式不作要求。请将模型文件以"拱桥+姓名"为文件名保存到文件夹中。

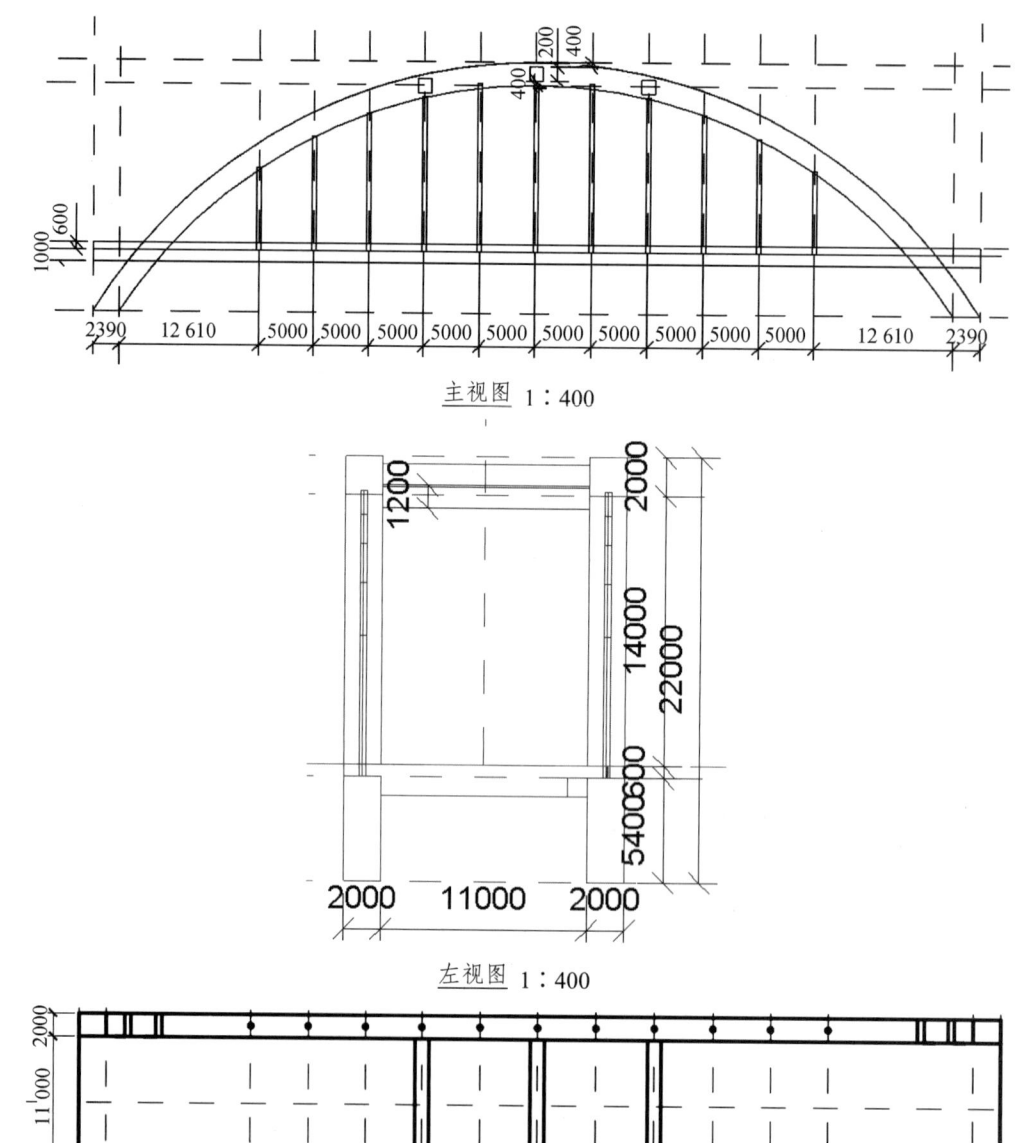

主视图 1∶400

左视图 1∶400

俯视图 1∶400

图 24-2 拱桥示例

三、用族的方式创建图 24-3。请将模型文件以"基础+姓名"为文件名保存到文件夹中。

立面图 1:50

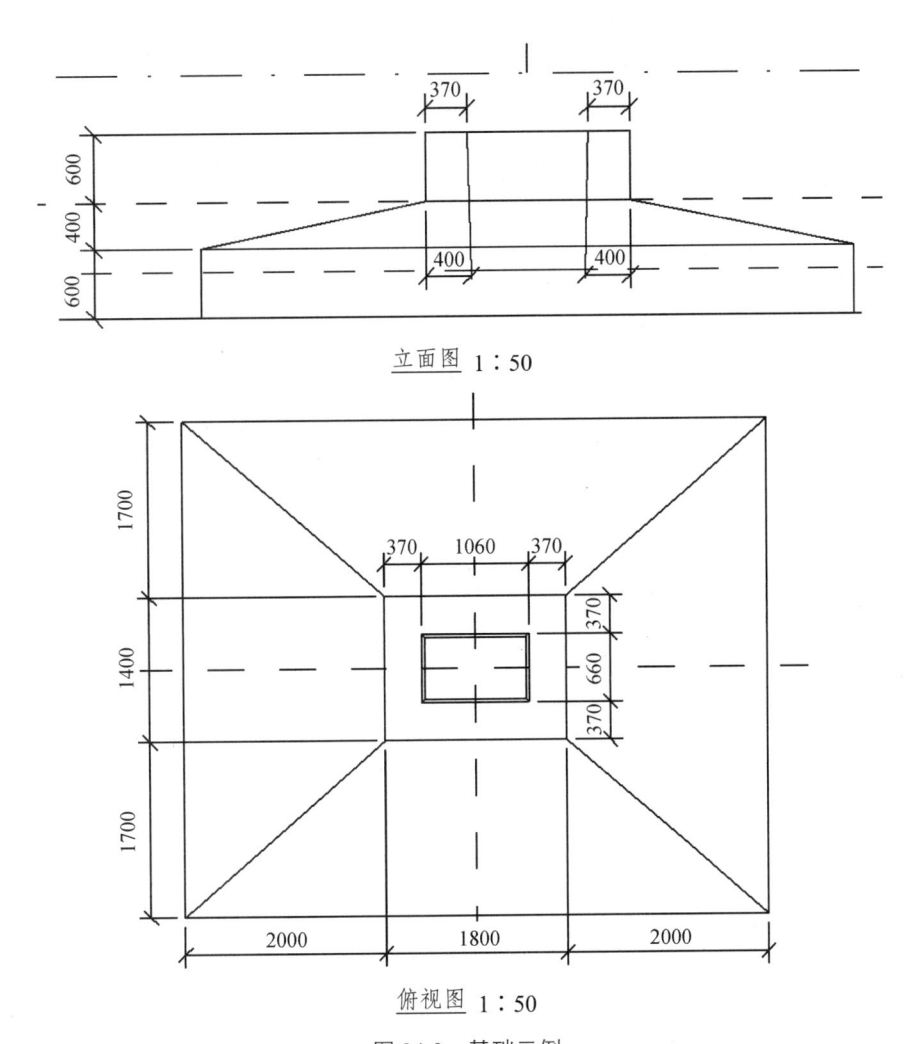

俯视图 1:50

图 24-3　基础示例

四、根据以下要求和给出的图纸（图 24-4），创建模型并将结果输出。在考生文件夹下新建名为"第四题输出结果"的文件夹，将结果文件保存在该文件夹中。

1. BIM 建模环境设置

设置项目信息：① 项目发布日期：2021 年 1 月 1 日；② 项目编号：2021001-1。

2. BIM 参数化建模

① 根据给出的图纸创建标高、轴网、建筑形体，包括、墙、门、窗、幕墙、柱、屋顶、楼板、楼梯、洞口。其中，要求门窗尺寸、位置、标记名称正确。未标明的尺寸与样式不作要求。

② 主要建筑构件参数要求见表 24-1、表 24-2。

3. 创建图纸

① 创建门窗表，要求包含类型标记、宽度、高度、底高度、合计，并计算总数。

② 建立 A3 或 A4 尺寸图纸，创建 "2—2 剖面图"。样式要求为：尺寸标注，视图比例为 1:200，图纸命名为 2—2 剖面图，轴头显示样式为在底部显示。

4. 模型文件管理

① 用"教学楼项目+考生姓名"为项目文件命名,并保存项目。

② 将创建的"2—2 剖面图"图纸导出为 AutoCAD DWG 文件,命名为"2—2 剖面图"。

表 24-1 材质明细表

构件	材质	构件	材质
外墙内墙	10 mm 厚外墙瓷砖	内墙 200 mm	20 mm 厚内墙面墙
	200 mm 厚混凝土		160 mm 厚混凝土
	10 mm 厚内墙面墙涂料		20 mm 厚内墙面墙
楼板 150 mm	10 mm 厚面砖	屋顶 180 mm	10 水泥砂浆
	130 mm 厚混凝土		170 mm 厚混凝土

表 24-2 窗明细表

类型标记	宽度/mm	高度/mm	族类型
C1	3000	2000	铝合金拖拉窗
C2	900	1800	铝合金拖拉窗
C3	4500	2600	铝合金拖拉窗
M1	900	2100	木质门
M2	1500	2400	双开钢质门
M3	3600	2400	双开钢质门
M4	1750	2100	双开钢质门

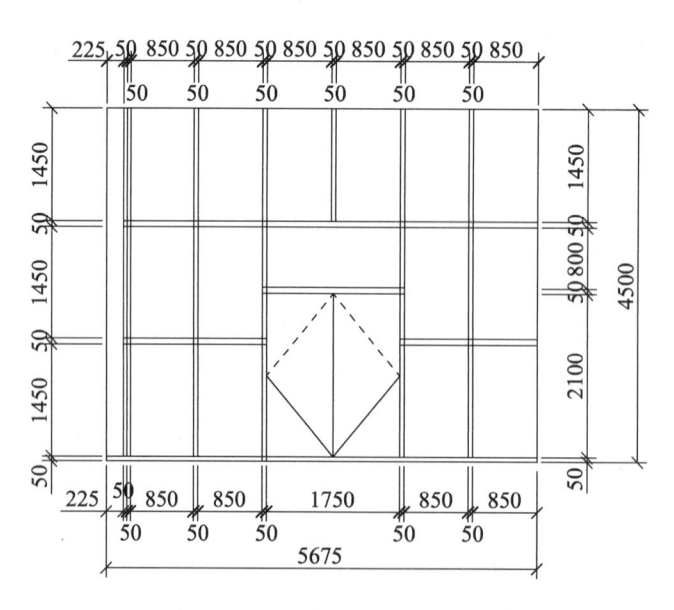

① 一层北立面幕墙详图 1∶100

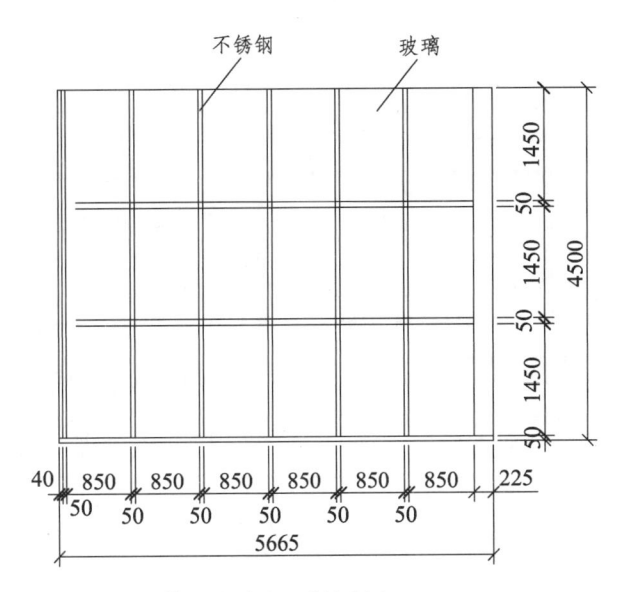

② 一层东立面幕墙详图 1:100

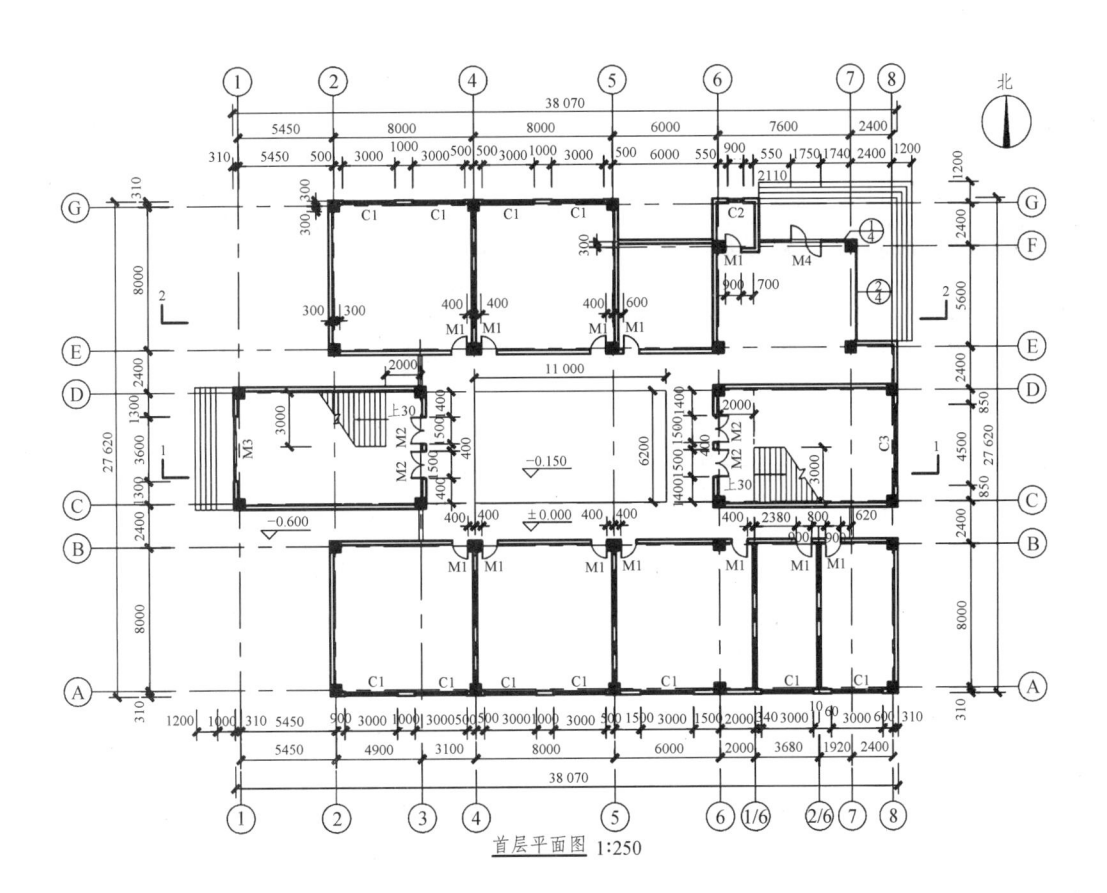

首层平面图 1:250

二层平面图 1:250

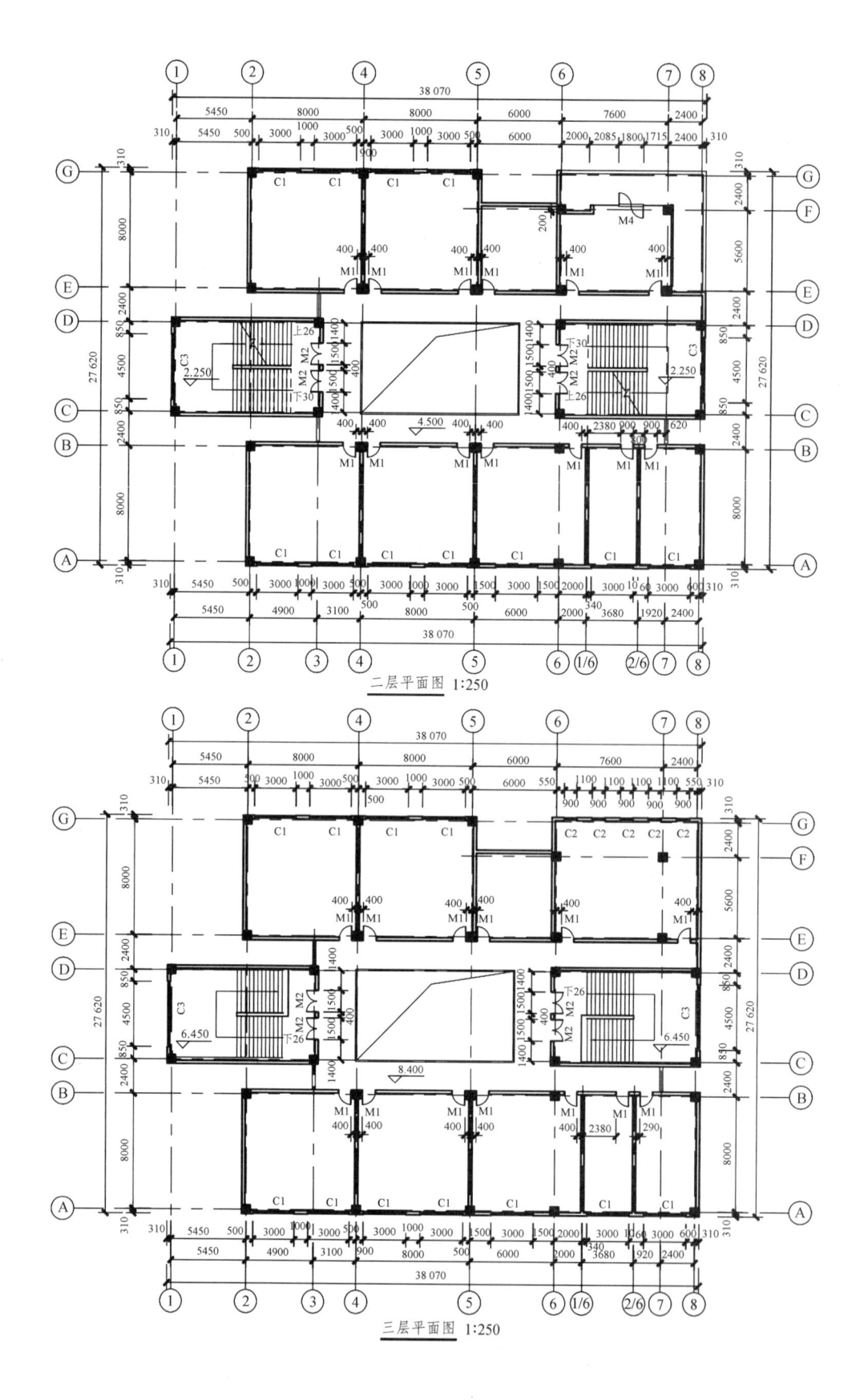

三层平面图 1:250

屋顶平面图 1:250

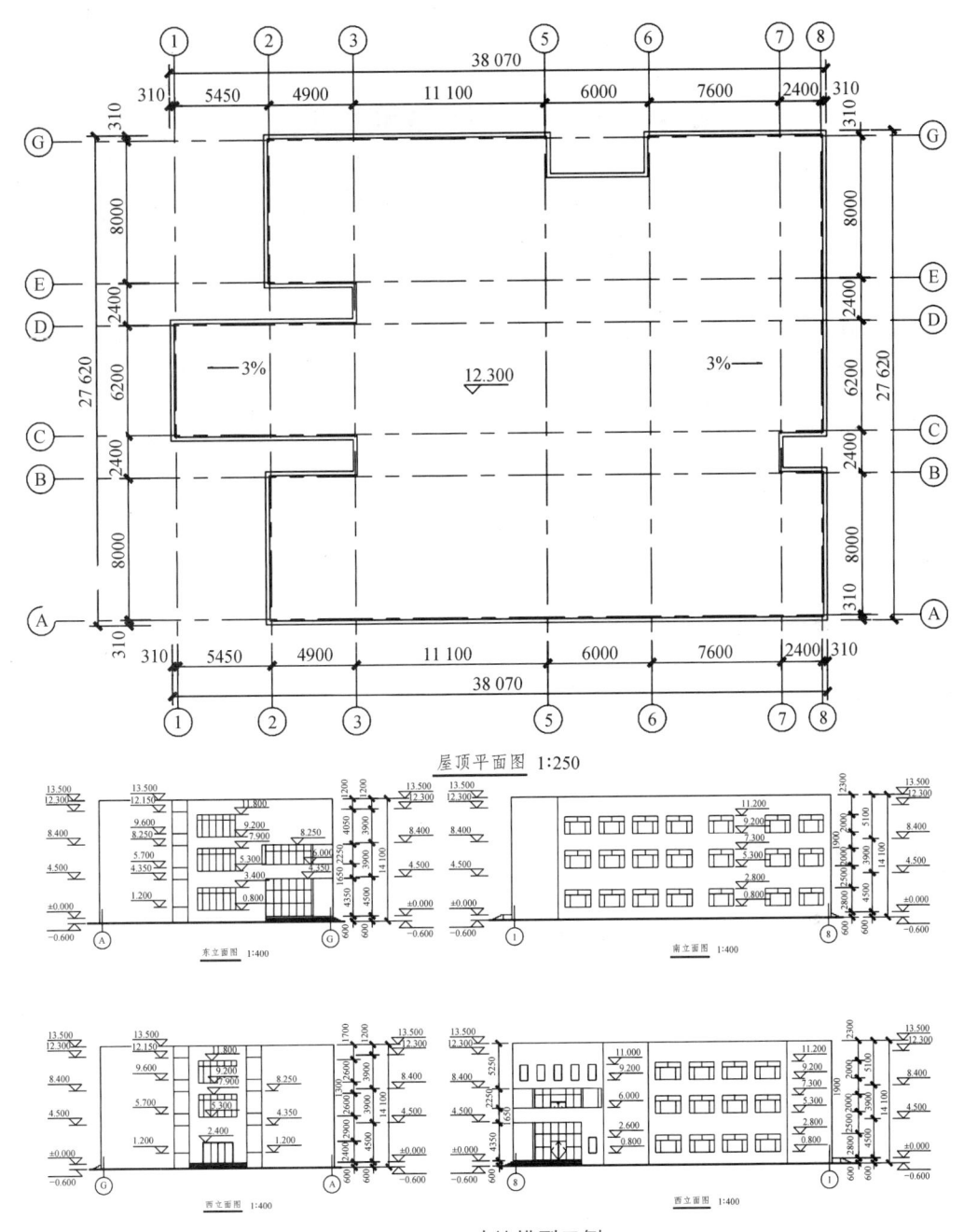

图 24-4 建筑模型示例

任务 25　建筑综合项目实训

根据以下要求和给出的图纸（图 25-1），创建模型并将结果输出。在考生文件夹下新建名为"01-小别墅模型"的文件夹，将结果文件保存在该文件夹中。

1. BIM 建模环境设置

设置项目信息：①项目发布日期：2021年1月11日；②项目编号：2021001-11。

2. BIM 参数化建模

（1）根据给出的图纸创建标高、轴网、建筑形体，包括墙、门、窗、屋顶、楼板、楼梯、洞口。其中，要求门窗尺寸、位置、标记名称正确，楼梯宽度为 1200 mm，未注明的门距墙为 200 mm。未标明的尺寸与样式不作要求。

（2）主要建筑构件参数要求见表 25-1 和表 25-2。

3. 创建图纸

（1）创建门窗表，要求包含类型标记、宽度、高度、底高度、合计，并计算总数。

（2）建立 A3 或 A4 尺寸图纸，创建"1—1 剖面图"。样式要求为：尺寸标注，视图比例为 1∶100，图纸命名为 1—1 剖面图，轴头显示样式为在底部显示。

4. 模型文件管理

（1）用"01-小别墅项目+考生姓名"为项目文件命名，并保存项目。

（2）将创建的"1—1 剖面图"图纸导出为 AutoCAD DWG 文件，命名为"1—1 剖面图"，版本为 AutoCAD 2007。

表 25-1　材质明细表

构件	材质	构件	材质
外墙 200 mm	10 mm 厚外墙饰面砖	内墙 200 mm	10 mm 厚内墙面墙
	180 mm 厚混凝土		180 mm 厚混凝土
	10 mm 厚内墙面墙		10 mm 厚内墙面墙
楼板 150 mm	10 mm 厚面砖	屋顶 200 mm	10 厚瓦顶
	140 mm 厚混凝土		190 mm 厚混凝土

表 25-2　窗明细表

类型标记	宽度/mm	高度/mm	族类型
M1821	1800	2100	中式双扇门 2
M0521	500	2100	单嵌板玻璃门 1
M0921	900	2100	单嵌板玻璃门 1
M0620	600	2000	单扇-与墙齐
M0918	900	1800	单扇-与墙齐
M3321	3300	2100	双面嵌板镶玻璃门 2

续表

类型标记	宽度/mm	高度/mm	族类型
M2421	2400	2100	四扇推拉门2
MD0921	900	2100	门洞-椭圆拱
MD1521	1500	2100	门洞-椭圆拱
C0615	600	1500	推拉窗6
C1215	1200	1500	推拉窗6
C2416	2400	1600	推拉窗6

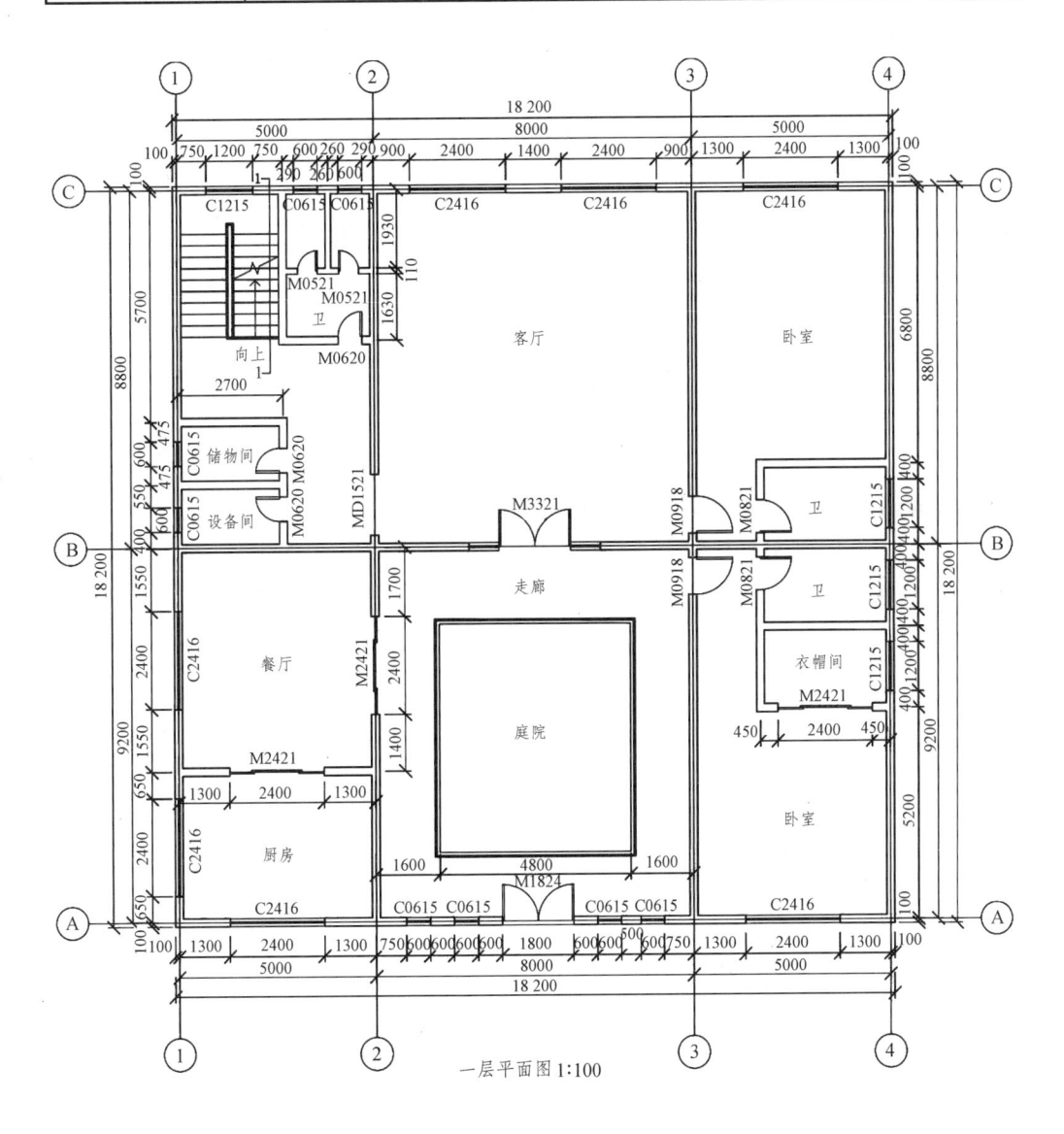

一层平面图 1:100

二层平面图 1:100

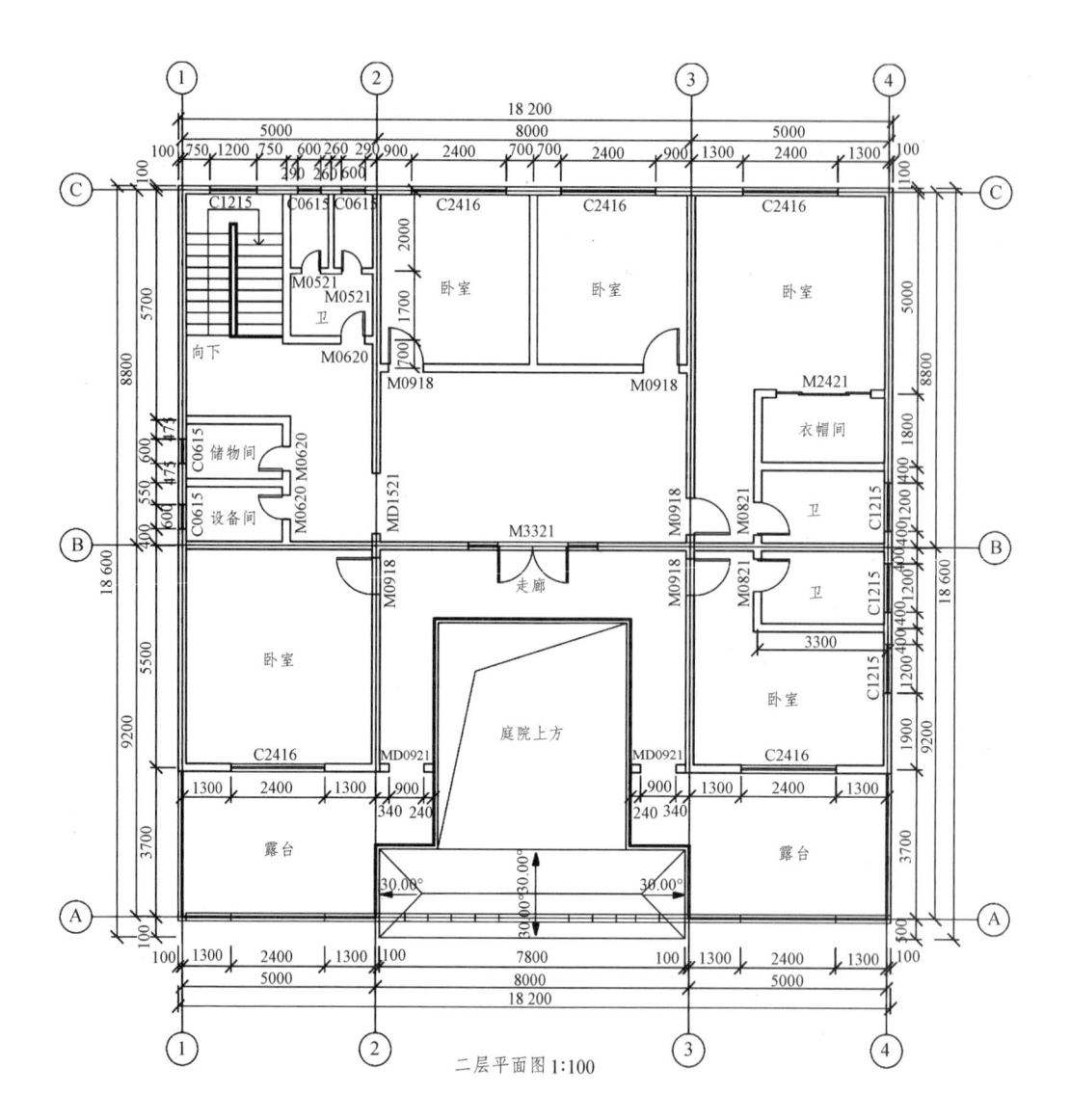

屋顶平面图 1:100

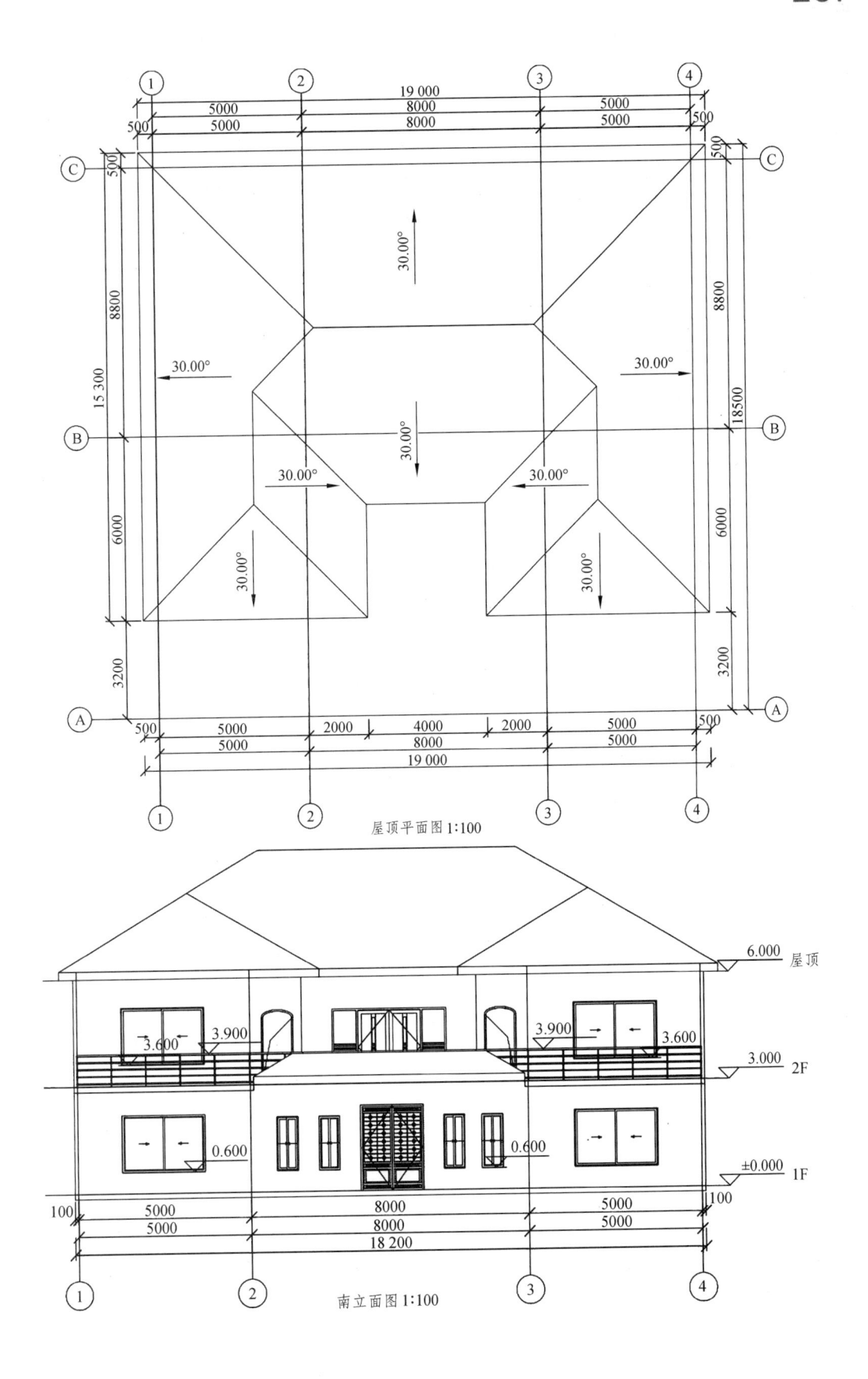

南立面图 1:100

北立面图 1:100

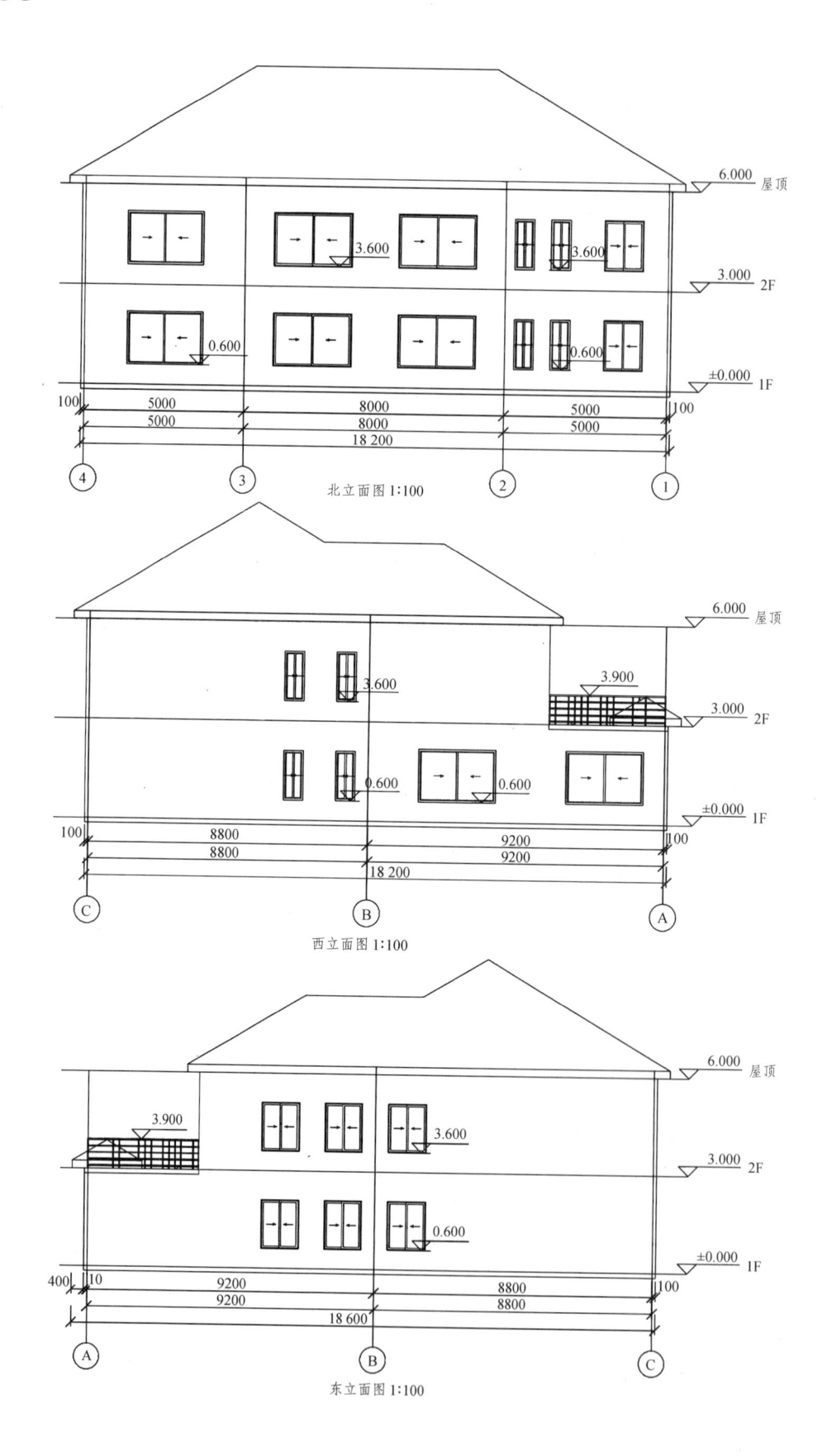

西立面图 1:100

东立面图 1:100

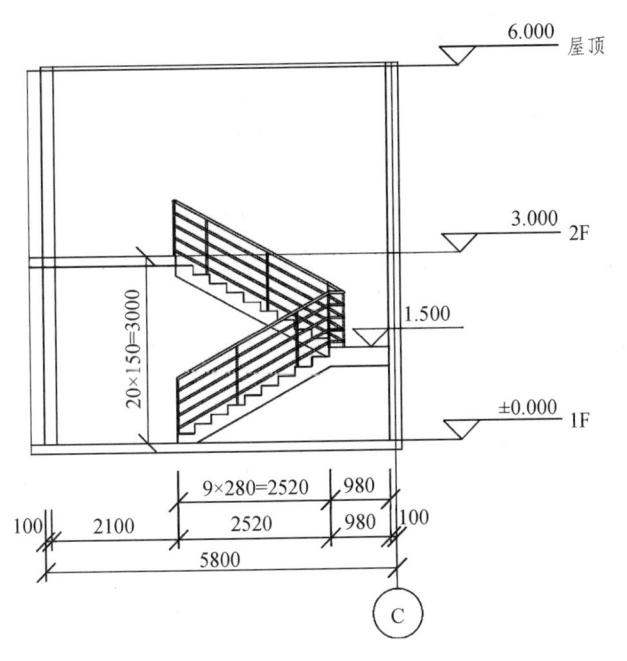

1—1剖面图 1:100

图 25-1　小别墅模型

任务 26　市政综合项目实训

一、根据以下要求和给出的图纸（图 26-1），创建模型并将结果输出。在考生文件夹下新建名为"02 桥台模型"的文件夹，将结果文件保存在该文件夹中。

1. BIM 建模环境设置

设置项目信息：①项目发布日期：2021 年 1 月 11 日；②项目编号：2021001-11。

2. BIM 参数化建模

根据给出的图纸创建标高、轴网、桥台，未标明的尺寸与样式不作要求。

3. 创建图纸

建立 A3 或 A4 尺寸图纸，创建"三视图"。样式要求为：尺寸标注，视图比例为 1∶100，图纸命名为立面图，轴头显示样式为在底部显示。

4. 模型文件管理

（1）用"02 桥台模型+考生姓名"为项目文件命名，并保存项目。

（2）将创建的"三视图"图纸导出为 AutoCAD DWG 文件，命名为"三视图"，版本为 AutoCAD 2007。

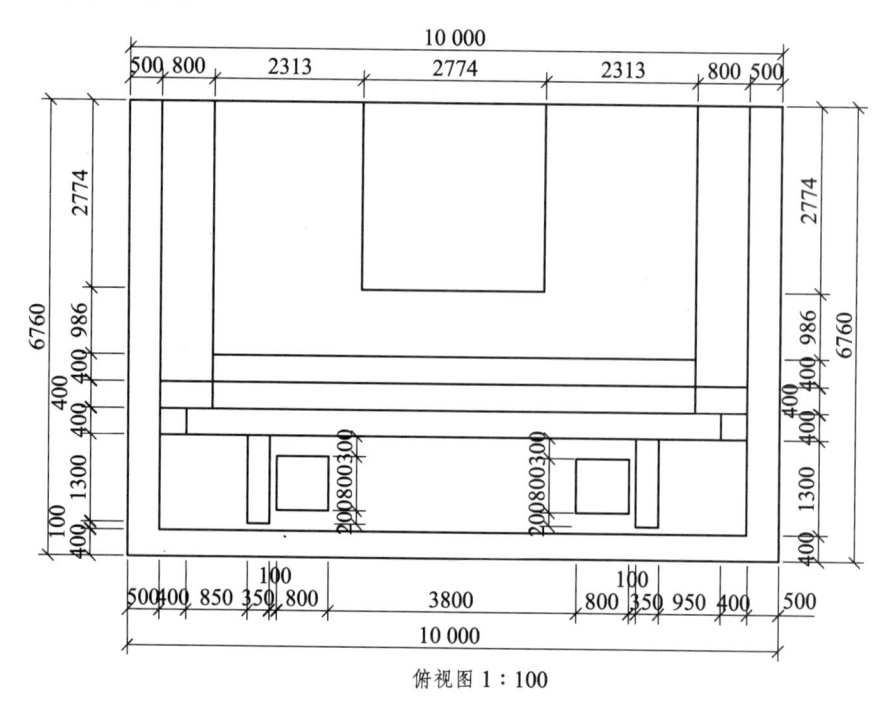

俯视图 1∶100

右视图 1∶100

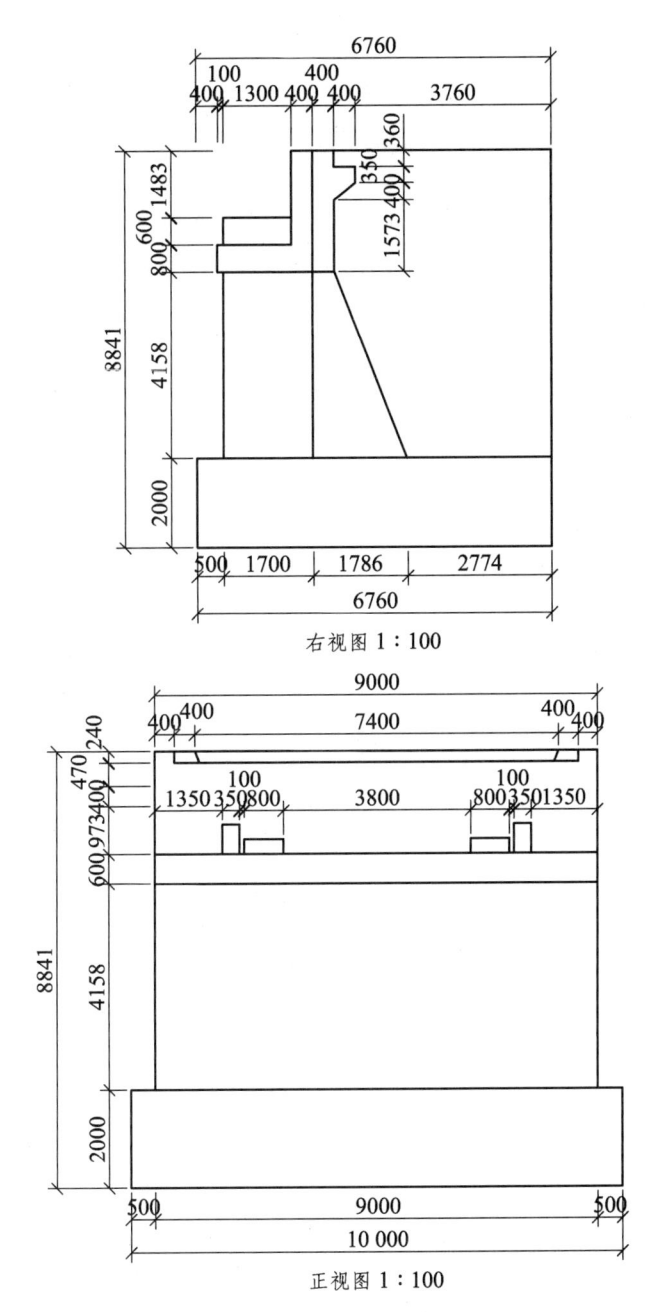

正视图 1∶100

图 26-1 桥台模型

二、根据以下要求和给出的图纸（图 26-2），创建模型并将结果输出。在考生文件夹下新建名为"03 箱梁和栏杆模型"的文件夹，将结果文件保存在该文件夹中。

1. BIM 建模环境设置

设置项目信息：① 项目发布日期：2021 年 1 月 11 日；② 项目编号：2021001-11。

2. BIM 参数化建模

根据给出的图纸创建标高、轴网、箱梁和栏杆，未标明的尺寸与样式不作要求。

3. 创建图纸

建立 A3 或 A4 尺寸图纸,创建"箱梁、栏杆大样图"。样式要求为:尺寸标注,视图比例为 1:100,图纸命名为立面图,轴头显示样式为在底部显示。

4. 模型文件管理

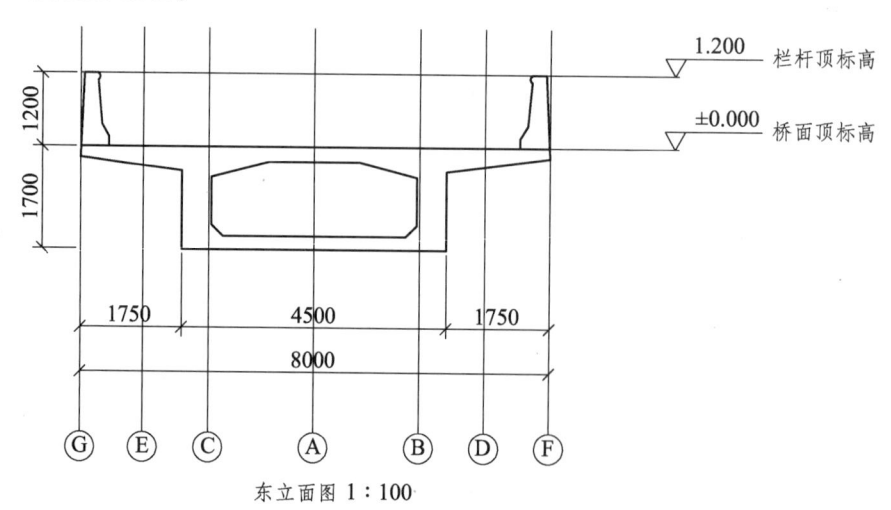

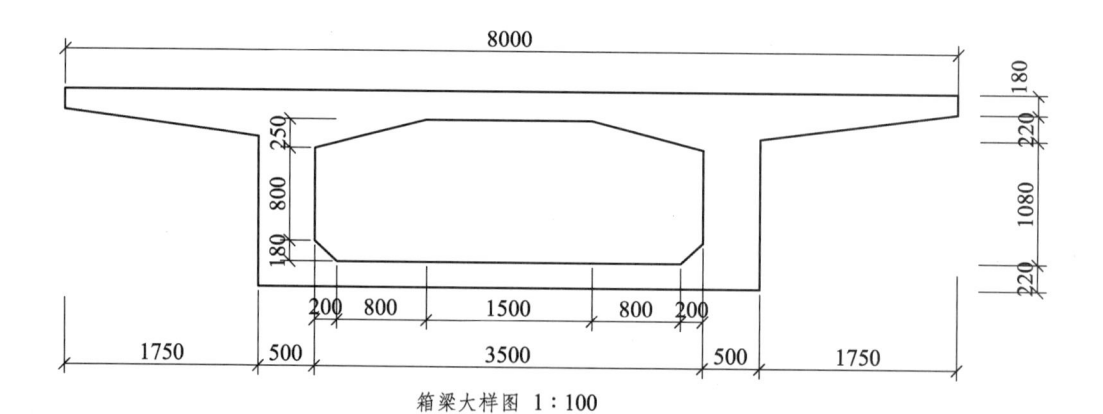

(1)用"03 箱梁和栏杆模型+考生姓名"为项目文件命名,并保存项目。

(2)将创建的"大样图"图纸导出为 AutoCAD DWG 文件,命名为"大样图",版本为 AutoCAD 2007。

东立面图 1:100

桥面平面图 1:100

箱梁大样图 1:100

栏杆大样图 1:100

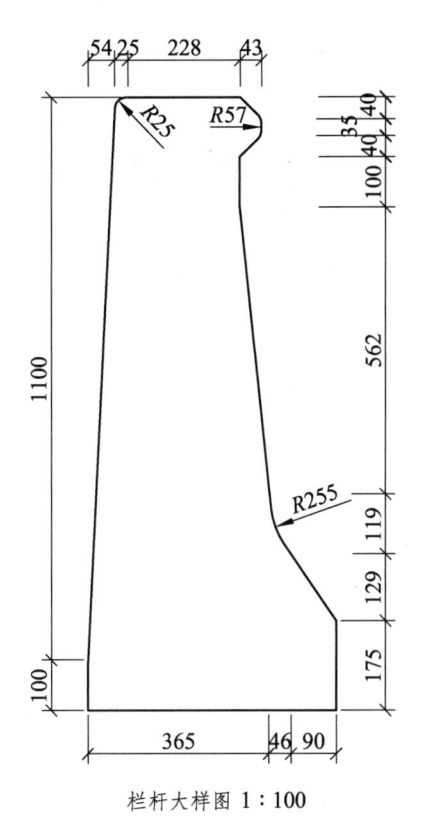

图 26-2 箱梁和栏杆模型

参考文献

[1] 廖小烽,王君峰. Revit2013/2014 建筑设计火星课堂[M]. 北京:人民邮电出版社,2013.
[2] 孙仲健,肖洋,李林,等. BIM 技术应用:Revit 建模基础[M]. 北京:清华大学出版社,2018.
[3] 朱溢镕,焦明明. BIM 应用系列教程:BIM 建模基础[M]. 北京:化学工业出版社,2017.
[4] 吴琳,王光炎. BIM 建模基础与应用[M]. 北京:北京理工大学出版社,2019.
[5] 李清清,夏培. 基于 BIM 的 Revit 建筑与结构设计案例[M]. 北京:清华大学出版社,2017.
[6] 刘孟良. 建筑信息模型(BIM)AUTODESK[M]. 北京:中国建筑工业出版社,2019.
[7] 李福清. 基于 BIM 的 Revit 建筑与结构设计实践一本通[M]. 上海:同济大学出版社,2019.
[8] 张凤春. BIM 工程项目管理[M]. 北京:化学工业出版社,2019.
[9] 张吕伟,程生平. 市政道路桥梁工程 BIM 技术[M]. 北京:中国建筑工业出版社,2019.
[10] 龚静敏. 桥梁 BIM 建模基础教程[M]. 北京:化学工业出版社,2018.
[11] 罗清军,高占民. 桥梁 BIM 建模基础教程[M]. 北京:中国商务出版社,2018.